轨道交通装备制造业职业技能鉴定指导丛书

电工仪器仪表修理工

中国北车股份有限公司　编写

中国铁道出版社

2015年·北京

图书在版编目(CIP)数据

电工仪器仪表修理工/中国北车股份有限公司编写．
—北京:中国铁道出版社,2015.6
(轨道交通装备制造业职业技能鉴定指导丛书)
ISBN 978-7-113-20447-1

Ⅰ.①电… Ⅱ.①中… Ⅲ.①电工仪表—维修—
职业技能—鉴定—自学参考资料 Ⅳ.①TM930.7

中国版本图书馆 CIP 数据核字(2015)第 111446 号

书　名:	轨道交通装备制造业职业技能鉴定指导丛书 **电工仪器仪表修理工**	
作　者:	中国北车股份有限公司	

策　　划:江新锡　钱士明　徐　艳
责任编辑:王　健　　　　　　编辑部电话:010-51873065
封面设计:郑春鹏
责任校对:焦桂荣
责任印制:郭向伟

出版发行:中国铁道出版社(100054,北京市西城区右安门西街 8 号)
网　　址:http://www.tdpress.com
印　　刷:河北新华第二印刷有限责任公司
版　　次:2015 年 6 月第 1 版　2015 年 6 月第 1 次印刷
开　　本:787 mm×1 092 mm　1/16　印张:14　字数:347
书　　号:ISBN 978-7-113-20447-1
定　　价:42.00 元

版权所有　侵权必究

凡购买铁道版图书,如有印制质量问题,请与本社读者服务部联系调换。电话:(010)51873174(发行部)
打击盗版举报电话:市电(010)51873659,路电(021)73659,传真(010)63549480

中国北车职业技能鉴定教材修订、开发编审委员会

主　任：赵光兴

副主任：郭法娥

委　员：（按姓氏笔画为序）

于帮会　　王　华　　尹成文　　孔　军　　史治国

朱智勇　　刘继斌　　闫建华　　安忠义　　孙　勇

沈立德　　张晓海　　张海涛　　姜　冬　　姜海洋

耿　刚　　韩志坚　　詹余斌

本《丛书》总　编：赵光兴

　　　　　　副总编：郭法娥　　刘继斌

本《丛书》总　审：刘继斌

　　　　　　副总审：杨永刚　　娄树国

编审委员会办公室：

主　任：刘继斌

成　员：杨永刚　　娄树国　　尹志强　　胡大伟

序

在党中央、国务院的正确决策和大力支持下，中国高铁事业迅猛发展。中国已成为全球高铁技术最全、集成能力最强、运营里程最长、运行速度最高的国家。高铁已成为中国外交的新名片，成为中国高端装备"走出国门"的排头兵。

中国北车作为高铁事业的积极参与者和主要推动者，在大力推动产品、技术创新的同时，始终站在人才队伍建设的重要战略高度，把高技能人才作为创新资源的重要组成部分，不断加大培养力度。广大技术工人立足本职岗位，用自己的聪明才智，为中国高铁事业的创新、发展做出了重要贡献，被李克强同志亲切地赞誉为"中国第一代高铁工人"。如今在这支近5万人的队伍中，持证率已超过96%，高技能人才占比已超过60%，3人荣获"中华技能大奖"，24人荣获国务院"政府特殊津贴"，44人荣获"全国技术能手"称号。

高技能人才队伍的发展，得益于国家的政策环境，得益于企业的发展，也得益于扎实的基础工作。自2002年起，中国北车作为国家首批职业技能鉴定试点企业，积极开展工作，编制鉴定教材，在构建企业技能人才评价体系、推动企业高技能人才队伍建设方面取得明显成效。为适应国家职业技能鉴定工作的不断深入，以及中国高端装备制造技术的快速发展，我们又组织修订、开发了覆盖所有职业（工种）的新教材。

在这次教材修订、开发中，编者们基于对多年鉴定工作规律的认识，提出了"核心技能要素"等概念，创造性地开发了《职业技能鉴定技能操作考核框架》。该《框架》作为技能人才评价的新标尺，填补了以往鉴定实操考试中缺乏命题水平评估标准的空白，很好地统一了不同鉴定机构的鉴定标准，大大提高了职业技能鉴定的公信力，具有广泛的适用性。

相信《轨道交通装备制造业职业技能鉴定指导丛书》的出版发行，对于促进我国职业技能鉴定工作的发展，对于推动高技能人才队伍的建设，对于振兴中国高端装备制造业，必将发挥积极的作用。

中国北车股份有限公司总裁：

2015. 2. 7

前　言

　　鉴定教材是职业技能鉴定工作的重要基础。2002年，经原劳动保障部批准，中国北车成为国家职业技能鉴定首批试点中央企业，开始全面开展职业技能鉴定工作。2003年，根据《国家职业标准》要求，并结合自身实际，组织开发了《职业技能鉴定指导丛书》，共涉及车工等52个职业（工种）的初、中、高3个等级。多年来，这些教材为不断提升技能人才素质、适应企业转型升级、实施"三步走"发展战略的需要发挥了重要作用。

　　随着企业的快速发展和国家职业技能鉴定工作的不断深入，特别是以高速动车组为代表的世界一流产品制造技术的快步发展，现有的职业技能鉴定教材在内容、标准等诸多方面，已明显不适应企业构建新型技能人才评价体系的要求。为此，公司决定修订、开发《轨道交通装备制造业职业技能鉴定指导丛书》（以下简称《丛书》）。

　　本《丛书》的修订、开发，始终围绕促进实现中国北车"三步走"发展战略、打造世界一流企业的目标，努力遵循"执行国家标准与体现企业实际需要相结合、继承和发展相结合、坚持质量第一、坚持岗位个性服从于职业共性"四项工作原则，以提高中国北车技术工人队伍整体素质为目的，以主要和关键技术职业为重点，依据《国家职业标准》对知识、技能的各项要求，力求通过自主开发、借鉴吸收、创新发展，进一步推动企业职业技能鉴定教材建设，确保职业技能鉴定工作更好地满足企业发展对高技能人才队伍建设工作的迫切需要。

　　本《丛书》修订、开发中，认真总结和梳理了过去12年企业鉴定工作的经验以及对鉴定工作规律的认识，本着"紧密结合企业工作实际，完整贯彻落实《国家职业标准》，切实提高职业技能鉴定工作质量"的基本理念，在技能操作考核方面提出了"核心技能要素"和"完整落实《国家职业标准》"两个概念，并探索、开发出了中国北车《职业技能鉴定技能操作考核框架》；对于暂无《国家职业标准》、又无相关行业职业标准的40个职业，按照国家有关《技术规程》开发了《中国北车职业标准》。经2014年技师、高级技师技能鉴定实作考试中27个职业的试用表明：该《框架》既完整反映了《国家职业标准》对理论和技能两方面的要求，又适应了企业生产和技术工人队伍建设的需要，突破了以往技能鉴定实作考核中试卷的难度与完整性评估的"瓶颈"，统一了不同产品、不同技术含量企业的鉴定标准，提高了鉴定考核的技术含量，保证了职业技能鉴定的公平性，提高了职业技能鉴定工作质量和管理水平,将成为职业技能鉴定工作、进而成为生产操作者技能素质评价的新标尺。

　　本《丛书》共涉及 98 个职业(工种),覆盖了中国北车开展职业技能鉴定的所有职业(工种)。《丛书》中每一职业(工种)又分为初、中、高 3 个技能等级,并按职业技能鉴定理论、技能考试的内容和形式编写。其中:理论知识部分包括知识要求练习题与答案;技能操作部分包括《技能考核框架》和《样题与分析》。本《丛书》按职业(工种)分册,并计划第一批出版 74 个职业(工种)。

　　本《丛书》在修订、开发中,仍侧重于相关理论知识和技能要求的应知应会,若要更全面、系统地掌握《国家职业标准》规定的理论与技能要求,还可参考其他相关教材。

　　本《丛书》在修订、开发中得到了所属企业各级领导、技术专家、技能专家和培训、鉴定工作人员的大力支持;人力资源和社会保障部职业能力建设司和职业技能鉴定中心、中国铁道出版社等有关部门也给予了热情关怀和帮助,我们在此一并表示衷心感谢。

　　本《丛书》之《电工仪器仪表修理工》由唐山轨道客车有限责任公司《电工仪器仪表修理工》项目组编写。主编徐福辉,副主编王磊;主审张晓海,副主审李来顺;参编人员高婧。

　　由于时间及水平所限,本《丛书》难免有错、漏之处,敬请读者批评指正。

中国北车职业技能鉴定教材修订、开发编审委员会

二○一四年十二月二十二日

目　　录

目　录

电工仪器仪表修理工(职业道德)习题

一、填空题

1. 职业技能总是与特定的职业和岗位相联系,是从业人员履行特定职业责任所必备的业务素质,这说明了职业技能的(   )特点。

2. 职业道德的根本是(   ),它是社会主义职业道德区别于其他社会职业道德的本质特征。

3. 第(   )次社会大分工,即农业和商业、脑力和体力的分工,使职业道德完全形成。

4. 无产阶级世界观和马克思主义思想的基础是(   )。

5. 建立在一定的利益和义务的基础之上,并以一定的道德规范形式表现出来的特殊的社会关系是(   )。

6. 社会主义道德的核心是(   )。

7. 职业是(   )的产物。

8. (   )是指坚持某种道德行为的毅力,它来源于一定的道德认识和道德情感,又依赖于实际生活的磨炼才能形成。

9. 《劳动法》是国家为了保护(   )的合法权益,调整劳动关系,建立和维护适应社会主义市场经济的劳动制度,促进经济发展和社会进步,根据宪法而制定颁布的法律。

10. 认真学习邓小平理论,树立正确的世界观、(   )、价值观。

11. 在社会主义工业企业中,广大职工既是(   ),又是管理者。

12. 环境包括以(   )、水、土地、植物、动物等为内容的物质因素。

13. 集体主义原则体现了无产阶级大公无私的优秀品质和为人类彻底解放而奋斗的牺牲精神,集体主义精神的最高表现是(   )。

14. 劳动法是指调整(   )以及与劳动关系有密切联系的其他社会关系的法律。

15. 企业劳动争议调解委员会由(   )代表和企业代表组成。

16. 劳务派遣单位应当与被派遣劳动者订立(   )以上的固定期限劳动合同。

17. 用人单位应当将本单位属于女职工禁忌从事的劳动范围的岗位(   )告知女职工。

18. 劳动者连续工作(   )以上的,享受带薪年休假。

19. 人们对未来的工作部门、工作种类、职责业务的想象、向往和希望称为(   )。

20. 从业人员的职业责任感是自觉履行职业义务的前提,是社会主义职业道德的要求。职业道德的最基本要求是(   )、为社会主义建设服务。

21. 树立干一行、爱一行、钻一行,精一行的良好(   )道德,尽最大努力履行自己的职责。

22. 无论你从事的工作有多特殊,它总是离不开一定的(   )的约束。

23. 贯彻正面引导原则,一个重要的方式就是利用(   )来教育从业人员。

24. 企业的劳动纪律包括组织方面的劳动纪律、（　　）方面的劳动纪律、工时利用方面的劳动纪律。

25. 营造良好和谐的社会氛围,必须统筹协调各方面的利益关系,妥善处理社会矛盾,形成友善的人际关系,那么社会关系的主体是（　　）。

二、单项选择题

1. 以下不属于劳动合同必备条款的是（　　）。
(A)劳动合同期限　　　　　　　　(B)保守商业秘密
(C)劳动报酬　　　　　　　　　　(D)劳动保护和劳动条件

2. 以下不属于劳动合同类型的是（　　）。
(A)固定期限的劳动合同　　　　　(B)无固定期限的劳动合同
(C)以完成一定工作为期限的劳动合同　(D)就业协议

3. 劳动合同关于试用期条款以下说法正确的是（　　）。
(A)试用期最长不得超过 3 个月　　(B)试用期最长不得超过 6 个月
(C)试用期最长不得超过 10 个月　　(D)试用期最长不得超过 12 个月

4. 爱岗敬业的基本要求是要乐业、勤业及（　　）。
(A)敬业　　　　(B)爱业　　　　(C)精业　　　　(D)务业

5. 职业道德的实质内容是（　　）。
(A)改善个人生活　　　　　　　　(B)增加社会的财富
(C)树立全新的社会主义劳动态度　(D)增强竞争意识

6. 如下关于诚实守信的认识和判断中,正确的选项是（　　）。
(A)诚实守信与经济发展相矛盾　　(B)诚实守信是工作中必备的品质
(C)是否诚实守信要视具体对象而定　(D)诚实守信应以追求利益最大化为准则

7. 萨珀将人生职业生涯发展划分为五个阶段,其中 15～24 岁为（　　）阶段。
(A)成长　　　　(B)探索　　　　(C)确定　　　　(D)维持

8. （　　）就是要求把自己职业范围内的工作做好。
(A)诚实守信　　(B)奉献社会　　(C)办事公道　　(D)忠于职守

9. 职业道德与人们的职业紧密相连,一定的职业道德规则只适用于特定的职业活动领域,这说明职业道德具有（　　）特点。
(A)实用性　　　(B)时代性　　　(C)行业性　　　(D)广泛性

10. 下面选项中不是职业兴趣的表现为（　　）。
(A)某位学生痴迷电子游戏
(B)化学家诺贝尔冒着生命危险研制炸药
(C)水稻杂交之父袁隆平风餐露宿,几十年如一日研究水稻生产
(D)生物学家达尔文如痴如醉捕捉甲虫

11. 职业是人们从事的专门业务,一个人要从事某种职业,就必须具备特定的知识、能力和（　　）。
(A)职业道德品质　(B)职业道德素质　(C)职业道德水平　(D)职业道德知识

12.《中华人民共和国职业分类大典》中将我国职业归为（　　）个大类,66 个种类,413 个

小类,1 838个细类(职业)。

(A)6　　　　　　(B)8　　　　　　(C)9　　　　　　(D)10

13. 职业素质的特征有专业性、稳定性、内在性、(　　)及发展性。

(A)外在性　　　(B)整体性　　　(C)可靠性　　　(D)局限性

14. 职业素质的构成包括思想政治素质、职业道德素质、科学文化素质、专业技能素质及(　　)。

(A)身心健康素质　　(B)心理健全素质　　(C)道德修养素质　　(D)法律知识素质

15. 职业生涯划分为(　　)个阶段。

(A)4　　　　　　(B)5　　　　　　(C)6　　　　　　(D)7

16. 职业理想是个人对未来(　　)的向往和追求。

(A)生活　　　　(B)职业　　　　(C)事业　　　　(D)家庭

17. 面对市场竞争引起企业的破产、兼并和联合,(　　)才能使企业经济效益持续发展。

(A)追求企业利益最大化

(B)借鉴他人现成技术、经验获得超额利润

(C)减少生产成本

(D)同恪守产品信用的生产者联合起来,优胜略汰

18. 具有高度责任心应做到(　　)。

(A)方便群众,注重形象　　　　　(B)光明磊落,表里如一

(C)工作勤奋努力,尽职尽责　　　(D)不徇私情,不谋私利

19. 劳动者在试用期内提前(　　)通知用人单位,可以解除劳动合同。

(A)三日　　　　(B)五日　　　　(C)七日　　　　(D)十五日

20. 专利法是确认(　　)(或其权利继受人)对其发明享有专有权,规定专利权人的权利和义务的法律规范的总称。

(A)发明人　　　(B)工人　　　　(C)技术人员　　(D)科学家

21. 劳动者的权利不包括(　　)。

(A)平等就业的权利　　　　　　(B)自由休假的权利

(C)取得劳动薪酬的权利　　　　(D)接受职业技能培训的权利

22. 用人单位的权利正确的是(　　)。

(A)制定合法作息时间的权利　　(B)无故解雇员工的权利

(C)要求员工加班的权利　　　　(D)克扣员工工资的权利

23. 保护劳动者合法权益的原则不包括(　　)。

(A)偏重保护和优先保护　　　　(B)平等保护

(C)全面保护　　　　　　　　　(D)特殊保护

24. 下列选项中属于职业道德范畴的是(　　)。

(A)企业经营业绩　　　　　　　(B)企业发展战略

(C)员工的技术水平　　　　　　(D)人们的内心信念

25. 职业道德是一种(　　)的约束机制。

(A)强制性　　　(B)非强制性　　(C)随意性　　　(D)自发性

26. 在市场经济条件下,职业道德具有(　　)的社会功能。

(A)鼓励人们自由选择职业　　　　　　(B)遏制牟利最大化
(C)促进人们的行为规范　　　　　　　(D)最大限度地克服人们受利益驱动

27. 通常接待工作中,符合平等尊重要求的是根据服务对象的(　　)决定给予对方不同的服务方式。

(A)肤色　　　　　　(B)年龄　　　　　　(C)国籍　　　　　　(D)地位

28. 下列选项中属于职业道德作用的是(　　)。

(A)增强企业的凝聚力　　　　　　　　(B)增强企业的离心力
(C)决定企业的经济效益　　　　　　　(D)增强企业员工的独立性

29. 市场经济条件下,不符合爱岗敬业要求的是(　　)的观念。

(A)树立职业理想　　(B)强化职业责任　　(C)干一行爱一行　　(D)多转行

30. (　　)是公民道德建设的核心。

(A)集体主义　　　　　　(B)爱国主义　　　　　　(C)为人民服务　　　　　　(D)诚实守信

31. 单位来了一位缺乏工作经验的新同事,如果你的工作经验比较丰富,你应该(　　)。

(A)如果领导让我帮助他,我就尽力去做,领导没有安排,我就不去干预别人
(B)各司其职,没必要对他人指手划脚
(C)在工作中遇到具体问题再提示他
(D)如果他主动询问,我会尽力帮助

32. 职业健康安全危险源是(　　)。

(A)可能导致疾病、财产损失、工作环境破坏或这些情况组合的根源
(B)污染环境的风险
(C)造成死亡、疾病、伤害、损坏
(D)其他损失的意外情况

33. 根据国家现行职业卫生监管工作分工,作业场所职业卫生的监督检查由(　　)负责。

(A)国家安全生产监管总局　　　　　　(B)卫生部
(C)人力资源和社会保障部　　　　　　(D)工信部

34. 以下关于安装操作要求描述不正确的是(　　)。

(A)操作者上岗前必须取得操作资质
(B)严格按照工艺文件要求施工,如有异议,影响不大的地方可以自行更改文件
(C)工序进行时,严禁嬉戏打闹;无工序时,严禁在非休息区坐、卧、睡
(D)在工作区行走时,注意观察天车、气垫船、叉车、假台等工装设备,保证不被他人伤害
　　并且不伤害他人

三、多项选择题

1. 职业理想的特征有(　　)。

(A)未来美好性和现实可能性　　　　　(B)社会性
(C)个体性　　　　　　　　　　　　　(D)发展性

2. 劳动者应尽的义务包括(　　)。

(A)完成劳动任务　　　　　　　　　　(B)提高职业技能
(C)执行劳动安全卫生规程　　　　　　(D)遵守劳动法律和职业道德

3. 职业兴趣的特点（　　　）。

(A)倾向性　　　　　(B)广泛性　　　　　(C)持久性　　　　　(D)可塑性

4. 以下属于职业的特性的有（　　　）。

(A)专业性　　　　　(B)多样性　　　　　(C)技术性

(D)时代性　　　　　(E)有偿性

5. 爱岗敬业的基本要求是（　　　）。

(A)要按时下班　　　(B)要勤业　　　　　(C)要乐业　　　　　(D)要精业

6. 职业道德的特点有（　　　）。

(A)行业性　　　　　(B)广泛性　　　　　(C)实用性　　　　　(D)时代性

7. 职业道德的基本规范包括（　　　）。

(A)爱岗敬业　　　　(B)诚实守信　　　　(C)办事公道

(D)服务群众　　　　(E)奉献社会

8. 职业素质包括（　　　）。

(A)心理素质　　　　(B)自然生理素质　　(C)受教育素质　　　(D)社会文化素质

9. 劳动合同解除的方式有（　　　）。

(A)协商解除　　　　　　　　　　　(B)用人单位单方解除

(C)劳动者单方解除　　　　　　　　(D)工会解除

10. 劳动合同终止的原因包括（　　　）。

(A)劳动合同期满　　　　　　　　　(B)当事人约定的劳动合同终止条件出现

(C)用人单位破产、解散或者被撤销　(D)劳动者退休、退职或死亡

11. 职业兴趣在职业活动中的作用是（　　　）。

(A)影响职业定向和职业选择　　　　(B)促进智力开发，挖掘潜能

(C)增进团队合作　　　　　　　　　(D)提高工作效率

12. 职业道德的基本规范有（　　　）。

(A)爱岗敬业　　　　(B)诚实守信　　　　(C)办事公道

(D)服务群众　　　　(E)奉献社会

13. 身在企业应自觉做到（　　　）。

(A)情系企业　　　　　　　　　　　(B)奉献企业

(C)与企业精诚合作　　　　　　　　(D)与自己无关的事不予理会

14. 服务群众的基本要求有（　　　）。

(A)要热情周到　　　　　　　　　　(B)要满足需要

(C)要有高超的服务技能　　　　　　(D)要以自己的利益为先

15. 诚实守信的含义包括（　　　）。

(A)真心诚意　　　　(B)实事求是　　　　(C)遵守承诺　　　　(D)讲究信誉

16. 素质是指人在先天禀赋的基础上通过教育和环境的影响而形成和发展起来的比较稳定的基本品质。它包括（　　　）。

(A)心理素质　　　　(B)自然生理素质　　(C)社会文化素质　　(D)先天素质

17. 职业理想在人生中的作用有（　　　）。

(A)有利于确定人生发展的目标　　　(B)有利于增强人生前进的动力

(C)有利于适应社会发展需要　　　　　　　(D)有利于激励人生价值的实现

18. 中国北车股份有限公司人才强企战略是(　　　)。

(A)坚持以人为本　　　　　　　　　　　(B)坚持"实力、活力、凝聚力"的团队建设

(C)坚持尊重知识、尊重人才　　　　　　(D)尊重人才成长规律

19. 中国北车核心价值观是(　　　)。

(A)诚信为本　　　(B)创新为魂　　　(C)崇尚行动　　　(D)勇于进取

20. 中国北车团队建设目标是(　　　)。

(A)实力　　　(B)活力　　　(C)创新力　　　(D)凝聚力

21. 以下属于劳动合同必备条款的是(　　　)。

(A)劳动合同期限　　　　　　　　　　　(B)工作内容

(C)劳动保护和劳动条件　　　　　　　　(D)保守商业秘密条款。

22. 职业生涯设计的内容有(　　　)。

(A)确定职业目标　　(B)分析自身条件　　(C)规划发展阶段　　(D)制定实现措施

23. 劳动合同订立的原则是(　　　)。

(A)平等自愿原则　　(B)协商一致原则　　(C)合法原则　　　(D)强制原则

24. 以下属于劳动者应尽的义务的是(　　　)。

(A)完成劳动任务　　　　　　　　　　　(B)提高职业技能

(C)执行劳动安全卫生规程　　　　　　　(D)遵守劳动法律和职业道德。

25. 职业素质的特征有(　　　)。

(A)专业性　　　　　　(B)稳定性　　　　　　(C)内在性

(D)整体性　　　　　　(E)发展性

26. 专业技能素质是指人们从事某项职业时,在专业知识和专业技能方面所应具备的基本状况和水平,它包括(　　　)。

(A)广泛了解各个行业的知识　　　　　　(B)熟练专业技能

(C)了解社会科学　　　　　　　　　　　(D)专业基础知识

27. 有下列情形之一的,用人单位可以终止劳动合同(　　　)。

(A)用人单位与孕期、产期、哺乳期女职工的劳动合同到期

(B)劳动者开始依法享受基本养老保险待遇的

(C)用人单位被依法宣告破产的

(D)用人单位决定提前解散的

28. 失业类型主要包括(　　　)。

(A)摩擦性失业　　　(B)技术性失业　　　(C)结构性失业　　　(D)季节性失业

29. 具有高度责任心要求做到(　　　)。

(A)方便群众,注重形象　　　　　　　　(B)责任心强,不辞辛苦

(C)尽职尽责　　　　　　　　　　　　　(D)工作精益求精

30. 操作者施工过程中发现问题时,以下做法不正确的是(　　　)。

(A)直接停工等待别人来处理

(B)先自己进行分析,找出问题的根源

(C)立即向上级领导汇报

(D)解决问题是技术人员的事,与我无关

31. 以下说法正确的是(　　　)。

(A)企业的利益就是职工的利益

(B)每一名劳动者,都应坚决反对玩忽职守的渎职行为

(C)为人民服务是社会主义的基本职业道德的核心

(D)勤俭节约是劳动者的美德

32. 作为装配从业人员的基本素质应包括(　　　)。

(A)具有良好的职业道德和敬业精神,对本职工作有强烈的责任感

(B)遵章守纪,严细认真,坚持原则,敢于负责

(C)身体健康,能满足本职工作需要

(D)具有服务意识和团队精神

四、判　断　题

1. 在工作中我不伤害他人就是有职业道德。(　　　)

2. 企业的利益就是职工的利益。(　　　)

3. 每一名劳动者,都应坚决反对玩忽职守的渎职行为。(　　　)

4. 为人民服务是社会主义的基本职业道德的核心。(　　　)

5. 勤俭节约是劳动者的美德。(　　　)

6. 职业只有分工不同,没有高低贵贱之分。(　　　)

7. 铺张浪费与定额管理无关。(　　　)

8. 企业职工应自觉执行本企业的定额管理,严格控制成本支出。(　　　)

9. 搞好自己的本职工作,不需要学习与自己生活工作有关的基本法律知识。(　　　)

10. 所谓职业道德,就是同人们的职业活动紧密联系的符合职业特点所要求的道德准则、道德情操与道德品质的总和。(　　　)

11. 工资不包含福利。(　　　)

12. 本人职业前途与企业兴衰、国家振兴毫无联系。(　　　)

13. 社会主义职业道德的基本原则是用来指导和约束人们的职业行为的,需要通过具体明确的规范来体现。(　　　)

14. 掌握必要的职业技能是完成工作的基本手段。(　　　)

15. 职业道德与职业纪律有密切联系,两者相互促进,相辅相成。(　　　)

16. 每一名劳动者,都应提倡公平竞争,形成相互促进、积极向上的人际关系。(　　　)

17. 劳动合同分为固定期限劳动合同、无固定期限劳动合同和以完成一定工作任务为期限的劳动合同。(　　　)

电工仪器仪表修理工(职业道德)答案

一、填 空 题

1. 专业性	2. 诚实守信	3. 三	4. 实事求是
5. 道德关系	6. 为人民服务	7. 社会分工	8. 道德意志
9. 劳动者	10. 人生观	11. 生产者	12. 空气
13. 全心全意为人民服务	14. 劳动关系	15. 职工	16. 两年
17. 书面	18. 一年	19. 职业理想	20. 忠于职守
21. 职业	22. 职业道德	23. 职业道德榜样	24. 生产技术
25. 人			

二、单项选择题

1. B	2. D	3. B	4. C	5. C	6. B	7. B	8. D	9. C
10. A	11. A	12. B	13. B	14. A	15. B	16. B	17. D	18. C
19. A	20. A	21. B	22. A	23. D	24. D	25. D	26. C	27. B
28. A	29. D	30. C	31. D	32. A	33. A	34. B		

三、多项选择题

1. ABCD	2. ABCD	3. ABC	4. ABCDE	5. BCD	6. ABCD	7. ABCDE
8. ABD	9. ABC	10. ABCD	11. ABD	12. ABCDE	13. ABC	14. ABC
15. ABCD	16. ABC	17. ABD	18. AB	19. ABCD	20. ABD	21. ABC
22. ABCD	23. ABC	24. ABCD	25. ABCDE	26. BD	27. BC	28. ABCD
29. BCD	30. ACD	31. ABCD	32. ABCD			

四、判 断 题

1. ×	2. √	3. √	4. √	5. √	6. √	7. ×	8. √	9. ×
10. √	11. ×	12. ×	13. √	14. √	15. √	16. √	17. √	

电工仪器仪表修理工(初级工)习题

一、填 空 题

1. 晶体三极管一般简称为晶体管或三极管,是一种具有两个( )结的半导体器件。

2. 按导电极性分,晶体三极管可分为 NPN 型和( )型两大类。

3. 锗晶体二极管正向压降为 0.2～0.3 V,硅晶体二极管正向压降为( )。

4. 电阻是一种最基本的电子元件,其基本单位为( )。

5. 电容是一种最基本的电子元件,其基本单位为( )。

6. 电感是一种最基本的电子元件,其基本单位为( )。

7. 电容器简单地讲就是储存( )的容器,储存的多少取决于电容器的容量。

8. 1 兆欧等于( )千欧,1 千欧等于 1 000 欧。

9. 1 法拉(F)=10^3 毫法(mF)=10^6 微法(μF)=10^9 纳法(nF)=( )皮法(pF)。

10. 电容器按极性分可分为无极性和( )电容器。

11. 变压器可分为高频、中频、低频、音频和( )变压器。

12. 分辨力是仪表对紧密( )量值有效辨别的能力。一般认为模拟式仪表的分辨力为标尺分度值的一半,数字式仪表的分辨力为末位数的一个字码。

13. 绝缘电阻是在仪表指定绝缘部分之间施加额定的直流( )所测得的电阻。

14. 绝缘强度在仪表指定的绝缘部分之间不致产生飞弧或者通过的电流不致超过规定值的直流或( )电压。

15. 测量误差是指测量结果与被测量( )之差。可用绝对误差表示,也可用相对误差表示。

16. 电源变压器由一个初级线圈或几个次级线圈组成,它们之间由铁芯作为( )媒介。

17. 电位器按调节方式分为旋转式、直滑式、( )式。

18. 锗二极管的起始导通电压约为 0.2 V,硅二极管的起始导通电压约为( )V。

19. 测量电压时,应使用电压表,并将电压表与被测电路( )联相接。

20. 测量电流时,应使用电流表,并将电流表与电路( )联相接。

21. 安全电压为( )V。

22. 电路中对电流通过有阻碍作用,并造成能量消耗的元件是( )。

23. 扩大直流电流表量程的方法一般采用( )。

24. 在三极管的输出特性曲线上,可以找出那三个区域,即:放大区、( )区、截止区。

25. 电流通过线圈会产生磁场,其方向采用( )螺旋定则确定。

26. 电子伏特是( )单位。

27. 通过变压器、整流器,把交流电变成直流电的装置是( )。

28. 正弦交流电的三要素是初相位、幅值和( )。

29. 兆欧表又称作（　　）和绝缘电阻表。

30. 玻璃温度计是由玻璃（　　）泡、毛细管和指示板等部分组成。

31. 交流电压表的示值是指交流电压的（　　）值。

32. 按示波器的波形显示方式,可分为单踪示波器、（　　）示波器、多踪示波器。

33. 根据继电器触点接触面的形状,触点有点接触、线接触和（　　）接触三种。

34. 熔丝是（　　）接在电路中。

35. 500 型万用表由（　　）、测量电路和转换开关三部分组成。

36. 一般常用的万用表可测电压、电流和（　　）等。

37. 某数字电压表读出数字为 1 999.9 V,则分辨力为（　　）。

38. 测电笔一般只能能区别（　　）线和中性(地)线。

39. 晶体管散热有热传导和（　　）两条途径。

40. 赫兹是频率的单位,1 兆赫兹等于（　　）赫兹。

41. 指针式精密电表的表面装有一块镜面,它的作用是（　　）。

42. 在焊接集成电路时,常采用（　　）电烙铁,并要接地良好,可以保护集成电路,不致于因高压而损坏。

43. 常用电烙铁有焊接、（　　）、定型接插件连接三种。

44. 焊接元器件,焊接时间一般不超过（　　）秒,时间长易烫坏元件,时间短不易焊牢,易形成虚焊。

45. 在焊接集成电路和场效应管时,一定要注意焊接温度不要太高,烙铁不得漏电,为了安全起见最好把（　　）切断。

46. 在焊锡未凝固以前,不得摇动元件或（　　）引线,以免造成虚焊。

47. 电动机由定子和（　　）组成。

48. 我国常用的螺纹分为公制螺纹和（　　）两大类。

49. 电气图包括方框图、电原理图、电气接线图及（　　）等。

50. 扎线方法有（　　）、绳扎法和塑料扎成央等。

51. 仪器仪表的装配过程一般分为准备阶段、装配阶段和（　　）阶段。

52. 电路中常用的滤波方式有电容滤波、电感滤波和（　　）等。

53. O 型橡胶密封圈表面要经常涂（　　）,防止其老化。

54. 工作中,我们经常通过蓝图来寻找信息。其中标有料件数量、种类、规格等的一栏名为（　　）。

55. 拆卸的顺序应与（　　）的顺序相反。

56. 约束职工严格遵守工艺规程的法规,称为（　　）。

57. 零件在机械加工中,选择定位基准时,应与其（　　）一致。

58. 29.35$^{+0.075}_{-0.05}$ 的公差是（　　）。

59. 使用万用表测量电流或电压时,若不知是交流还是直流,此时应该用（　　）挡先测试一下。

60. "5S"指（　　）、整顿、清扫、清洁、素养五个项目。

61. 工厂施工中的安全电压为（　　）。

62. 避免任何胶黏剂接触皮肤和（　　）。

63. 在测量结果中若存在粗大误差,应(　　　)。

64. 开口扳手的钳口大多与手柄成15°角。因此,扳手只需旋转(　　　)就可以拧紧或松开螺钉。

65. 电流的大小和方向都随着时间在变化,这种电流叫(　　　)。

66. 不锈钢铆螺母主要优点是(　　　)、抗腐蚀。

67. 零件是机器制造的(　　　)单元。

68. 部件装配是从(　　　)开始。

69. 生产中质量控制的"三检"是指(　　　)。

70. 遇有电气火灾,不能使用水或(　　　)灭火机,应使用二氧化碳、干粉、1211等灭火机扑救电气火灾。

71. 向上钻孔时,操作者眼部应佩戴(　　　)。

72. 公差带是由基本偏差和(　　　)等级决定的。

73. 装配后沾污在其他部位的密封胶应在(　　　)内及时清理。

74. 装配精度由(　　　)保证。

75. 在同类零件中,任取一个装配零件,不经修配即可装入部件中,并能达到规定的装配要求,这种装配方法称为(　　　)。

76. 将若干个零件、组件、部件组合成整台机器的操作过程称为(　　　)。

77. 国家标准规定,我国居民区噪声白天应低于55分贝,夜间应低于(　　　)。

78. 在精益生产中,从价值角度看,各项工作活动可分为增值活动、非增值活动、(　　　)。

79. 带传动是利用挠性件来传递运动,所以工作(　　　),没有噪声。

80. 齿轮传动从传递运动和动力方面,应满足(　　　)、承载能力强两个基本要求。

81. 拆卸步骤可分为两个阶段,分别称为(　　　)和实施阶段。

82. 拆卸的目的就是要(　　　),重新获得单独的组件或零件。

83. 调整是指相关零部件相互(　　　)的具体调节工作。

84. 调整工作就是调节零件或机构部件的(　　　),配合间隙,结合松紧等,目的是使机构或机器工作协调。

85. 精益管理理念源自(　　　)。

86. 普通卷尺的最小刻度为(　　　)。

87. 设备维护保养内容一般包括日常维护、定期维护、定期检查和(　　　)。

88. 人触电后,往往会失去知觉或者形成假死,能否救治的关键在于使触电者迅速(　　　)和及时采取正确的救护方法。

89. 根据(　　　)对有关尺寸链进行正确分析,并合理分配各组成环公差的过程叫解尺寸链。

90. 定向装配目的是为了抵消一部分相配尺寸的(　　　)。

91. 装配尺寸链的组成环可分为增环和(　　　)。

92. 测量的定义是以确定量值为目的的(　　　)。

93. 测量准确度是测量结果与被测量(　　　)之间的一致程度。

94. 为评定计量器具的计量性能,确认其是否合格所进行的(　　　),称为计量检定。

95. 校准主要用以确定测量器具的(　　　)。

96.《计量法》从（　　　）年 7 月 1 日起正式施行。

97. 实行（　　　）、区别管理的原则是我国计量法的特点之一。

98. 中华人民共和国法定计量单位是以国际单位制单位为基础，同时选用了一些（　　　）的单位构成的。

99. 法定计量单位就是由国家以（　　　）形式规定强制使用或允许使用的计量单位。

100. 国际单位制是在米制基础上发展起来的单位制。其国际简称为（　　　）。

101. 误差的两种基本表现形式是（　　　）和相对误差。

102. 误差按其来源可分为：设备误差、环境误差、（　　　）、方法误差。

103. 电气图一般按用途进行分类，常见的电气图有系统图、框图、（　　　）和接线表等。

104. 电路图通常将主回路与辅助电路分开，主电路用粗实线画在辅助电路的（　　　）。

105. 接线图和接线表主要用于（　　　）、线路检查、线路维修和故障处理。

106. PNP 半导体三极管的图形符号是（　　　）。

107. 图形符号 ‿ 代表的是带滑动触点的（　　　）。

108. 发光二极管的图形符号是（　　　）。

109. 可调电阻器的图形符号是（　　　）。

110. 电容器的图形符号是（　　　）。

111. 等电位的图形符号是（　　　）。

112. 导电材料一般分为良导体材料和（　　　）导电材料。

113. 高电阻材料主要用于制造（　　　）。

114. 绝缘材料可分为固体绝缘材料、液体绝缘材料和（　　　）材料。

115. 电工用导线可分为电磁线和（　　　）。

116. 制作各种电感线需要用（　　　）线。

117. 裸导线主要用于（　　　）。

118. 导线的安全载流量是指某截面导线在不超过它最高工作温度的条件下，长期通过的（　　　）。

119. 磁性材料的主要特点是具有高的（　　　）。

120. 磁滞回线较窄，易磁化也易去磁，是（　　　）材料的特点。

121. 硬磁材料的磁滞回线（　　　）。

122. 电机、变压器的铁芯常用（　　　）材料来做。

123. 永久磁铁、扬声器的磁钢是用（　　　）材料制成的。

124. 电碳材料一般是以（　　　）为主制成的。

125. 电碳材料的主要特点是具有良好的导电性及优越的（　　　）性能。

126. 仪表轴尖应采用（　　　）的不易锈蚀的线材制成。

127. 轴尖允许采用高碳钢线材制造，但应采取（　　　）措施，并不应有剩磁存在。

128. 仪表的轴承通常是采用（　　　）或刚玉制造的。

129. 电工仪表的游丝一般是（　　　）用制成的。

130. 电工仪表的张丝一般采用（　　　）、铍青铜、铂银合金、钴合金和镍钼合金制成的。

131. 焊接仪表张丝的焊料应采用（　　　）。

132. 电能表的下轴承在检修后应注入少量的（　　　）油，用来润滑及防止钢珠轴尖生锈。

133. 电能表的制动磁铁若发生生锈、脱漆现象,可将磁铁浸入( )内除去残存的涂层。

134. 对电位差计一般型开关、触点可采用( )和酒精进行清洗。

135. 电位差计的开头和触点在清洗完后,待清洗剂挥发后,应涂上一层薄薄的中性( )。

136. 钳形电流表测量电流时,被测导线必需置于钳口( ),钳口必须闭合好。

137. 铁磁电动系功率表主要用于安装在控制盘及配电盘上测量( )的大小。

138. 数字仪表且有( )高,功耗小,显示速度快,直观等特点。

139. 整流系仪表测量交流电量时,测量机构活动部分的偏转角与被测量的( )相关。

140. 整流系仪表的刻度尺是按( )刻度的。

141. 静电系仪表主要用于( )测量,不必配附加电阻。

142. 单相相位表在接线时必须遵守( )守则。

143. 频率表在使用中应( )联在被测电路上。

144. 电流、电压的大小及( )都随时间变化的电路称为交流电路。

145. 验电笔是检验导体( )的工具。

146. 常用电工基本安全用具有验电笔、绝缘夹钳和( )等。

147. 如果线路上有人工作,停电作业时应在线路开头和刀闸操作手柄上悬挂( )线路有人工作的标志牌。

148. 晶体二极管具有( )导电的特性。

149. 晶体二极管( )电阻小。

150. 半导体三极管主要用于( )和开关电路。

151. 熔断器的符号是( )。

152. 电气图上的符号 2DP4J 中 P 表示( )。

153. 在直流下检定 1.0 级电流表,一般可采用数字电压表法和( )。

154. 为保证电工仪表的准确,检修场所必须清洁无铁磁性物质及( )气体。

155. 为保证电工仪表的准确,检修场地周围环境温度波动应尽量小,而且相对湿度应在( )以下。

156. 电工仪表检修过程中,必须坚持"各就各位"的原则,对无定位措施的零部件应事先做好( )标记。

157. 在拆装电工仪表零部件时,应有顺序放置,对磁分路片、调磁片等的原始位置都应保持仪表的( )状态。

158. 对因过载冲击而造成超差的电工仪表,首先应检查仪表可动部分( )是否已被破坏。

159. 修理电动系电工仪表时,应避免内外屏蔽罩( ),以免引起机械应力变化,造成屏蔽效果不好。

160. 对磁电系仪表测量机构进行拆装时,应尽量设法事先加( )衔铁,增加分路气隙中的磁力线,以减少拆开测量机构时逸磁和便于取出可动部分。

161. 电工仪表测量机构修理后的,应进行老化处理,即将整个测量机构放入( )℃烘箱内进行 4~8 h 的加温老化。

162. 电工仪表动圈绕线过程要求速度均匀,线要排列整齐,绕好后要( )加温老化。

163. 电磁系仪表在利用移动分磁片调整误差时,应将分磁片向内或向外(　　　),不可斜移分磁片。

164. 电动系仪表在修理过程中,测量机构内外屏蔽不应增加任何(　　)物质,以免仪表在直流回路中进行测量时产生剩磁。

165. 仪表轴尖的圆锥面光洁度应用 40～60 倍的(　　)显微镜进行检查。

166. 安装仪表轴尖的方法是将轴尖根部插入轴杆孔中,用空心铣套在轴尖的锥面上,用(　　)敲击铣子,将轴尖压主轴杆内装牢。

167. 仪表测量机构的永久磁铁失磁使灵敏度降低时,应使用(　　)装置对其进行充磁。

168. 对仪表游丝进行焊接时,应用电烙铁(　　)加热游丝,焊接时间要短,以防游丝过热,产生弹性疲劳。

169. 仪表张丝与动圈的焊接应使用(　　)焊锡,要求焊接速度快,避免张丝退火。

170. 磁电系仪表的结构特点是具有固定的(　　)和活动线圈。

171. 电磁系测量机构一般可分为扁线圈结构和(　　)结构。

172. 电动系仪表的结构主要是由(　　)和可动线圈、阻尼器、指针等构成。

173. 电磁系安装式电流表的可动部分是铁芯,一般只有一个量限,它的测量线路是将固定线圈直接(　　)在被测电路内。

174. 电磁系安装式电流表在测量大电流时,一般是与电流互感器配合使用,一般电流互感器二次电流为 5 A,所以配合使用的电流表应做成(　　)。

175. 电磁系安装式电压表的线路是由固定线圈和(　　)串联组成的。

176. 磁电系电流表是采用在测量机构上(　　)一个分流电阻的办法来扩大量限的。

177. 磁电系电压表是采用在测量机构上(　　)一个附加电阻的办法来扩大量限的。

178. 电压互感器在使用中严禁次级电路(　　)。

179. 电流互感器在使用中严禁次级电路(　　)。

180. 互感器的量限必须与被测参数及(　　)的量限一致。

181. 电压互感器在高压电路中使用时,必须将其(　　)电路的低电位端连同铁芯及外壳一同可靠接地。

182. 绝缘电阻表输入有三个端钮,一般是将被测电阻接在"线"(L)和(　　)端钮上。

183. 兆欧表是由(　　)系测量机构和测量线路组成的。

184. 万用表表头灵敏度越高,测量(　　)时内阻就越大。

185. 符号 ⊥ 代表的是(　　)仪表。

186. 感应系仪表工作原理符号是(　　)。

187. 外附定值分流器 75 mV 的符号表达是(　　)。

188. 符号 ≋ 代表的是具有单元件的(　　)负载交流。

189. 电流表盘面上直流和交流电流种类符号是(　　)。

190. 表盘符号 1.5 表示的是以标度尺(　　)百分数表示的准确度级别是 1.5 级。

191. 一般使用仪表时,要根据被测量的大小,合理选择仪表量限,使仪表读数在测量上限的(　　)以上为好。

192. 测量正弦波交流值时,可选用任何交流(　　)仪表。

193. 整流系仪表的应用频率多在( )Hz 范围内。

194. 电压表的内阻越大,消耗功率就( ),带来的误差就小。

195. 对于测量电流来说,要求电流表的内阻越( )越好。

196. 对无反射镜的指针式仪表,读数时要保证视线与仪表的标度盘的平面( )。

197. 检定 1.0 级电压表时,要求检定电源的稳定度在半分钟内不应低于( )。

198. 检定电流表时,调节设备的调节细度应不低于被检表允许误差限的( )。

199. 当对电压表的可动部分的零件进行了调修后,应对仪表的周期检定项目检定后,还应进行( )检查和测定阻尼。

200. 凡公用一个标度尺的多量限仪表,可以只对其中某个量限的有效范围内带数字的分度线进行检定,而对其余量限只检测量上限和可以判定为( )的带数字分度线。

201. 交流仪表的非全检量限,应检定额定频率范围上限和可以判定为( )的分度线。

202. 仪表在检定前,应将仪表置于检定环境条件下预热足够的时间,以消除( )梯度。

203. 对全偏转角小于 180°的仪表,其阻尼过冲不得超过标尺长度的( )。

204. 对修后仪表进行位置影响误差的测试,是在仪表的测量上限和( )的分度线上进行的。

205. 仪表测量机构的反作用力矩与偏转角成( )。

206. 电测量指示仪表的阻尼力矩与可动部分运动速度成( )。

207. 仪表平衡的过程就是调节平衡锤,使其活动部分的重心和( )相重合的过程。

208. 磁电系仪表中上下的两个游丝的螺旋方向是( )的。

209. 判断电流表是否超差,应以( )后的数据为依据。

210. 对( )检定项目都符合要求的电仪表,可判定为合格。

二、单项选择题

1. 保证装配精度的工艺方法有( )。
(A)调整装配法　　(B)间隙装配法　　(C)过盈装配法　　(D)过渡装配法

2. 互换装配法对装配工艺技术水平要求( )。
(A)很高　　(B)高　　(C)一般　　(D)不高

3. 调整装配法是在装配时改变可调整件的( )。
(A)尺寸　　(B)形状精度　　(C)表面粗糙度　　(D)相对位置

4. 下列说法正确的是( )。
(A)移出断面和重合断面均必须标注
(B)当视图中的轮廓线与重合断面的图形重叠时,视图中的轮廓线仍需完整的画出,不能间断
(C)剖面图仅画出机件被切断处的断面形状
(D)剖视图除画出断面形状外,还需画出断面后的可见轮廓线

5. 同轴度的公差带是( )。
(A)直径差为公差值 t,且与基准轴线同轴的圆柱面内的区域
(B)直径为公差值 t,且与基准轴线同轴的圆柱面内的区域
(C)直径差为公差值 t 的圆柱面内的区域

(D)直径为公差值 t 的圆柱面内的区域

6. 划线时,划线基准要和(　　)一致。

(A)辅助基准　　　　(B)设计基准　　　　(C)装配基准　　　　(D)加工基准

7. 应自然地将錾子握正、握稳,其倾斜角始终保持在(　　)左右。

(A)15°　　　　(B)20°　　　　(C)35°　　　　(D)60°

8. 当锉刀锉至约(　　)行程时,身体停止前进,两臂则继续将锉刀向前锉到头。

(A)1/4　　　　(B)1/2　　　　(C)3/4　　　　(D)4/5

9. 一张完整的零件图应包括(　　)。

(A)一组图形、必要的尺寸、技术要求和标题栏

(B)一组图形、全部的尺寸、技术要求和标题栏

(C)一组图形、必要的尺寸、技术要求和明细栏

(D)一组图形、全部的尺寸、技术要求和明细栏

10. 绘制零件草图第一步为(　　)。

(A)布置视图　　　　　　　　　　(B)取剖视

(C)画主要部分投影　　　　　　　(D)标注尺寸

11. 对于尺寸公差,下列叙述正确的是(　　)。

(A)公差值前面可以标"＋"号　　　　(B)公差值前面可以标"－"号

(C)公差可以为零值　　　　　　　　(D)公差值前面不应标"＋"、"－"号

12. 产品的装配总是从(　　)开始,从零件到部件,从部件到整机。

(A)装配基准　　　(B)装配单元　　　(C)从下到上　　　(D)从外到内

13. 游标卡尺上端有两个爪是用来测量(　　)。

(A)内孔　　　　　　　　　　(B)沟槽

(C)齿轮公法线长度　　　　　(D)外径

14. 施工中发生触电急救救护时以下做法不正确的是(　　)。

(A)使触电者脱离电源

(B)救护人不得采用金属和其他潮湿的物品作为救护工具

(C)未采取绝缘措施前,任何人不得直接触及触电者的皮肤和潮湿的衣服

(D)在拉拽触电者脱离电源的过程中,救护人宜采用双手操作

15. 安全标志分禁止、警告、允许和提示等四种类型,国家制定的安全色 GB 2893—2001 标准中以下说法错误的是(　　)。

(A)红色表示停止和消防　　　　(B)蓝色表示必须遵守规定,强制执行

(C)黄色表示注意和安全　　　　(D)绿色表示提示、安全、通过、允许和工作

16. 以下不属于一般设备护理方法的是(　　)。

(A)擦拭　　　　(B)清扫　　　　(C)抛光　　　　(D)润滑

17. 使用锉刀时,不能(　　)。

(A)推锉　　　　(B)双手锉　　　　(C)来回锉　　　　(D)单手锉

18. 零件图中注写极限偏差时,上下偏差小数点对齐,小数点后位数相同,零偏差(　　)。

(A)必须标出　　　(B)不必标出　　　(C)文字说明　　　(D)用符号表示

19. 孔的最小极限尺寸与轴的最大极限尺寸之代数差为正值叫(　　)。

(A)间隙值　　　　　(B)最小间隙　　　　　(C)最大间隙　　　　　(D)最大过盈

20. 装配与拆卸弹性挡圈常用(　　)。

(A)老虎钳　　　　　(B)尖嘴钳　　　　　(C)起子　　　　　(D)弹性挡圈钳

21. 30 ± 0.01 的公差值为(　　)mm。

(A)$+0.01$　　　　　(B)-0.01　　　　　(C)30　　　　　(D)0.02

22. ⊥ | φ0.05 | A 表示的形位公差项目是(　　)。

(A)平行度　　　　　(B)垂直度　　　　　(C)同轴度　　　　　(D)倾斜度

23. 在满足使用要求的前提下,应尽量选用(　　)的粗糙度参数值。

(A)较大　　　　　(B)较小　　　　　(C)不变　　　　　(D)常用

24. 配合是指(　　)相同的相互结合的孔、轴公差带之间的关系。

(A)最大极限尺寸　　　(B)最小极限尺寸　　　(C)基本尺寸　　　(D)实际尺寸

25. 零件上的(　　)尺寸必须直接注出。

(A)定形　　　　　(B)定位　　　　　(C)总体　　　　　(D)重要

26. 两个零件在同一方向上只能有(　　)个接触面和配合面。

(A)2　　　　　(B)1　　　　　(C)3　　　　　(D)4

27. 装配图中指引线指向所指部分的末端通常画一(　　)。

(A)圆点或箭头　　　(B)直线　　　　　(C)斜线　　　　　(D)圆圈

28. 在装配图中,每种零件或部件只编(　　)个序号。

(A)1　　　　　(B)2　　　　　(C)3　　　　　(D)4

29. 装配时,(　　)不可以直接敲击零件。

(A)钢锤　　　　　(B)塑料锤　　　　　(C)木锤　　　　　(D)橡胶锤

30. 互换性是指(　　)的一批零部件,能够互相替换使用,并且充分满足使用要求的特性。

(A)同一规格　　　(B)同一批次　　　(C)统一尺寸　　　(D)同一大小

31. 公差等级越(　　),合格尺寸的大小越趋一致。

(A)平等　　　　　(B)不平等　　　　　(C)高　　　　　(D)低

32. 电容并联后,其电容量是(　　)。

(A)减小　　　　　(B)增大　　　　　(C)不变　　　　　(D)递增

33. 各种电子设备中的电源开关是控制电源通断的器件,因此,开关必须与电子线路(　　)。

(A)并联　　　　　(B)串联　　　　　(C)串、并联　　　　　(D)交联

34. 电感的常用单位是(　　)。

(A)亨　　　　　(B)毫亨　　　　　(C)微亨　　　　　(D)千亨

35. 电容的常用单位是(　　)。

(A)法拉　　　　　(B)法　　　　　(C)微法　　　　　(D)毫法

36. 硅二极管的管压降为 0.6 V,当所加的正向电压大于 0.6 V 时,其导通电流是(　　)。

(A)增大　　　　　(B)减小　　　　　(C)不变　　　　　(D)稳压

37. 有一电烙铁,其烙铁头插入发热管中央,该烙铁是(　　)。

(A)内热式　　　　　　(B)外热式　　　　　　(C)速热式　　　　　　(D)恒热式

38. 在使用各种进口电子仪器时,首先要检查的指标是(　　　)。

(A)电流　　　　　　　(B)功率　　　　　　　(C)电压　　　　　　　(D)频率

39. 一般常说的安全电压是(　　　)。

(A)36 V　　　　　　　(B)48 V　　　　　　　(C)26 V　　　　　　　(D)50 V

40. 焊接电子元件时,助焊剂最好选用(　　　)。

(A)松香溶液　　　　　(B)盐酸　　　　　　　(C)焊锡膏　　　　　　(D)强水

41. 多盏照明灯应接入市电电源线路(　　　)。

(A)串联　　　　　　　(B)并联　　　　　　　(C)混联　　　　　　　(D)交联

42. 1 千瓦时等于(　　　)度电。

(A)1　　　　　　　　　(B)0.5　　　　　　　 (C)2　　　　　　　　　(D)1.5

43. 连接电灯的两条电源线如果没有经过用电器而直接连通,就属于(　　　)。

(A)断路　　　　　　　(B)短路　　　　　　　(C)开路　　　　　　　(D)回路

44. 电烙铁、电炉等常见的电热器制成的原理是(　　　)。

(A)电流热效应　　　　(B)磁场强度　　　　　(C)电场强弱　　　　　(D)功率大小

45. 给蓄电池组充电时,充电器与蓄电池组的极性连接的方法是(　　　)。

(A)随意连接　　　　　(B)异极相连　　　　　(C)断路　　　　　　　(D)同极相连

46. 焊接印制电路板时,电烙铁最好选用(　　　)。

(A)25 W　　　　　　　(B)45 W　　　　　　　(C)75 W　　　　　　　(D)100 W

47. 元器件焊接加热温度以高于焊料熔点度为合适(　　　)。

(A)(0～20)℃　　　　　(B)(30～50)℃　　　　(C)(70～100)℃　　　　(D)(100～130)℃

48. 万用表测量交流电压,万用表读数是(　　　)。

(A)平均值　　　　　　(B)有效值　　　　　　(C)峰值　　　　　　　(D)指数值

49. 线性电阻的条件是(　　　)。

(A)符合欧姆定律　　　　　　　　　　　　　(B)不符合欧姆定律

(C)符合节点电流定律　　　　　　　　　　　(D)符合网孔定律

50. 用万用表测量二极管正、反向电阻,分别为 200 Ω 和 200 K,这个二极管是(　　　)。

(A)好　　　　　　　　(B)坏　　　　　　　　(C)判断不了　　　　　(D)击穿

51. 对于电阻性负载来说,上半波整流输出的电压的平均值为(　　　)。

(A)$V=0.45E$　　　　　(B)$V=0.9E$　　　　　(C)$V=E$　　　　　　　(D)$V=1.2E$

52. 下列关于电阻的说法错误的是(　　　)。

(A)碳膜电阻器　　　　(B)线绕电阻器　　　　(C)金属膜电阻器　　　(D)有极性电阻器

53. 下列不属于交流放大器的耦合方式的是(　　　)。

(A)阻容耦合　　　　　(B)直接耦合　　　　　(C)变压器耦合　　　　(D)直流耦合

54. 晶体三极管的基本作用是(　　　)。

(A)稳压　　　　　　　(B)放大　　　　　　　(C)开关　　　　　　　(D)耦合

55. 只有电阻的电路、电压和电流相位差(　　　)度。

(A)90　　　　　　　　 (B)360　　　　　　　　(C)0　　　　　　　　　(D)180

56. 正弦电压一个周期内的平均值等于(　　　)。

(A)最大值除以$\sqrt{2}$　　(B)最大值乘以$\sqrt{2}$　　(C)0　　　　(D)有效值

57. 二个R_1、R_2电阻并联,其总电阻为(　　)。

(A)R_1+R_2　　(B)$R_1R_2/(R_1+R_2)$　　(C)$(R_1+R_2)/R_1R_2$　　(D)$1/(R_1+R_2)$

58. 要使晶体管具有放大作用,必须满足其发射结(　　)向偏置,集电结(　　)向偏置。

(A)反,反　　　　(B)正,反　　　　(C)正,正　　　　(D)反,正

59. 在用万用表测较大电阻时,有人用两手将表笔和被测电阻握在一起,将使测得值(　　)。

(A)变大　　　　(B)变小　　　　(C)相等　　　　(D)不确定

60. 变压器是由绕在一个闭合(　　)上的两个线圈构成的。

(A)铜芯　　　　(B)铝芯　　　　(C)铁芯　　　　(D)钢芯

61. 一般的金属导体的电阻率随温度升而(　　)。

(A)增大　　　　(B)减小　　　　(C)不变　　　　(D)不确定

62. 焊印刷电路板时一般选用(　　)W左右的电烙铁。

(A)50　　　　　(B)60　　　　　(C)25　　　　　(D)30

63. 通常的焊锡中锡约占(　　)左右。

(A)30%　　　　(B)40%　　　　(C)50%　　　　(D)60%

64. 一般工业用的交流电其频率为(　　)Hz。

(A)30　　　　　(B)40　　　　　(C)50　　　　　(D)60

65. 一般认为人能自主地摆脱的最大电流,男性约为(　　)mA。

(A)100　　　　(B)1　　　　　(C)20　　　　　(D)60

66. 不属于电路中的三种基本元件是(　　)。

(A)电阻　　　　(B)电感　　　　(C)电容　　　　(D)变压器

67. 频率为50 Hz的工频交流电,它的周期是(　　)s。

(A)50　　　　　(B)0.5　　　　(C)0.02　　　　(D)0.2

68. 在频率为60(Hz)的交流电,相位差为$\pi/3$时,则时间差为(　　)s。

(A)1/60　　　　(B)1/600　　　(C)1/360　　　(D)1/120

69. 一个灯炮的灯丝断了,可小心把灯丝搭上使用,这时灯(　　)。

(A)比原来亮　　(B)比原来暗　　(C)一样亮　　　(D)无法确定

70. 在测二极管的正向特性时,为防止管中电流过大,常在电路中(　　)一个电阻。

(A)串联　　　　(B)并联　　　　(C)混联　　　　(D)不确定

71. 绝缘电阻一般用(　　)表示。

(A)欧姆　　　　(B)千欧　　　　(C)兆欧　　　　(D)百欧

72. 作用于两个磁铁之间磁力的大小和磁极间的距离的平方成(　　)。

(A)正比　　　　(B)反比　　　　(C)无关系　　　(D)不确定

73. 串联电路中各处的电流强度是(　　)。

(A)相等　　　　(B)相反　　　　(C)正比　　　　(D)反比

74. 导体的电阻跟导体的截面积成(　　)。

(A)正比　　　　(B)反比　　　　(C)倍数　　　　(D)指数

75. 保险丝的额定电流应比最大正常工作电流(　　)。

(A)稍小　　　　　(B)稍大　　　　　(C)小很多　　　　　(D)大很多

76. 在实际配电线路中线电压是（　　）。

(A)220 V　　　　　(B)380 V　　　　　(C)110 V　　　　　(D)36 V

77. 用元器件图形符号符号连成的电气图，一般是指（　　）。

(A)方框图　　　　　(B)电原理图　　　　　(C)电气接线图　　　　　(D)逻辑图

78. 元器件焊接时间应控制在（　　）s。

(A)1　　　　　(B)2　　　　　(C)3　　　　　(D)4

79. 用钳子夹住元件引线根部焊接是为了（　　）。

(A)防烫伤　　　　　(B)加热　　　　　(C)焊得牢　　　　　(D)焊得快

80. 在下列所示的芯片型号中，负 9 V 电源输出芯片是（　　）。

(A)CW7812　　　　　(B)CW7905　　　　　(C)CW7909　　　　　(D)CW7912

81. 有一只 30 mA 的电流表，需改装成量程为 600 mA 的电流表，应对该表头进行改进，方法是（　　）。

(A)分流法　　　　　(B)分压法　　　　　(C)串联电阻　　　　　(D)回路法

82. 用 890 数字万用表二极管挡测某二极管，显示的数字是 −0.539，该值是二极管的（　　）。

(A)电阻值　　　　　(B)电容值　　　　　(C)管压降　　　　　(D)电流值

83. 在焊接 CMOS 电路时，下列使用电烙铁方法正确的是（　　）。

(A)采用外热式烙铁

(B)采用外热式 45 W 以上电烙铁，公共地线接地良好

(C)采用内热式小功率烙铁，且公共地线接地良好

(D)采用内热式小功率烙铁，且公共地线接地良好

84. 标准计量器具的准确度一般应为被检计量器具准确度的（　　）。

(A)1/2~1/5　　　　　(B)1/5~1/10　　　　　(C)1/3~1/10　　　　　(D)1/3~1/5

85. 校准的依据是（　　）或校准方法。

(A)检定规程　　　　　(B)技术标准　　　　　(C)工艺要求　　　　　(D)校准规范

86. 属于强制检定工作计量器具的范围包括（　　）。

(A)用于重要场所方面的计量器具

(B)用于贸易结算、安全防护、医疗卫生、地质勘探四方面的计量器具

(C)列入国家公布检定规程目录的计量器具

(D)用于贸易结算、安全防护、医疗卫生、环境监测方面列入国家强制检定目录的工作计量器具

87. 1985 年 9 月 6 日，第六届全国人大常委会第十二次会议讨论通过了《中华人民共和国计量法》，国家主席李先念发布命令正式公布，规定从（　　）起施行。

(A)1985 月 9 月 6 日　　　　　(B)1986 年 7 月 1 日

(C)1987 年 7 月 1 日　　　　　(D)1997 年 5 月 27 日

88. 国际单位制中，下列计量单位名称不属于有专门名称的导出单位是（　　）。

(A)牛(顿)　　　　　(B)瓦(特)　　　　　(C)电子伏　　　　　(D)欧(姆)

89. 按我国法定计量单位的使用规则，15 ℃应读成（　　）。

(A)15 度　　　　　　　(B)15 度摄氏　　　　(C)摄氏 15 度　　　　(D)15 摄氏度

90. 测量结果与被测量真值之间的差是(　　　)。

(A)偏差　　　　　　　(B)测量误差　　　　　(C)系统误差　　　　　(D)粗大误差

91. 修正值等于负的(　　　)。

(A)随机误差　　　　　(B)相对误差　　　　　(C)系统误差　　　　　(D)粗大误差

92. 主要用于安装接线、线路检查、线路维修和故障处理的图称(　　　)。

(A)接线图　　　　　　(B)电路图　　　　　　(C)系统图　　　　　　(D)框图

93. 用于表示各元件器件和结构等与印制板连接关系的图称为(　　　)。

(A)位置图　　　(B)印制板装配图　　　(C)印刷板零件图　　　(D)印制板制图

94. 属于高电阻材料的是(　　　)。

(A)铜　　　　　　　　(B)铝　　　　　　　　(C)锰铜　　　　　　　(D)铁

95. 可用来制作电感线圈的导线是(　　　)。

(A)漆包线　　　　　　(B)橡皮线　　　　　　(C)塑料线　　　　　　(D)裸导线

96. 不能用来构成磁场的磁路,不属于磁性材料的是(　　　)。

(A)硅钢　　　　　　　(B)铁氧体　　　　　　(C)玻莫合金　　　　　(D)康铜

97. 电工仪表的轴尖是用(　　　)制成的。

(A)硅钢　　　　　　　(B)铁氧体　　　　　　(C)高碳钢　　　　　　(D)玻莫合金

98. 在电工仪表检修中,常用 200 号(　　　)清洗仪表零件,它具有挥发快的特点。

(A)溶剂汽油　　　　　(B)工业汽油　　　　　(C)煤油　　　　　　　(D)变压器油

99. 一般钳形表实际上是一个交流电流表和一个(　　　)的组合体。

(A)电压表　　　　　　(B)电流互感器　　　　(C)电压互感器　　　　(D)直流电流表

100. 数字电压表的基本量程的定义是:在多量程的数字电压表中(　　　)。

(A)测量误差最大的量程　　　　　　　　　(B)测量误差最小的量程

(C)输入阻抗最小的量程　　　　　　　　　(D)分辨力最小的量程

101. 数字电压表的核心部分是(　　　)。

(A)电子计数器　　　(B)模—数转换器　　　(C)显示器　　　　(D)编码器

102. 功率因数表又可称为(　　　)。

(A)功率表　　　　　　(B)相位表　　　　　　(C)频率表　　　　　　(D)无功功率表

103. 频率表在使用时,其(　　　)应与被测电路的电压相符。

(A)电压量限　　　　　(B)频率　　　　　　　(C)额定电流　　　　　(D)功率

104. 电能表在测量中不能反映出(　　　)。

(A)功率的大小　　　　　　　　　　　　　(B)功率因数的大小

(C)功率和时间的乘积　　　　　　　　　　(D)电能随时间增长的积累总和

105. 我国工频电源电压的(　　　)为 220 V。

(A)最大值　　　　　　(B)有效值　　　　　　(C)平均值　　　　　　(D)瞬时值

106. 验电笔只限于(　　　)V 以下导体检测。

(A)220　　　　　　　(B)500　　　　　　　(C)380　　　　　　　(D)110

107. 用万用表欧姆挡测量二极管时,主要是测量二极管的正、反向电阻值,两者相差值(　　　)。

(A)越大越好　　　　(B)越小越好　　　　(C)为零最好　　　　(D)是 10 Ω 为好

108. 用万用表 R×100 Ω 挡测量一只晶体管各极间正、反向电阻,如果都呈现很小的阻值,则该晶体管(　　)。

(A)两个 PN 结都被烧坏　　　　　　(B)两 PN 结都被击穿

(C)只有发射极被击穿　　　　　　　(D)集电极被击穿

109. 电器设备未经验电,一律视为(　　)。

(A)有电,不准用手触及　　　　　　(B)无电,可以用手触及

(C)无危险电压　　　　　　　　　　(D)安全电压

110. 在正常情况下,绝缘材料也会逐渐因(　　)而降低绝缘性能。

(A)磨损　　　　　(B)老化　　　　　(C)腐蚀　　　　　(D)干燥

111. 对因过载冲击造成可动部分平衡不好的仪表,检修时应首先依靠(　　)的办法,来恢复仪表冲击前状态。

(A)调平衡锤　　　　　　　　　　　(B)扳指针

(C)换刻度盘　　　　　　　　　　　(D)调整指针与动圈夹角

112. 仪表的内外屏蔽罩在拆卸过程中如发生碰撞会造成屏蔽效果减弱,将造成仪表示值误差或(　　)。

(A)不回零位　　　　(B)指针抖动　　　　(C)变差大　　　　(D)指示值不稳定

113. 对于外磁结构的磁电系仪表,在(　　)情况下,可微调仪表磁分路器加以调整。

(A)正误差大的　　　　　　　　　　(B)负误差大的

(C)正负误差大的　　　　　　　　　(D)正负超差不太大的

114. 仪表测量机构老化前后读数差值误差小于(　　)时,即可认为老化工作完成。(a 为仪表准确度等级)

(A)1/3a%　　　　(B)1/5a%　　　　(C)1/4a%　　　　(D)1/2a%

115. 电磁系仪表在标度尺各点上,误差率成正比例增大,且符号相同时,可采用(　　)的方法消除此种误差。

(A)调整调磁片　　　　　　　　　　(B)移动固定线圈位置

(C)将游丝放长　　　　　　　　　　(D)将游丝缩短

116. 电动系仪表可动线圈在起始位置时,与固定线圈平面的夹角为(　　)。

(A)30°　　　　(B)45°　　　　(C)90°　　　　(D)60°

117. 电动系功率表的定圈和动圈是(　　)。

(A)串联起来构成一条支路　　　　　(B)并联起来构成一条支路

(C)分别接在与负载并联的支路里　　(D)分别接与负载串联的支路里

118. 一安装式电流表在测量 100 A 电流时,使用的电流互感器为 100/5 A,则电流表应做成(　　)。

(A)100 A　　　　(B)20 A　　　　(C)5 A　　　　(D)100/20 A

119. 电压互感器在使用中,次级电路不允许(　　)。

(A)开路　　　　　　　　　　　　　(B)短路

(C)安装保险丝　　　　　　　　　　(D)绕组加设保护电阻

120. 电流互感器在使用中,次级电路允许(　　)。

(A)开路　　　　　　　(B)安装保险丝　　　　(C)短路　　　　　　　(D)串联短路开关

121. 标准电池存放地点的湿度应小于或等于（　　　）。

(A)70%　　　　　　　(B)80%　　　　　　　(C)85%　　　　　　　(D)75%

122. 标准电阻一般应在（　　　）条件下工作。

(A)最大功率　　　　　(B)额定功率　　　　　(C)额定电流　　　　　(D)最大电压

123. 标准电阻的绝缘电阻最低值不允许低于（　　　）MΩ。

(A)500　　　　　　　(B)5 000　　　　　　(C)100　　　　　　　(D)2 000

124. 标准电池在运输和存放时，可以（　　　）。

(A)倒置　　　　　　　(B)靠近冷热源　　　　(C)稍有倾斜　　　　　(D)光线直接照射

125. 使用 0.01 级以上标准电阻及短时间使用在最大功率条件时，应最好将标准电阻放进盛有（　　　）的油槽中。

(A)机油　　　　　　　(B)变压器油　　　　　(C)溶剂汽油　　　　　(D)工业汽油

126. 兆欧表是一种不受（　　　）变化影响的比率式结构仪表。

(A)电流　　　　　　　(B)功率　　　　　　　(C)电源电压　　　　　(D)负载

127. 绝缘电阻表是由（　　　）测量机构和测量线路组成的。

(A)电磁系　　　　　　(B)磁电系　　　　　　(C)电动系　　　　　　(D)铁磁电动系

128. 测量线圈绝缘电阻时，若被测绝缘的额定电压在 500 V 以上，应选用兆欧表的额定电压应为（　　　）。

(A)1 000 V　　　　　(B)500 V　　　　　　(C)2 500 V　　　　　(D)250 V

129. 测量电气设备绝缘时，若被测绝缘的额定电压在 500 V 以下时，应选用兆欧表的额定电压应为（　　　）。

(A)500～1 000 V　　　(B)2 500 V　　　　　(C)1 000 V　　　　　(D)1 000～2 500 V

130. 在测试中，兆欧表与被测设备的连线必须用（　　　），分开单独连接，以免引起误差。

(A)多股线　　　　　　(B)单股线　　　　　　(C)绞合线　　　　　　(D)平行线

131. 用兆欧表测量设备绝缘电阻前，被测量设备必须切断电源，并将被测设备充分（　　　）。

(A)屏蔽　　　　　　　(B)放电　　　　　　　(C)绝缘　　　　　　　(D)开路

132. 用兆欧表测量设备绝缘电阻时，手摇发电机应由慢到快，转速应达到（　　　）转/分，并保持匀速。

(A)96　　　　　　　　(B)120　　　　　　　(C)100　　　　　　　(D)140

133. 在进行有大电容的设备的绝缘电阻试验时，必须（　　　），以免电容器放电打坏兆欧表。

(A)先停止兆欧表转动,后将被测物短路　　　(B)先将被测物短路,后停止兆欧表转动

(C)先将兆欧表停转,再将兆欧表短路　　　　(D)不需短路,只需将兆欧表停止转动

134. 指针式万用表是采用（　　　）测量机构，配合转换开关和测量线路实现不同功能和不同量限的选择的一种仪表。

(A)整流系　　　　　　(B)电磁系　　　　　　(C)磁电系　　　　　　(D)电动系

135. 表盘标 1.5 表示以（　　　）百分数表示的准确度级别是 1.5 级。

(A)标度尺上量限　　　(B)标度尺长度　　　　(C)示值的　　　　　　(D)实际值的

136. 表盘标注 0.5 表示以（　　）百分数表示的准确度级别是 0.5 级。

(A)标度尺上量限　　(B)标度尺长度　　(C)示值的　　(D)实际值的

137. 符号☆表示（　　）。

(A)不进行绝缘强度试验验　　　　　　　(B)绝缘强度试验电压为 500 V

(C)绝缘强度试验电压为 5 kV　　　　　　(D)绝缘强度试验电压为 1 kV

138. 符号☆表示绝缘强度试验电压为（　　）V。

(A)2　　(B)20　　(C)200　　(D)2 000

139. 符号╳代表（　　）端钮。

(A)公共　　(B)电源　　(C)接地　　(D)屏蔽

140. 符号⌐表示档度尺位置为（　　）。

(A)垂直　　(B)水平的　　(C)倾斜的　　(D)任意的

141. 符号╱30°表示标度尺位置与（　　）倾斜 30°放置。

(A)指针　　(B)水平面　　(C)安装位置　　(D)垂直面

142. 准确测量 1 A 电流,应选用（　　）电流表。

(A)0.1 级,测量上限为 2.5 A　　　　　　(B)0.2 级,测量上限 1 A

(C)0.1 级,测量上限 5 A　　　　　　　　(D)0.1 级,量程 1.5 A

143. 测量非正弦波的平均值时,应选用（　　）仪表。

(A)电磁系　　(B)磁电系　　(C)整流系　　(D)电动系

144. 对带有反射镜的仪表,读数时要保证（　　）,以消除读数误差。

(A)视线与指针重合

(B)视线与指针垂直

(C)视线、指针在一平面上

(D)视线、指针和反射镜中的针影三者在同一平面上

145. 对无反射镜的指针式仪表,读数时要保证（　　）。

(A)视线与仪表标度盘的平面相垂直　　　(B)视线与仪表标度盘的平面相平行

(C)视线与指针垂直　　　　　　　　　　(D)视线与指针平行

146. 用直接比较法检定仪表时,其标准表的变差应小于其允许误差值的（　　）为宜。

(A)1/3　　(B)2/3　　(C)1/4　　(D)1/5

147. 在对一块电压表的阻尼器进行修理后,在对其进行检定时,（　　）项可以不检。

(A)位置影响　　(B)阻尼　　(C)功率因素影响　　(D)偏离零位

148. 国家标准规定:由分流器的电位端钮到毫伏表的两条定值导线电阻应为（　　）。

(A)0.15 Ω　　(B)0.035 Ω　　(C)0.02 Ω　　(D)0.075 Ω

149. 对修后仪表进行阻尼的响应时间测试时,是对仪表突然施加能使其指示器最终指示在标度尺（　　）处的被测量在 4 s 之后的任何时间其指示器偏离最终静止位置不得超过标度尺全长的 1.5%。

(A)1/2　　(B)1/3　　(C)1/4　　(D)2/3

150. 仪表的响应时间,是重复测量（　　）的平均值。

(A)3 次　　(B)4 次　　(C)5 次　　(D)2 次

151. 对 1.0 级水平放置的电压表,当工作位置偏离标准位置 5°时,仪表指示值的改变量不得超过(　　)。

(A)1.0% 　　　(B)0.5% 　　　(C)1.5% 　　　(D)0.1%

152. 电工仪表的电压试验环境温度为(15~35)℃,相对湿度不应超过(　　)。

(A)80% 　　　(B)75% 　　　(C)85% 　　　(D)70%

153. 修理后的电测量指示仪表,在绝缘强度测定的试验过程中,当被试仪表指示器出现(　　)时,就可以认定被试仪表的绝缘强度不合格。

(A)仪表内有电晕噪声 　　　(B)仪表指示器颤动

(C)仪表指示器转到终止指针档并弯曲 　　　(D)仪表指示器偏转缓慢,阻尼大

154. 电压表在做绝缘电阻试验时,仪表所有线路与参考试验"地"之间的绝缘电阻不应低于(　　)MΩ。

(A)100 　　　(B)50 　　　(C)5 　　　(D)500

155. 电测量指示仪表的阻尼力矩,只在活动部分运动过程中起(　　)作用。

(A)阻尼 　　　(B)阻尼其振荡

(C)影响稳定偏转值 　　　(D)阻碍指针过大偏转

156. 仪表测量机构中的轴尖和轴承之间存在(　　)力矩。

(A)反作用 　　　(B)摩擦 　　　(C)阻尼 　　　(D)转动

157. 指示仪表活动部分(　　)的变化量与引起偏转变化量的被测量变化量的比值,就是指示仪表的灵敏度。

(A)电流值 　　　(B)电压值 　　　(C)偏转角 　　　(D)指示值

158. 仪表灵敏度的(　　)定义为仪表常数。

(A)最大值 　　　(B)最小值 　　　(C)平均值 　　　(D)倒数

159. 使电动系仪表测量机构产生偏转的电量是(　　)。

(A)电流 　　　(B)电压

(C)两个电压的乘积 　　　(D)两个电流的乘积

160. 使静电系仪表测量机构产生偏转的电量是(　　)。

(A)电压 　　　(B)电流

(C)功率 　　　(D)两个电流的乘积

161. 仪表刻度盘上装反射镜的目的是为了减小(　　)。

(A)偏离零位误差 　　(B)读数误差 　　(C)示值误差 　　(D)示值变差

162. 仪表准确度越高,要求刻度线(　　)。

(A)越长 　　　(B)越短 　　　(C)越宽 　　　(D)越窄

163. 对装有反射镜式的电工仪表,指针端部距刻度表面的距离应不大于(　　),其中 L 为指针长度。

(A)0.01L+1 mm 　　　(B)0.02L+1 mm

(C)0.02L+0.1 mm 　　　(D)0.01L+2 mm

164. 对无反射镜的电压表,指针端部距刻度表面的距离应不大于(　　),其中 L 为指针长度。

(A)0.01L+1 mm 　　　(B)0.02L+1 mm

(C)0.015L＋1 mm　　　　　　　　　　　　(D)0.015L＋1.5 mm

165. 仪表指针长度应选配合适,对刀形指示器的尖端应盖住标度尺上最短分度线长度的(　　)。

(A)1/3　　　　　(B)1/2　　　　　(C)1/4　　　　　(D)2/3

166. 仪表指针尖端及光指示器标线的宽度不应超过(　　)。

(A)最长分度线的宽度　　　　　　　　(B)最短分度线的宽度

(C)1/2 最长分度线宽度　　　　　　　(D)1/2 最短分度线宽度

167. 用(　　)可代替轴和轴承,可避免由轴和轴承的摩擦引起的误差。

(A)游丝　　　　　(B)张丝　　　　　(C)玛瑙宝石轴承　　(D)刚玉轴承

168. 轴尖的好坏不会直接影响仪表的(　　)。

(A)误差　　　　　(B)变差　　　　　(C)偏离零位误差　　(D)平衡误差

169. 磁电系仪表中的反作用力矩是依靠(　　)来产生的。

(A)游丝的机械弹性　　　　　　　　　(B)磁场力

(C)动圈的转动力　　　　　　　　　　(D)轴尖与轴承之间的摩擦

170. 磁电系仪表游丝的反作用力矩系数与游丝的(　　)无关。

(A)长度　　　　　(B)宽度　　　　　(C)材料性质　　　　(D)焊接方向

171. 磁电系仪表中有上下两个游丝,它除了产生反作用力矩,还兼作动圈的(　　)。

(A)调整电阻　　　(B)电流引线　　　(C)补偿电阻　　　　(D)分流电阻

172. 一块 5 A 量限的磁电系电流表,接通交流电流为 4 A,频率为 50 Hz 时,该表的读数是(　　)。

(A)0 V　　　　　　　　　　　　　　　(B)4 A

(C)0.707×4 A　　　　　　　　　　　(D)在 0 位处略有抖动

173. 磁电系仪表在环境温度变化时,当温度升高后,游丝的弹性减弱,会使仪表的读数(　　)。

(A)偏快　　　　　(B)偏慢　　　　　(C)不变　　　　　　(D)很小

174. 磁电系仪表在环境温度变化时,当温度升高后,永久磁铁的磁减弱,会使仪表的读数(　　)。

(A)偏快　　　　　(B)偏慢　　　　　(C)不变　　　　　　(D)很小

175. 磁电系仪表采用磁补偿的方法来进行温度补偿,当温度升高时,磁分路作用(　　)。

(A)增强　　　　　(B)减弱　　　　　(C)为零　　　　　　(D)增加 1 倍

176. 电磁系无定位式仪表中有一线圈装反和接反,会造成仪表通电后指针(　　)。

(A)抖动　　　　　(B)不偏转　　　　(C)反偏转　　　　　(D)偏转小

177. 电工仪表的基本误差数据处理修约应采用(　　)。

(A)"四舍五入"法则　　　　　　　　　(B)"四舍五入"偶数法则

(C)"四舍六入"法则　　　　　　　　　(D)"四舍六入"偶数法则

178. 电流电压表的升降变差数据修约应采用(　　)。

(A)"四舍五入"法则　　　　　　　　　(B)"四舍五入"偶数法则

(C)"四舍六入"法则　　　　　　　　　(D)"四舍六入"偶数法则

179. 电测量指示仪表的最大变差是用(　　)表示的。

(A)引用误差　　　　(B)相对误差　　　　(C)绝对误差　　　　(D)平均值误差

180. 经检定合格的标准电压表,应发给(　　)。

(A)检定合格证　　　　　　　　　　(B)检定证书

(C)检定结果通知书　　　　　　　　(D)检定点的修正值

三、多项选择题

1. 游标卡尺的主要功能(　　)。

(A)外径测量　　　　(B)内径测量　　　　(C)台阶测量　　　　(D)深度测量

2. 螺纹按牙型分为(　　)。

(A)梯形螺纹　　　　(B)三角形螺纹　　　　(C)半圆形螺纹　　　　(D)圆锥螺纹

3. 常见的防松装置有(　　)。

(A)双螺母防松　　　　　　　　　　(B)弹簧垫圈防松

(C)开口销与带槽螺母防松　　　　　(D)串联钢丝防松

4. 手电钻使用的电压(　　)。

(A)110 V　　　　(B)220 V　　　　(C)380 V　　　　(D)1 500 V

5. 游标卡尺的分度值有(　　)。

(A)0.1 mm　　　　(B)0.05 mm　　　　(C)0.02 mm　　　　(D)0.01 mm

6. 装配术语具有(　　)特性。

(A)通用性　　　　(B)功能性　　　　(C)准确性　　　　(D)专业性

7. 装配的主要操作包括(　　)。

(A)安装　　　　(B)连接　　　　(C)调整　　　　(D)检查和试验

8. 装配中必须考虑的因素有(　　)。

(A)尺寸　　　　　　　　　　　　　(B)运动

(C)精度　　　　　　　　　　　　　(D)可操作性和零件的数量

9. 做好装配工作的要求包括(　　)。

(A)严格的工艺纪律

(B)认真细致的工作作风

(C)专用的检测工具、量仪和完整的检测手段

(D)合理组织装配的工作场地

10. 形位公差的研究对象是构成零件几何特征的(　　)等几何要素。

(A)点　　　　(B)线　　　　(C)面　　　　(D)体

11. 六个基本视图中最常用的是(　　)视图。

(A)主　　　　(B)俯　　　　(C)左　　　　(D)右

12. 螺纹锁紧元件以附加摩擦力实现的有(　　)。

(A)锁紧螺母　　　　(B)弹簧垫圈　　　　(C)自锁螺母　　　　(D)平垫圈

13. 防松的根本在于防止螺纹副相对转动,防松装置及方法就工作原理来看分为(　　)。

(A)利用摩擦　　　　　　　　　　　(B)直接锁住

(C)破坏螺纹副关系　　　　　　　　(D)增加扭力

14. 游标卡尺使用前要先检查(　　)。

(A)零刻度是否对齐　　　　　　　　　　　(B)刻度是否清晰可见

(C)挪动是否顺畅　　　　　　　　　　　　(D)深度尺是否笔直

15. 装配完全互换法的特点是(　　　)。

(A)操作简单　　　(B)质量好　　　　(C)效率高　　　　(D)省空间

16. 公差包括(　　　)。

(A)尺寸公差　　　(B)形状公差　　　(C)位置公差　　　(D)表面公差

17. 配合的种类有(　　　)。

(A)间隙配合　　　(B)过盈配合　　　(C)过渡配合　　　(D)尺寸配合

18. 如果线圈的匝数和流过它的电流不变,只改变线圈中的媒介质,对线圈磁场强度和磁感应强度描述错误的是(　　　)。

(A)磁场强度不变,而磁感应强度变化　　　(B)磁场强度变化,而磁感应强度不变

(C)磁场强度和磁感应强度均不变化　　　(D)磁场强度和磁感应强度均变化

19. 用万用表测量某电子线路中的晶体管测得 $V_E = -3$ V、$V_{CE} = 6$ V、$V_{BC} = -5.3$ V,则该管类型和工作状态表述错误的是(　　　)。

(A)PNP 型,处于放大工作状态　　　　　　(B)PNP 型处于截止工作状态

(C)NPN 型,处于放大工作状态　　　　　　(D)NPN 型处于截止工作状态

20. 一铁心线圈,接在直流电压不变的电源上。当铁心的横截面积变大而磁路的平均长度不变时,则磁路中的磁通变化描述错误的是(　　　)。

(A)增大　　　　　(B)减小　　　　　(C)保持不变　　　(D)不能确定

21. 某电路中某元件的电压和电流分别为 $u = 10\cos(314t + 30°)$ V,$i = 2\sin(314t + 60°)$ A,则元件的性质不是(　　　)。

(A)电感性元件　　(B)电容性元件　　(C)电阻性元件　　(D)纯电感元件

22. 在三相正弦交流电路中,下列说法错误的是(　　　)。

(A)三相负载作星形联接时,线电压等于相电压的 3 倍

(B)三相负载作三角形联接时,线电压等于相电压的 3 倍

(C)中线的作用是使星形联接的三相不对称负载获得对称的相电压

(D)负载对称,电路的总功率与三相负载的联接方式无关

23. 对于理想变压器下列说法错误的是(　　　)。

(A)变压器可以改变各种电源的电压

(B)变压器对于负载来说,相当于电源

(C)抽去变压器铁心,互感现象依然存在,变压器仍能正常工作

(D)变压器不仅能改变电压,还能改变电流和电功率等

24. 半导体稳压性质不是利用下列什么特性实现的(　　　)。

(A)PN 结的单向导电性　　　　　　　　　(B)PN 结的反向击穿特性

(C)PN 结的正向导通特性　　　　　　　　(D)PN 结的反向截止特性

25. 不属于耦合方式集成运放内部电路的是(　　　)。

(A)直接耦合　　　(B)变压器耦合　　(C)阻容耦合　　　(D)电容耦合

26. 8421BCD 码 00010011 表示十进制数错误的是(　　　)。

(A)10　　　　　　(B)12　　　　　　(C)13　　　　　　(D)17

27. 测量的准确度不是表示测量结果中（　　）大小的程度。

(A)系统误差　　　　(B)随机误差　　　　(C)粗大误差　　　　(D)标准偏差

28. 数字式欧姆表测量电阻一般不会采用（　　）来实现。

(A)比例法　　　　　　　　　　　　(B)恒压源加于电阻测电流

(C)R-T 变换法　　　　　　　　　　(D)电桥平衡法

29. 被测电压真值为 100 V,用电压表测试时,指示值为 80 V,则示值相对误差计算错误的是（　　）。

(A)+25%　　　　(B)−25%　　　　(C)+20%　　　　(D)−20%

30. 下列各项中属于测量基本要素的是（　　）。

(A)被测对象　　　(B)测量仪器系统　　　(C)测量误差　　　(D)测量人员

31. 下列属于测量误差来源的是（　　）。

(A)仪器误差和(环境)影响误差　　　　(B)满度误差和分贝误差

(C)人身误差和测量对象变化误差　　　(D)理论误差和方法误差

32. 低频信号发生器的主振级一般不采用（　　）。

(A)RC 文氏桥振荡电路　　　　　　(B)电容三点式振荡电路

(C)电感三点式振荡电路　　　　　　(D)其他

33. 下列不是采样信号的是（　　）。

(A)幅值连续、时间离散　　　　　　(B)幅值离散、时间连续

(C)幅值连续、时间连续　　　　　　(D)幅值离散、时间离散

34. 仪器通常工作在（　　）,能够满足规定的性能。

(A)计量检定条件　　　　　　　　　(B)极限工作条件

(C)额定工作条件　　　　　　　　　(D)储存与运输条件

35. 一台 4 位半电压表,其基本量程为 10 V,则其刻度值(即每个字代表的电压值)表述错误的是（　　）mV/字。

(A)0.01　　　　(B)0.1　　　　(C)1　　　　(D)10

36. 对电动系测量机构的仪表,下列说法错误的是（　　）。

(A)测量机构有一组线圈　　　　　　(B)测量机构有两组线圈组成

(C)电压线圈要与负载串联　　　　　(D)电流线圈要与负载并联

37. 下列精确测量电阻方法错误的是（　　）。

(A)伏安法　　　　　　　　　　　　(B)电桥测量法

(C)使用万用表的欧姆挡测量　　　　(D)使用代替法测量

38. 直流稳压电源中加滤波电路不能实现的功能是（　　）。

(A)变交流电为直流电　　　　　　　(B)去掉脉动直流电中的脉动成分

(C)将高频变为低频　　　　　　　　(D)将正弦交流电变为脉冲信号

39. 下列手工焊接描述正确的是（　　）。

(A)手工焊接的操作步骤一般为:加热被焊物—加焊料—移开电烙铁—移开焊料

(B)电烙铁应以 45°的方向撤离,焊点圆滑,带走少量焊料

(C)在焊点较小的情况下,可以采取的操作步骤为:同时进行加热被焊件和焊料—同时移开焊料和烙铁头

(D)为了保持烙铁头的清洁可用一块湿布或一块湿海绵擦拭烙铁头

40. 不能把矩形波转变为尖峰波的电路是(　　　)。

(A)RC 耦合电路　　　(B)微分电路　　　(C)积分电路　　　(D)施密特电路

41. 单相桥式整流电路中,如一只整流管接反,则(　　　)。

(A)输出直流电压减小　　　　　　　　(B)将引起电源短路

(C)将成为半波整流电路　　　　　　　(D)可能损坏电源

42. 在信号源与低阻负载间接入(　　　),不能实现高内阻信号源与低阻负载最佳配合。

(A)共射极电路　　　(B)共基电路　　　(C)共集电路　　　(D)共集—共基电路

43. 低频信号发生器是所有发生器中用途最广的一种,下列选项中对其用途描述正确的是(　　　)。

(A)测试或检修低频放大电路

(B)可用于测量扬声器、传声器等部件的频率特性

(C)可用作高频信号发生器的外部调制信号源

(D)脉冲调制

44. 模拟式万用表表头为磁电式仪表,因此,只能直接测量(　　　)。

(A)直流电压　　　(B)直流电流　　　(C)交流电压　　　(D)交流电流

45. 下列有关零件图的描述正确的是(　　　)。

(A)零件图用于表示零件的形状结构、尺寸和技术要求

(B)零件图中选用的视图,必须包括主视图

(C)零件尺寸基准只有一个,不能在零件的长宽高三个方向上都有一个尺寸基准

(D)尺寸标注要考虑零件加工,检测方法

46. 属于计算机系统软件的是(　　　)。

(A)媒体播放器　　　　　　　　　　(B)WINDOWS 2000

(C)WPS 文字处理软件　　　　　　　(D)VC++6.0

47. 下列计算机的外部设备中,不完全属于输入设备的是(　　　)。

(A)键盘,鼠标,显示器　　　　　　　(B)键盘,打印机,显示器

(C)软盘,硬盘,光盘　　　　　　　　(D)键盘,鼠标,扫描仪

48. 轴的尺寸要求如图 1 所示,则该轴的尺寸公差,上偏差,下偏差表述错误的是(　　　)。

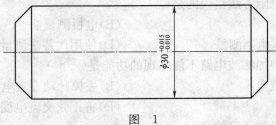

图　1

(A)0.025,−0.010,0.015　　　　　　(B)0.025,0.010,0.015

(C)0.025,0.015,−0.010　　　　　　(D)0.025,0.015,0.010

49. 电子产品受到振动或冲击时,可造成产品内部零件松动、脱落,甚至损坏,因此当元器件质量超过 10 g 时,应先把其(　　　)再与印制电路板焊接。

(A)减重 　　　　　　　　　　　　　(B)直接装配在箱体上

(C)加紧固装置 　　　　　　　　　　(D)预热

50. 下面选项中对线把扎制描述正确的是(　　　)。

(A)接地点应尽量集中在一起,以保证它们是可靠的同电位

(B)导线束不要形成环路,以防止磁力线通过环形线,产生磁、电干扰

(C)线把扎制应严格按照工艺文件要求进行

(D)尽量走最短距离的连线,拐弯处不能取直角,尽量在同一平面内连线

51. 基本工艺文件所包含的内容包括(　　　)。

(A)工时消耗定额 　　　　　　　　　(B)零件工艺工程

(C)装配工艺过程 　　　　　　　　　(D)元器件工艺表、导线及加工表等

52. 在静态工作电压调试中,供电电源电压正常,若电压偏高,其原因不可能是(　　　)。

(A)电路有短路现象 　　　　　　　　(B)电路有漏电现象

(C)电路有断路现象 　　　　　　　　(D)以上原因都不可能

53. 目测直观可发现焊点是否有缺陷,当发现焊锡与元器件引线或与铜箔之间有明显黑色界限并且焊锡向界线凹陷,则此缺陷判断错误的是(　　　)。

(A)冷焊 　　　　(B)润湿不良 　　　　(C)虚焊 　　　　(D)焊料过少

54. 焊接通常分为(　　　)三大类。

(A)电焊 　　　　(B)钎焊 　　　　(C)接触焊 　　　　(D)熔焊

55. 电烙铁是手工焊接的基本工具,其作用是加热(　　　)。

(A)被焊金属 　　　　(B)焊锡丝 　　　　(C)焊料 　　　　(D)电路板

56. 助焊剂的主要作用是(　　　)。

(A)保护电路板 　　　　(B)连接元件 　　　　(C)防止高温 　　　　(D)湿润

57. 在电气制图中,大部分图不太需要按比例绘制,只有(　　　)需要按比例绘制。

(A)电原理图 　　　　(B)原理框图 　　　　(C)印制板图 　　　　(D)位置图

58. 未充电的电容器与直流电压接通的瞬间描述错误的是(　　　)。

(A)电容量为零 　　　　　　　　　　(B)电容器相当于开路

(C)电容器相当于短路 　　　　　　　(D)电容器两端电压为直流电压

59. 不适用于变压器铁芯的材料是(　　　)。

(A)软磁材料 　　　(B)硬磁材料 　　　(C)矩磁材料 　　　(D)顺磁材料

60. 绘制电原理图时,若连线交叉并相连接,标示不正确的是(　　　)。

(A)弯线 　　　　(B)文字 　　　　(C)连接点 　　　　(D)字母

61. 使用电流表测量电流时,电流表接法错误的是(　　　)。

(A)连接 　　　　(B)并联 　　　　(C)串联 　　　　(D)串联或并联

62. 瓦特表不是测量(　　　)量的仪表。

(A)直流电压 　　　(B)交流电压 　　　(C)电流 　　　　(D)功率

63. 不能测量周期、时间间隔和脉冲个数等参数的仪表是(　　　)。

(A)功率表 　　　(B)频率表 　　　(C)信号发生器 　　　(D)分频计

64. 数字万用表主要由(　　　)三部分组成。

(A)测量电路 　　　(B)量程转换开关 　　　(C)振荡电路 　　　(D)数字式电压表

65. 使用数字万用表时应注意：测量前,若无法估计被测量量的大小,不应该用(　　)测量,再视测量结果选择合适的量程。

(A)最低量程　　　　(B)中间量程　　　　(C)最高量程　　　　(D)2/3 量程

66. 表头的类型符号如图 2 所示,从左到右不正确的表头类型名称是(　　)。

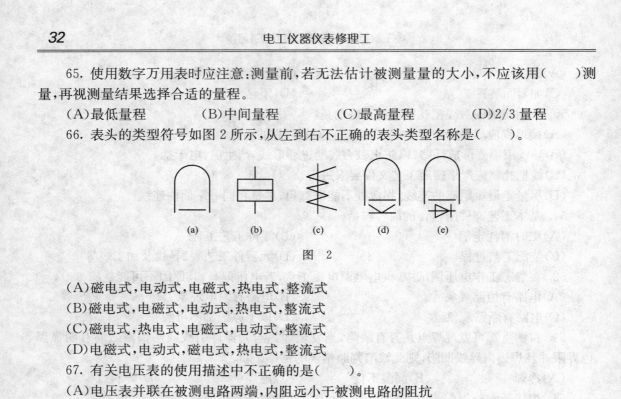

图　2

(A)磁电式,电动式,电磁式,热电式,整流式

(B)磁电式,电磁式,电动式,热电式,整流式

(C)磁电式,热电式,电磁式,电动式,整流式

(D)电磁式,电动式,磁电式,热电式,整流式

67. 有关电压表的使用描述中不正确的是(　　)。

(A)电压表并联在被测电路两端,内阻远小于被测电路的阻抗

(B)电压表并联在被测电路两端,内阻远大于被测电路的阻抗

(C)电压表串联在被测电路中,内阻远小于被测电路的阻抗

(D)电压表串联在被测电路中,内阻远大于被测电路的阻抗

68. 有关电流表的使用描述中不正确的是(　　)。

(A)电流表并联在被测电路两端,内阻远小于被测电路的阻抗

(B)电流表并联在被测电路两端,内阻远大于被测电路的阻抗

(C)电流表串联在被测电路中,内阻远小于被测电路的阻抗

(D)电流表串联在被测电路中,内阻远大于被测电路的阻抗

69. 有关数字万用表的描述中正确的是(　　)。

(A)测量前若无法估计测量值,应先使用最高量程进行测量

(B)数字万用表无读数误差,模拟万用表有读数误差

(C)数字万用表测量精度一般高于模拟万用表

(D)使用数字万用表可以在电路带电的情况下测电阻,使用模拟万用表时禁止这样做

70. 不属于低频信号发生器频率范围的是(　　)。

(A)0.001 Hz~1 kHz　　　　　　　　(B)1 Hz~1 MHz

(C)20 Hz~10 MHz　　　　　　　　(D)100 kHz~30 MHz

71. 电流,电荷,电压,电动势的国际单位名称不完全正确的是(　　)。

(A)安培,韦伯,伏特,焦耳　　　　　　(B)安培,韦伯,伏特,瓦特

(C)安培,库仑,伏特,伏特　　　　　　(D)安培,库仑,伏特,焦耳

72. 一段电阻值为 R 的均匀导线,若将其直径减小一半,长度不变,则其电阻值计算错误的是(　　)。

(A)1/2R　　　　(B)2R　　　　(C)4R　　　　(D)8R

73. 用伏安法测量电阻,不属于( )测量手段。

(A)直接测量　　　　(B)间接测量　　　　(C)组合测量　　　　(D)分部测量

74. 用普通万用表测高电阻回路的电压,会引起较大的测量误差,这种误差不属于( )。

(A)方法误差　　　　(B)仪器误差　　　　(C)环境误差　　　　(D)人为误差

75. 测量误差的表达形式一般有( )。

(A)绝对误差　　　　(B)相对误差　　　　(C)引用误差　　　　(D)仪器误差

76. 用万用表 1 K 欧姆挡测量实际值为 500 欧姆的电阻,测量值为 501 欧姆,引用误差(满刻度误差)计算结果错误的是( )。

(A)1 欧姆　　　　(B)0.1%　　　　(C)0.2%　　　　(D)0.25%

77. 不能用于数字表转换器的是( )。

(A)交流—直流　　　　(B)直流—交流　　　　(C)模拟—数字　　　　(D)数字—模拟

78. 对系统误差的描述正确的是( )。

(A)测量条件改变时,系统误差按确定规律变化

(B)系统误差可以通过修正使之减小甚至消除

(C)系统误差不能消除,但可以通过多次重复测量和数据处理使之减小

(D)操作者的固有生理条件是引起系统误差的原因之一

79. 与线圈中磁通变化而产生的感应电动势无关的是( )。

(A)磁通的变化量　　　(B)磁场强度　　　(C)磁通的变化率　　　(D)磁感应强度

80. 有一只磁电系表头,满偏电流为 500 uA,内阻为 200 Ω。若需利用该表头测量 100 A 的电流,选用外附分流器规格错误的是( )。

(A)150 A 100 mV　　(B)100 A 100 mV　　(C)100 A 0.001 Ω　　(D)150 A 0.001 Ω

81. 在三相正弦交流电路中,下列四种结论中,答案错误的是( )。

(A)三相负载作星形联接时,必定有中线

(B)三相负载作三角形联接时,其线电流不一定是相电流的 3 倍

(C)三相三线制星形联接时,电源线电压必定等于负载相电压的 3 倍

(D)三相对称电路的总功率,$P = 3U_p I_p \cos\phi$

82. 在复杂直流的电路中,下列说法错误的是( )。

(A)电路中有几个节点,就可列几个独立的节点电流方程

(B)电流总是从电动势的正极流出

(C)流进某一封闭面的电流等于流出的电流

(D)在回路的电压方程中,电阻上的电压总是取正

83. 在运用安培定则时,磁感应线的方向描述错误的是( )。

(A)在直线电流情况下,拇指所指的方向

(B)在环形电流情况下,弯曲的四指所指的方向

(C)在通电螺线管内部,拇指所指的方向

(D)在上述三种情况下,弯曲的四指所指的方向

84. 放大电路中,引入( )负反馈,不能满足稳定电压且输入电阻大要求。

(A)电压串联　　　　(B)电流并联　　　　(C)电压并联　　　　(D)电流串联

85. 不能能实现"有 0 出 1,全 1 出 0"逻辑功能的是(　　)。
(A)与门　　　　(B)或门　　　　(C)与非门　　　　(D)或非门

86. 测量误差一般来源于(　　)。
(A)设备误差　　　　(B)人员误差　　　　(C)环境误差　　　　(D)方法

87. 不能按(　　)定义仪器仪表的准确度等级。
(A)绝对误差　　　　(B)相对误差　　　　(C)粗大误差　　　　(D)最大引用误差

88. 下列各项中属于国际单位制基本单位的是(　　)。
(A)安培(A)　　　　(B)开尔文(K)　　　　(C)摩尔(mol)　　　　(D)千米(km)

89. 不属于直流稳压电源的特性指标的是(　　)。
(A)输出电压稳定度,纹波电压,输出电流稳定度
(B)输出路数,输出电压范围,输出电流范围
(C)输出路数,输出电压稳定度,转换效率
(D)电压调整率,电流调整率,转换效率

90. 100 000 Hz 等价表示错误的是(　　)。
(A)10 kHz　　　　(B)100 kHz　　　　(C)1 MHz　　　　(D)10 MHz

91. 如图 3 所示,1/20 游标卡尺读数错误的是(　　)。

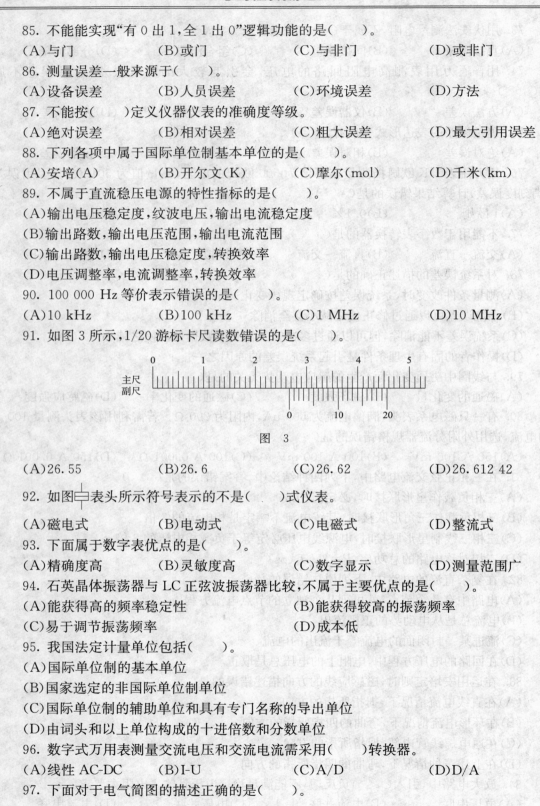

图　3

(A)26.55　　　　(B)26.6　　　　(C)26.62　　　　(D)26.612 42

92. 如图🔲表头所示符号表示的不是(　　)式仪表。
(A)磁电式　　　　(B)电动式　　　　(C)电磁式　　　　(D)整流式

93. 下面属于数字表优点的是(　　)。
(A)精确度高　　　　(B)灵敏度高　　　　(C)数字显示　　　　(D)测量范围广

94. 石英晶体振荡器与 LC 正弦波振荡器比较,不属于主要优点的是(　　)。
(A)能获得高的频率稳定性　　　　(B)能获得较高的振荡频率
(C)易于调节振荡频率　　　　(D)成本低

95. 我国法定计量单位包括(　　)。
(A)国际单位制的基本单位
(B)国家选定的非国际单位制单位
(C)国际单位制的辅助单位和具有专门名称的导出单位
(D)由词头和以上单位构成的十进倍数和分数单位

96. 数字式万用表测量交流电压和交流电流需采用(　　)转换器。
(A)线性 AC-DC　　　　(B)I-U　　　　(C)A/D　　　　(D)D/A

97. 下面对于电气简图的描述正确的是(　　)。

(A)表示导线、信号通路和连接线等图线应该采用直线,尽量减少交叉和折弯

(B)电路图和逻辑图的布局顺序,应是从左至右,从上到下地排列

(C)简图是一种示意图,在绘制简图时,要求合理布局、排列均匀、图面清晰、便于看图

(D)简图中两条连接线交叉并相连接时,必须用连接点,即使 T 型交叉没用连接点也表示他们之间没有连接关系

98. 目前,电子产品中广泛使用的电子元器件是静电敏感器件,下面选项中对生产、维修过程中的静电防护措施描述正确的是(　　)。

(A)进入静电防护区,必须穿上静电防护服及导电鞋

(B)含有静电敏感器件的部件、整件,在加信号或调试时,应先接通信号源,后接通电源

(C)静电敏感器件或产品不能靠近有强磁场和电场的物品,一般距离要大于 20 cm 以上

(D)现场维护修理工作也是造成静电破坏的一个重要因素,在检测含有静电敏感器件的设备时必须采用相应的静电防护措施,如穿静电防护工作服、导电鞋或者戴导电手环等

99. 电子产品中至少有三种分开的地线,其中继电器、电动机或者高电平的地线不能称为(　　)。

(A)信号地线　　　　　(B)噪声地线　　　　　(C)安全地线　　　　　(D)屏蔽地线

100. 下面选项中对整件装配注意事项叙述正确的是(　　)。

(A)进入整件装配的零件、部件应经过检验,并确定为要求的型号、品种、规格的合格产品,或调试合格的单元功能板

(B)安装原则一般是从里到外,从上到下,从大到小,从重到轻,前道工序不影响后道工序,后道工序不改变前道工序

(C)电源线或高压线一定要连接可靠,不可受力

(D)安装的元器件、零件、部件应端正牢固。紧固后的螺钉头部应用红色胶粘剂固定,铆接的铆钉不应有偏斜、开裂、毛刺或松动现象

101. 焊接是金属连接的一种方法,是电子产品生产中必须掌握的一种基本操作技能,下列选项中的哪一类焊接技术不属于锡焊(　　)。

(A)熔焊　　　　　(B)接触焊　　　　　(C)硬钎焊　　　　　(D)软钎焊

102. 在示波器的组成当中,不属于核心元件的是(　　)。

(A)示波管　　　　　　　　　(B)X/Y 轴偏转系统

(C)扫描和整步系统　　　　　(D)电源

103. 通用示波器中的扫描发生器不能产生频率可调的(　　)波形电压。

(A)锯齿波　　　　　(B)正弦波　　　　　(C)方波　　　　　(D)三角波

104. 进行波峰焊时,波峰焊机不能产生的焊剂是(　　)。

(A)锡块　　　　　(B)液态锡波　　　　　(C)助焊剂　　　　　(D)阻焊剂

105. 电子仪器仪表的生产焊接中,一般不会选用(　　)。

(A)铜焊料　　　　　(B)银焊料　　　　　(C)锡铅焊料　　　　　(D)硬焊料

106. 不属于制作印制电路板的材料是(　　)。

(A)助焊剂　　　　　(B)铜箔　　　　　(C)阻焊剂　　　　　(D)焊料

107. 数字频率表的结构主要由五部分组成:放大整形电路,控制门和(　　)。

(A)整流电路　　　　(B)晶体振荡器　　　　(C)计数显示　　　　(D)分频器

108. 印制电路板装焊顺序不正确的是(　　)。

(A)先大后小,先低后高　　　　　　　(B)先小后大,先低后高

(C)先大后小,先高后低　　　　　　　(D)先小后大,先高后低

109. 两电阻的伏安特性,如图 4 所示,其中 a 为电阻 R_1 的图线,b 为电阻 R_2 的图线,电阻 R_1 和 R_2 关系错误的是(　　)。

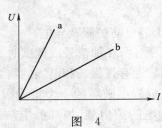

图 4

(A)$R_1 > R_2$　　　(B)$R_1 = R_2$　　　(C)$R_1 < R_2$　　　(D)不能确定

110. 下列(　　)测量方法,不是检查放大电路中的晶体管是否饱和的最简便的方法。

(A)IBQ　　　(B)VBEQ　　　(C)ICQ　　　(D)VCEQ

111. 下述电路中不属于数字电压表核心电路的是(　　)。

(A)输入电路　　　(B)A/D 转换器　　　(C)计数电路　　　(D)控制逻辑电路

四、判断题

1. 划线钻孔打样冲眼时应将样冲眼打准、打小。(　　)

2. 研磨后的表面粗糙度一般可达到 Ra 值为 1.6~0.1 μm。(　　)

3. 在攻丝开始时,要尽量把丝锥放正,然后对丝锥加压力并转动铰手,当切入 1~2 圈时,仔细检查和校正丝锥的位置。(　　)

4. 读零件图的一般步骤中,应该首先了解零件图中标题栏部分的内容。(　　)

5. 表面粗糙度的高低,对零件的使用性能和寿命无任何影响。(　　)

6. 手电钻冲击电钻的电源线不得有破皮漏电,必须安装漏电保护器,使用时应戴绝缘手套。(　　)

7. 工艺文件未生效的也可以使用。(　　)

8. 工厂施工中的安全电压为 36 V。(　　)

9. 扭矩扳手也称扭力扳手或力矩扳手,是用来紧固螺栓、螺母等紧固件时,控制对紧固件所施加的力矩。(　　)

10. 断螺栓取出器,也叫断丝取出器,用于快速拆卸损坏螺丝,管子及螺栓及铆钉等。(　　)

11. 游标卡尺的主尺和游标上有两副活动量爪,分别是内测量爪和外测量爪,内测量爪通常用来测量内径,外测量爪通常用来测量长度和外径。(　　)

12. 使用游标卡尺测量时,应先拧松紧固螺钉,移动游标不能用力过猛。两量爪与待测物的接触不宜过紧。不能使被夹紧的物体在量爪内挪动。(　　)

13. 游标卡尺读数时,视线应与尺面垂直。如需固定读数,可用紧固螺钉将游标固定在尺身上,防止滑动。(　　)

14. 电钻使用前应检查手电钻接地线、电源线是否完好(尤其要检查电线的绝缘是否良

好),核对电压、并通电空转检查,确认正常后,方可使用。(　　　)

15. 按测量方法分类,测量可分为直接测量和间接测量。(　　　)

16. 为了保证产品的装配质量,要求同一批量生产出来的零件具有互换性。(　　　)

17. 螺纹防松的目的,就是防止磨擦力矩减少和螺母回转。(　　　)

18. 机构就是具有相对运动构件的组合。(　　　)

19. 公差等级的选择原则是:在满足使用性能要求的前提下,选用较高的公差等级。(　　　)

20. 树立"忠于职守,热爱劳动"的敬业意识,是国家对每个从业人员的起码要求。(　　　)

21. 剖视图可以表达零件内部复杂的结构。(　　　)

22. 同一基本尺寸,公差值越大,公差等级越高。(　　　)

23. 扭矩扳手在每天使用后,将扭矩值调整至最大值,以保证其准确度及使用寿命。(　　　)

24. 丝锥的公称直径为 M10,可以选用直径为 $\phi 8.5$ 的钻头开底孔。(　　　)

25. 过盈公差都是上偏差,间隙公差都是下偏差。(　　　)

26. 要使晶体管具有放大作用,必须满足其发射结反向偏置、集电结正向偏置。(　　　)

27. 常用电烙铁有两种形式,内热式和外热式。(　　　)

28. 二极管可用于整流、检波、稳压等。(　　　)

29. 在一般电路中,流过电路的电流与电路两端的电压成反比。(　　　)

30. 电容器能通过直流信号。(　　　)

31. 一根导线的电阻为 R,把它对折后拧在一起它的电阻是 $R/4$。(　　　)

32. 模数转换器的主要任务将边连续变化的模拟量变换成断续的数字量。(　　　)

33. 场效应管的最大优点是输入阻抗大。(　　　)

34. 运算放大器有同相输入、反相输入等输入连接方式。(　　　)

35. 固定电阻有正负极性之分。(　　　)

36. 从能量观点上看电容、电感、电阻都是储能元件。(　　　)

37. 普通万用电表的表头是一只灵敏电流计,指针偏转的角度大小与通过的电流强度成反比。(　　　)

38. 用普通万用电表测直流电压时,将转换开关拨到"V"档适当量程,红表笔接电压"十端",黑表笔接电压"一端",即可测出。(　　　)

39. 在焊接过程中,用完电烙铁后要立即把插销拨掉等冷却后再收起来。(　　　)

40. 如果发现有人触电,首先应使触电者脱离电源,多面手对触电者进行抢救。(　　　)

41. 可控硅元件是一种具有两个 PN 结的半导体器件,它可以控制导电时间。(　　　)

42. 色环电阻器上一般印有三道色环,右起第 1,第 2 环表示两位数的数值,第 3 环表示在电位高的一端。(　　　)

43. 1 MΩ 等于 10 kΩ,1 k 等于 1 000 Ω。(　　　)

44. 电容器上有的用数码表示容量,前两位是有数字,第三位是倍乘数,单位是法拉。(　　　)

45. 平板电容器的电容量 C 与电介质的介电系数和每个极板的面积成正比,与两个极板间的距离成反比。(　　　)

46. 在电路中大小不断变化,方向也变化的电流称之为交流电。(　　　)

47. 取同样长度,同样粗细的样品,电阻大的导电性能就好。(　　　)

48. 在测电阻时,电流是从黑表笔流出,通过被测元件,再从万用表红表笔流回。(　　　)

49. 有电子工业及通信中用的变压器,多采用铁氧体铝铁合金或其他磁性材料做成的铁芯。(　　)

50. 焊接前应将被焊物的表面擦干将,彻底清除表面的氧化物,然后上焊锡。(　　)

51. 电路板上进行焊接时,动作要快,否则容易将印刷线路铜箔烫起。(　　)

52. 仪表电路焊接时可用焊锡膏作焊剂。(　　)

53. 使用万用表测量高电压时,若不知是交流还是直流,应将选择状态置于直流电压最高挡,有指示为直流,无指示为交流。(　　)

54. 试电笔可用区分火线还是地线。(　　)

55. 热能的传导方式只有两种:传导、对流。(　　)

56. 在空气中无限长的两根平行导线中,流过相同方向的电流,在导线间发生吸引力作用,其力的大小和电流成反比,和距离成正比。(　　)

57. 包含 A-D 变换器,以十进制数字形式显示被测电压值的仪表称为数字电压表。(　　)

58. 一般交流电压的测量都采 AC/DC 变换器,直接以电压刻度表示。(　　)

59. 任何带电体,不管是何极性,只要与地接触就能放电。(　　)

60. 电度表的制作利用了涡流原理。(　　)

61. 二极管的主要特性是单向导电性。(　　)

62. 晶体三级管都具有两个 PN 结,分别叫发射结和集电结。(　　)

63. 通常,温度升高时,晶体三极管的电流放大系数增加。(　　)

64. 正常工作条件下,二极管结电压很低,小功率锗管约为 0.6 V。(　　)

65. 交流放大器的级间耦合方式有阻容耦合直接耦合等。(　　)

66. 最基本的门电路有与门或门与非门三种。(　　)

67. 振荡器必须满足相位和幅值条件,才能起振。(　　)

68. 测量一个电路中的电流,电流表必须与这个电路串联。(　　)

69. 测量一个电路中的电压,电压表必须与这个电路并联。(　　)

70. 电压放大器中,集电极度电流越大,电路的电压放大倍数也越大。(　　)

71. 正弦交流电的三要素:电压、电流、频率。(　　)

72. 高温焊锡一般在 280 ℃ 以上才能融化。(　　)

73. 一般的焊丝 170 ℃～180 ℃ 即可融化。(　　)

74. 对焊点的要求:光滑明亮、大小均匀、规则、无虚焊、美观。(　　)

75. 在焊接的过程中,应使焊锡充分溶化,防止虚焊。(　　)

76. 焊印刷电路板时选用 25 W 左右的叫烙铁。(　　)

77. 用电烙铁接晶体管时,必须有良好的接地。(　　)

78. 以确定量值为目的的一组操作称为测量。(　　)

79. 测量有时也称计量。(　　)

80. 测量准确度是测量结果与被测量真值之间的一致程度。(　　)

81. 对应两相邻标尺标记的两个值之差称为分度值。(　　)

82. 校准的依据是检定规程或校准方法。(　　)

83. 校准不判断测量器具的合格与否。(　　)

84. 实行统一立法,集中管理的原则是我国计量法的特点之一。（　　）

85. 国际单位制是在公制基础上发展起来的单位制。（　　）

86. 测量结果减去被测量的真值称为测量误差。（　　）

87. 系统误差及其原因不能完全获知。（　　）

88. 电路图主要是用于安装接线和线路维修的一种电气图。（　　）

89. 框图可以将同一电气元器分解为几部分,画在不同的回路中。（　　）

90. 铜、铅等材料属于高阻材料,它们主要用于制造精密电阻器。（　　）

91. 铁氧体和玻莫合金可用来制造电气设备的铁芯。（　　）

92. 电碳材料是一种特殊的导电材料,可用来制造电气设备的铁芯,构成磁场的通路。（　　）

93. 仪表的轴尖应采用无磁性、不易锈蚀的材料来制作。（　　）

94. 电磁仪表的轴尖应采用高磁性、不易锈蚀的材料制作。（　　）

95. 电工仪表的游丝要求平整、光洁,并应有正确螺旋线形状,但其宽度与厚度与游丝的性能无关。（　　）

96. 无磁性漆包铜线可用来绕制电工仪表的动圈。（　　）

97. 仪表游丝粘圈时,可用酒精或汽油进行清洗。（　　）

98. 数字式仪表是由 A/D 转换器和显示器两部分组成。（　　）

99. 静电系仪表的测量机构的固定和可动部分一般都是由电极构成的,因此,静电系电压表反映的是交流电压表的平均值。（　　）

100. 静电系仪表只能用于交流电路测量。（　　）

101. 静电系仪表是一种交直两用仪表,在交流电路测量中,它反映的是交流的有效值。（　　）

102. 频率表属于比率式结构仪表,测量前它的指针是停留在任意位置。（　　）

103. 电容器具有阻止交流是通过的能力。（　　）

104. 电容器具有阻止直流电通过的能力。（　　）

105. 10 kV 以下带电设备与操作人员正常活动范围的最小安全距离是 0.6 m。（　　）

106. 在电工仪表的拆装过程中,所有零部件的任何相对位置的变动都会影响仪表原来的特性。（　　）

107. 对因过载冲击造成可动部分平衡不好的仪表,检修时首先应先依靠扳指针的办法使其恢复到冲击前的平衡状态。（　　）

108. 对因过载冲击造成可动部分平衡不好的仪表,检修时应先调整平衡锤,然后再将指针扳回冲击前的平衡状态。（　　）

109. 在拆装仪表的磁屏蔽罩时,磁屏蔽罩的安装螺丝的松紧程度可随意调整,不会影响屏蔽效果。（　　）

110. 对内磁式结构的磁电系仪表,调节磁分路片,不会改变仪表的刻度特性。（　　）

111. 仪表线圈在绕制过程中,每层间刷一次 JSF-2 胶,目的是为了绝缘。（　　）

112. 电磁系仪表为避免因拆开测量机构的固定线圈而引起位移,轴尖的拔出与安装可以不拆开测量机构进行。（　　）

113. 电动系仪表可动线圈与固定线圈的起始角在修理过程中,其相对位置应保持不

变。（　　）

114. 修磨仪表轴尖时,可用钟表用的天然四方油石进行磨修。（　　）

115. 对仪表磁铁进行充磁时,其充磁效果的好坏,与充磁机的感应磁通有很大关系,但与充磁机极头的形状是否与被充磁的磁铁外形相适应无关。（　　）

116. 焊接仪表游丝应选用 75 W 的电烙铁快速焊接。（　　）

117. 在电磁系仪表的测量机构中,由于存在动铁片,在直流电路工作时将产生涡流误差。（　　）

118. 电磁系安装式电压表与电压互感器配合测量时,电压互感器的二次电压一般是 100 V。（　　）

119. 测量用互感器实际上是一个带有铁芯的变压器。（　　）

120. 电流互感器在高压电路中使用时,必须将其次级电路的低电位端同铁芯及外壳一同可靠接地。（　　）

121. 电压互感器在高压电路中使用时,必须将次级绕组的低电位端接地,而铁芯与外壳不可接地。（　　）

122. 电流互感器的次级电路中允许安装保险丝。（　　）

123. 电流互感器次级电路中允许并联接入可以短路的开关。（　　）

124. 用兆欧表测量大电容设备的绝缘电阻时,必须先将被测物短路放电后,再停止绝缘电阻测量表的转动。（　　）

125. 万用表在作为电压表使用时,它的内阻参数值越大,测量误差就越大。（　　）

126. 万用在使用中,可以带电转换量程。（　　）

127. 符号 •—$\boxed{\frac{5\ mA}{R}}$—• 表示外附定值附加电阻,表头电流值为 5 mA。（　　）

128. 符号 Rd＝0.15 Ω 表示仪表专用导线电阻为 0.15 Ω/根。（　　）

129. 符号 ╱₃₀° 表示标尺位置与垂直面倾斜 30°。（　　）

130. 符号 ☆₂ 表示绝缘电阻试验 2 MΩ。（　　）

131. 符号 ⓵·⑤ 表示以示值的百分数表示的准确度级别为 1.5 级。（　　）

132. 用两块不同准确度级别,而且量限不同的电压表去测量同一电压值时,准确度级别高的仪表测量误差一定比准确度低的测量误差小。（　　）

133. 测量非正弦波的交流有效值时,可选用整流系仪表。（　　）

134. 测量非正弦波的交流有效值时,可选用电动系仪表。（　　）

135. 特殊设计的电动系仪表可用于中频交流测量。（　　）

136. 测量高频率的电量时,应采用电动系仪表。（　　）

137. 对于测量电压来说,要求电压表的内阻越小越好。（　　）

138. 电流表的内阻越小,它的消耗功率越小,其测量误差就越小。（　　）

139. 带有反射镜的仪表,读数时要保证视线、指针与反射镜中的针影三者在一平面上。（　　）

140. 检定电工仪表时,要求电源调节设备在调节被测量时,要连续平稳,主要是为了准确地测量仪表的升降变差。（　　）

141. 对于检定等级指数小于 0.1 级的交流电表,其电源稳定度应不低于被检表误差限的 1/10。(　　)

142. 调节设备中最小调节盘旋转一步所对应的被调量值越大说明该设备的调节细度越好。(　　)

143. 被测功率表的电压和电流分量的频率在检定时的允许偏差是标准频率的 ±1%。(　　)

144. 用直接比较法检定电流表,就是将被检表和标准表串联起来,并接至调节设备和电源的一种检定方法。(　　)

145. 电压表在做周期检定时,应首先对其绝缘电阻进行测试,以保证其绝缘性能安全完好。(　　)

146. 一台电流表因误差超差,在对线路电阻进行调修后,必须对其做位置影响测定。(　　)

147. 对修理了测量机构的功率表应对其功率因素影响进行测定。(　　)

148. 在对仪表示值误差检定时,对每一带数字分度线点的检定次数是根据仪表变差的大小而定的。(　　)

149. 对多量限仪表,应只对其中一个量限的所有带数字分度线进行检定,而对其余量限可只检测量上限即可。(　　)

150. 检定带有外附专用分流器及附加电阻的仪表可按多量限仪表的检定方法检定。(　　)

151. 对带有互感器的交流电表的非全检量限可只检额定频率下限和测量上限。(　　)

152. 对交直流两用电表,如用户只用于交流测量时,也必须分别在直流和交流下检定。(　　)

153. 配定值导线的仪表实际上是毫伏表,由于毫伏表的内阻较高,所以检定时,导线电阻可忽略不计。(　　)

154. 安装式仪表的准确度等级较低,可以在检定前不预热。(　　)

155. 电流表的变差是两次测量某一量值之间的差值,用相对误差表示。(　　)

156. 对无位置标错的仪表,可不做修后位置影响测试。(　　)

157. 电流电压表在做绝缘电阻试验时,应选用 1 000 V 绝缘电阻表进行 10 min 的施加电压试验。(　　)

158. 仪表的绝缘电阻试验是在仪表已经接在一起的所有线路和参考试验"地"之间测量绝缘电阻。(　　)

159. 用电磁力的方法也可以使仪表产生反作用力矩。(　　)

160. 仪表可动部分一般都工作在微欠阻尼状态。(　　)

161. 仪表摩擦力矩的方向与可动部分的运动方向相反。(　　)

162. 仪表轴尖和轴承之间的磨擦产生的力矩,会阻止可动部分的运动,但不会影响仪表示值的正确性。(　　)

163. 磁电系仪表电流灵敏度在仪表标度尺的全部分度线是不同的。(　　)

164. 如果将电测量频率或相位直接作用到电动系测量机构上时,测量机构是不会产生偏转的,必须将其转换成两个电流的乘积的电量才能使测量机构产生偏转。(　　)

165. 轴尖的作用主要是用来支承测量机构的可动部分。（　　）

166. 磁电系仪表的主要零部件是：永久磁铁、动圈、游丝、轴尖、轴承、指针、调零器、平衡锤及标度盘,磁电系仪表还设有专门的阻尼器。（　　）

167. 磁电系仪表中的反作用力矩是依靠游丝的机械弹性产生的。（　　）

168. 因磁电系仪表动圈偏转方向是随被测电流方向的改变而改变的,所以磁电系仪表可用于交流电量测量。（　　）

169. 磁电系仪表的永久磁铁的磁性是固定不变的,它不随温度的变化而变化。（　　）

170. 磁电系仪表中的磁分路器是用来补偿线路电阻因温度变化而产生的误差的一种器件。（　　）

171. 仪表平衡锤在平衡杆上有微量的移动,不会影响仪表的误差。（　　）

172. 焊接仪表游丝时,为保证游丝焊接牢固可靠,应将电烙铁直接加热游丝。（　　）

173. 仪表游丝因潮湿或腐蚀性气体的腐蚀而损坏,会使仪表的刻度特性产生变化。（　　）

174. 因仪表分流电阻绝缘不好,部分短路时,会使磁电系仪表出现电路通,但仪表指示很小的故障。（　　）

175. 电工仪表基本误差数据修约的应采用"四舍五入"计算法则。（　　）

176. 电压表的升降变差数据修约是采用"四舍六入"奇数法则。（　　）

177. 电压表的最大基本误差是用绝对误差表示。（　　）

178. 0.5级电流表的最大基本误差是以标尺长度的百分数表示的。（　　）

179. 0.2级功率表的最大基本误差是用引用误差表示的。（　　）

180. 电工仪表的最大变差是用绝对误差表示的。（　　）

181. 0.5级标准电压表的最大变差是用引用误差表示的。（　　）

182. 对于安装式电压表,检定时,只要其基本误差合格,即可判定为合格。（　　）

183. 对全部检定项目都符合要求的电工仪表,可判定为合格。（　　）

五、简 答 题

1. 简述装配的含义。
2. 简述组合体的尺寸标注要求。
3. 简述互换性的定义。
4. 简述零件主视图选择的原则。
5. 描述表面粗糙度对零件使用性能的影响,至少五条。
6. 简述位置公差的分类及其各自包括的项点。
7. 简述螺纹的五要素。
8. 简述木桶效应的定义及其映射到团队配合上的含义。
9. 描述一张完整的装配图应包括的内容。
10. 简述短路的定义。
11. 简述常用丝锥分类及区别。
12. 简述读装配图的方法和步骤。
13. 简述螺纹联接的基本类型。

14. 简述设计基准与划线基准的含义。

15. 简述垂直度的含义。

16. 简述尺寸公差的定义及公差带包含的基本内容。

17. 简述标准公差的特点。

18. 简述装配尺寸链的含义。

19. 简述螺母和螺钉的装配要点。

20. 简述螺纹连接时常用的防松装置。

21. M12 螺栓拧紧时发生螺栓断裂,简述取出断裂的螺栓的方法。

22. 简述形状公差的定义及其包括的项目和各自符号。

23. 简述位置公差的定义及其类别、项目、符号。

24. 我国计量工作的基本方针是什么?

25. 测量误差的来源可从哪几个方面考虑?

26. 按数据修约规则,将下列数据修约到小数点后 2 位。

(1)3.141 59;(2)2.715;(3)4.155;(4)1.285;(5)2.565 1。

27. 将下列数据化为 4 位有效数字:

(1)3.141 59;(2)14.005;(3)0.023 151;(4)1 000 501;(5)123.085

28. 电路图有哪些主要用途?

29. 什么是数字仪表?

30. 什么叫整流? 整流电路有哪几种主要形式?

31. 已知电流 $i = \sin(100t + 30°)(A)$,试问该电流的最大值、角频率、初相角各为何值?

32. 简述磁电系仪表测量机构中可动部分的组成及作用。

33. 简述电动系仪表测量机构的组成。

34. 什么是电磁系测量机构?

35. 电磁系测量机构的分类有哪几种?

36. 简述电压互感器在使用中应注意的事项。

37. 为什么互感器的负载要匹配?

38. 为什么互感器的次级回路要一点接地?

39. 简述绝缘电阻表"屏"(G)端钮的作用。

40. 绝缘电阻表在测试完应注意的问题是什么?

41. 为什么绝缘电阻表在没有停止转动和被测物没有放电以前,不可用手触及被测物?

42. 简述用兆欧表测量电缆绝缘的方法。

43. 万用表是由哪几部分组成的?

44. 为什么当被测线路阻抗很高时,选择电压表的内阻应越高越好?

45. 对于测量电流来说,为什么要求电流表的内阻越小越好?

46. 在对一块张丝式 1.0 级电流表的阻尼器进行修理后,应进行哪些项目的检定?

47. 简述电压表进行电压试验的方法。

48. 电流、电压表在电压试验中出现什么现象,可判定电压试验不合格?

49. 简述电压表的绝缘电阻试验的方法。

50. 简述电工仪表测量机构的作用。

51. 简述电工仪表转动力矩产生的原因。

52. 简述电工仪表测量机构三要素缺一不可的原因。

53. 简述电工仪表对非均匀刻度尺仪表刻度盘的要求。

54. 简述电工指示仪表的主要零部件有哪些。

55. 简述磁电系仪表的工作原理。

56. 简述磁电系仪表由温度变化引起仪表产生附加误差的原因。

57. 如何消除恒定磁场对磁电系仪表测量值的影响?

58. 简述电测量指示仪表变差的含义及产生原因。

59. 电测指示仪表的变差是否能用加修正值的方法对其进行修正?

60. 试述 V 型平衡锤(安装式电表)的平衡调整方法及步骤。

61. 试述十字型平衡锤的平衡调整方法(安装式电表)。

62. 磁电系仪表产生位移的主要原因是什么?

63. 磁电系仪表升降变差大的主要原因有哪些?

64. 造成磁电系仪表偏离零位误差的主要原因是什么?

65. 何为电流表?

66. 何为电压表?

67. 何为万用表?

68. 何为电度表?

69. 何为电容电桥?

70. 什么是仪表测量线路?

71. 什么叫测量误差?

72. 简述电烙铁的使用注意事项。

六、综 合 题

1. 丝锥有哪些分类,由哪几部分组成?

2. 简要阐述什么是装配工作。

3. 钻孔时,钻头折断的原因有哪些?

4. 3/4 英寸和 19 mm 二者相差多少 mm?

5. 对工业企业来说,质量的全过程管理可分为哪四个过程,其中哪个过程是中心环节?

6. 什么叫标准和标准化?

7. 简述攻丝时丝锥底孔(钻头)尺寸的选择方法。

8. 画出磁电系微安表和毫安表测量电流的基本线路图。

9. 画出带有分流器的电流表线路图。

10. 画出有独立分流器三个量限的电流表原理线路图。

11. 画出带有环形分流器的三量限电流表原理线路图。

12. 画出磁电系电压表原理线路图。

13. 画出磁电系多量限电压表原理线路图。

14. 标准电池的使用和保存应注意哪些问题?

15. 有两电流表,A 表准确度为 0.2 级,测量上限为 5 A。B 表准确度为 0.5 级,测量上限为 1.5 A,用它们同去测量 1 A 的电流,应选用哪一块表测量误差小?

16. 有两台电压表 A 和 B,A 表准确度为 0.5 级,测量上限为 150 V,B 表准确度为 1.5 级,测量上限为 30 V,用它们同去测量一个 20 V 的电压,其测量误差哪个大?

17. 电指示仪表转动部分平衡的条件是什么?试分析磁电系仪表不平衡的原因有哪些?

18. 焊接的标准是什么?。

19. 装配仪表焊接操作的 5 步骤?

20. 某人用测电位的方法测出晶体三极管三个管脚对地电位分别为管脚①12 V,管脚②3 V,管脚③3.7 V,试判断管子的类型和各管脚电极。

21. 现有两只稳压管,它们的稳定电压分别为 6 V 和 8 V,正向导通电压为 0.7 V,试问:

(1)若将它们串联相接,则可得到几种稳压值?各为多少?

(2)若将他们并联相接,则又可得到几种稳压值?各为多少?

22. 为什么仪表的准确度要用最大引用误差表示,而不用相对误差表示?

23. 在对一块 0.5 级电动系张丝式功率表的测量机构进行调修后,应进行哪些项目的检定?

24. 磁电系仪表刻度特性变化的主要原因是什么?

25. 磁电系仪表电路通但指示值很小的主要原因是什么?

26. 造成磁电系仪表电路通但无指示现象的主要原因是什么?

27. 磁电系仪表指示不稳定的主要原因是什么?

28. 什么事劳动法?

29. 计量技术法规包括什么内容?

30. 如图 5 所示,用电流表 A 和电压表 V 测定未知电阻 R,如电流表的电流为 0.5 A,电压表为 6 V 时,已知电流计电阻为 1.2 Ω,求未知电阻 R。

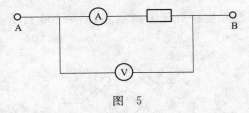

图 5

31. 如图 6 所示电路 $R_1 = R_2 = R_3 = R_4 = R_5 = 10$ Ω,求图中 AB 间总电阻为多少?

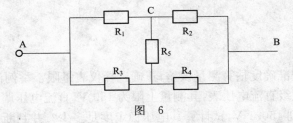

图 6

32. 如图 7 所示线路的电压为 220 V,每条输电线的电阻是 5 Ω,电炉 $R_A =$ 的电阻 100 Ω,电炉两端电压是多少?如果在电炉 A 的旁边再并联一个电阻为 50 Ω 的电炉 R_B,这时电炉两端的电压是多少?

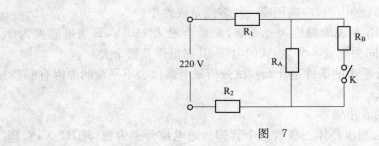

图　7

33. 两个电磁线圈,一个为 220 V、97.5 A,另一个为 110 V、2 A,求其功率各为多少? 二者功率相差多少?

34. 在如图 8 所示的电路中,用三只电容均为 200 μF,额定电压为 50 V 的电解电容组成一个串联电容器组,求这组电容器的等高电容是多少? 如果把它们接在 120 V 的直流电源电工作,求每只电容器两端的电压为多大? 在此电压下工作是否安全?

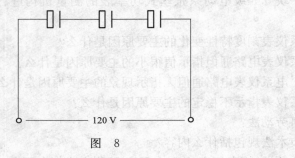

图　8

35. 把 110 V、60 W 和 110 V、40 W 两只电阻串联后接到 220 V 电源上,问每只电阻上消耗的功率是多少? 这样使用是否可以?

36. 图 9 为电桥电路,已知电桥处于平衡状态,$R_1 = 100\ \Omega$,$R_2 = 150\ \Omega$,$R_3 = 80\ \Omega$,$E = 5$ V,求电流 I_3。

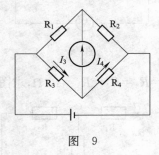

图　9

37. 如何根据仪表准确度估算测量误差,正确选择仪表量限? 举例说明。

38. 检定一台 1.5 级直流电压表,其测量上限为 150 V,直流电压调节电源在半分钟内,电压值从 149.5 V 变化到 150.1 V,试计算其电压稳定度是多少? 并判断是否满足检定要求。

39. 强制检定的计量器具包括哪些方面?

40. 论述通用示波器的 Y 通道和 X 通道的作用。

41. 如何用万用表分辩一个管子是整流二极管还是稳压管?

电工仪器仪表修理工(初级工)答案

一、填 空 题

1. PN
2. PNP
3. 0.6~0.7 V
4. 欧姆
5. 法拉
6. 亨利
7. 电荷
8. 1 000
9. 10^{12}
10. 有极性
11. 电源
12. 相邻
13. 电压
14. 正弦交流
15. 真值
16. 耦合
17. 推拉
18. 0.6
19. 并
20. 串
21. 36
22. 电阻
23. 分流
24. 饱和
25. 右手
26. 能量
27. 整流电源
28. 频率
29. 摇表
30. 感温
31. 有效
32. 双踪
33. 面
34. 串
35. 表头
36. 电阻
37. 0.1 V
38. 相(火)
39. 热辐射
40. 10^6
41. 减少误差
42. 内热式
43. 压接
44. 5
45. 电源
46. 移动
47. 转子
48. 英制螺纹
49. 装配图
50. 纹合法
51. 调校阶段
52. π形滤波
53. 凡士林
54. 明细
55. 装配
56. 工艺纪律
57. 设计基准
58. 0.025
59. 交流
60. 整理
61. 36 V
62. 眼睛
63. 剔除
64. 30°
65. 交流电
66. 耐高温
67. 最小
68. 基准零件
69. 自检、互检、专检
70. 泡沫
71. 护目镜
72. 公差
73. 活性期
74. 零件制造精度
75. 完全互换法
76. 总装配
77. 45 分贝
78. 必要非增值活动
79. 平稳
80. 传动平稳
81. 准备阶段
82. 拆下装配好的零部件
83. 位置
84. 相互位置
85. 日本丰田公司
86. 1 mm
87. 精度检查
88. 脱离电源
89. 装配精度
90. 加工误差
91. 减环
92. 一组操作
93. 真值
94. 全部工作
95. 示值误差
96. 1986
97. 统一立法
98. 非国际单位制
99. 法令
100. SI
101. 绝对误差
102. 人员误差
103. 电路图
104. 左边或上部
105. 安装接线
106. ⊥
107. 电位器
108. ⚡
109. ⊘
110. ⏚
111. ▽
112. 高电阻
113. 精密电阻器
114. 气体绝缘
115. 电力线
116. 电磁
117. 架空外线
118. 最大电流值
119. 导磁系数
120. 软磁

121. 很宽　　122. 软磁　　123. 硬磁　　124. 石墨
125. 电接触　　126. 无磁性　　127. 防锈　　128. 玛瑙
129. 锡锌青铜　　130. 锡锌青铜　　131. 高温焊锡　　132. 钟表
133. 松节油　　134. 汽油　　135. 凡士林油　　136. 中部
137. 三相功率　　138. 输入阻抗　　139. 平均值　　140. 有效值
141. 高电压　　142. 发电机端　　143. 并　　144. 方向
145. 是否带电　　146. 绝缘棒　　147. 禁止合闸　　148. 单向
149. 正向　　150. 放大电路　　151. FU　　152. 普通管
153. 直接比较法　　154. 腐蚀性　　155. 80%　　156. 定位
157. 初始　　158. 平衡　　159. 碰撞　　160. 短路
161. 60～80　　162. 浸漆　　163. 平移　　164. 铁磁
165. 双目　　166. 钟表榔头　　167. 充磁　　168. 间接
169. 高温　　170. 永久磁铁　　171. 圆线圈　　172. 固定线圈
173. 串联　　174. 5 A　　175. 附加电阻　　176. 并联
177. 串联　　178. 短路　　179. 开路　　180. 测量仪表
181. 次级　　182. "地"(E)　　183. 磁电　　184. 电压
185. 静电系　　186. ⊙　　187. ─[75 mV]─　　188. 三相平衡
189. ⌇　　190. 上量限　　191. 2/3　　192. 有效值
193. 45～1 000　　194. 越小　　195. 小　　196. 垂直
197. 0.1%　　198. 1/10　　199. 倾斜影响　　200. 最大误差
201. 最大误差　　202. 温度　　203. 20%　　204. 下限
205. 正比　　206. 正比　　207. 转轴　　208. 相反
209. 化整　　210. 全部

二、单项选择题

1. A	2. D	3. D	4. A	5. B	6. B	7. C	8. C	9. D
10. A	11. D	12. A	13. A	14. D	15. C	16. C	17. D	18. A
19. B	20. D	21. D	22. B	23. A	24. C	25. A	26. C	27. A
28. A	29. A	30. A	31. C	32. B	33. B	34. A	35. A	36. A
37. A	38. C	39. A	40. A	41. B	42. A	43. B	44. A	45. D
46. A	47. B	48. B	49. A	50. A	51. A	52. D	53. D	54. B
55. C	56. C	57. B	58. B	59. B	60. C	61. A	62. C	63. B
64. C	65. D	66. D	67. C	68. C	69. A	70. A	71. C	72. B
73. A	74. B	75. B	76. B	77. B	78. C	79. B	80. C	81. A
82. C	83. D	84. C	85. D	86. D	87. B	88. C	89. D	90. C
91. C	92. A	93. B	94. C	95. C	96. C	97. C	98. A	99. B
100. B	101. B	102. B	103. A	104. B	105. B	106. B	107. A	108. B
109. A	110. B	111. B	112. A	113. D	114. B	115. C	116. B	117. C

118. C	119. B	120. A	121. B	122. B	123. A	124. C	125. B	126. C
127. B	128. A	129. A	130. B	131. B	132. B	133. B	134. C	135. B
136. A	137. B	138. D	139. B	140. B	141. B	142. D	143. C	144. D
145. A	146. B	147. C	148. B	149. D	150. C	151. B	152. B	153. C
154. C	155. B	156. B	157. C	158. D	159. D	160. A	161. B	162. A
163. B	164. A	165. B	166. B	167. B	168. D	169. A	170. D	171. B
172. D	173. A	174. B	175. B	176. B	177. D	178. D	179. B	180. B

三、多项选择题

1. ABCD	2. ABCD	3. ABCD	4. BC	5. BCD	6. ABC	7. ABCD
8. ABCD	9. ABCD	10. ABC	11. ABC	12. ABC	13. ABC	14. ABC
15. ABC	16. ABC	17. ABC	18. BCD	19. ABD	20. BCD	21. ACD
22. ABD	23. ACD	24. ACD	25. BCD	26. ABD	27. BCD	28. BCD
29. ACD	30. ABD	31. ACD	32. ABD	33. BCD	34. BCD	35. AC
36. ACD	37. ACD	38. ACD	39. BCD	40. ACD	41. BD	42. ABD
43. ABC	44. AB	45. ABD	46. ABD	47. ABD	48. ABD	49. BC
50. ABC	51. BCD	52. ABD	53. ABD	54. BCD	55. AC	56. AD
57. CD	58. ABD	59. BCD	60. ABC	61. ABD	62. ABC	63. ACD
64. ABD	65. ABD	66. BCD	67. ACD	68. ABD	69. ABC	70. ACD
71. ABD	72. ABD	73. ACD	74. BCD	75. ABC	76. ACD	77. ABD
78. ABD	79. ABD	80. BCD	81. ABC	82. ABD	83. ABD	84. BCD
85. ABD	86. ABCD	87. ABC	88. ABC	89. ACD	90. ACD	91. BCD
92. ACD	93. ABC	94. BCD	95. ABCD	96. ABC	97. ABC	98. ACD
99. ACD	100. ACD	101. ABC	102. BCD	103. BCD	104. ACD	105. ABD
106. ACD	107. BCD	108. ACD	109. BCD	110. ABC	111. ACD	

四、判 断 题

1. ×	2. √	3. √	4. √	5. ×	6. √	7. ×	8. √	9. √
10. ×	11. √	12. √	13. √	14. √	15. √	16. √	17. √	18. ×
19. ×	20. √	21. √	22. ×	23. ×	24. √	25. √	26. ×	27. √
28. √	29. ×	30. ×	31. √	32. √	33. √	34. √	35. ×	36. √
37. ×	38. √	39. √	40. √	41. ×	42. ×	43. ×	44. ×	45. √
46. √	47. ×	48. √	49. √	50. √	51. √	52. ×	53. √	54. √
55. ×	56. ×	57. √	58. √	59. √	60. √	61. √	62. √	63. √
64. ×	65. √	66. ×	67. √	68. √	69. √	70. ×	71. √	72. √
73. √	74. √	75. √	76. √	77. √	78. √	79. √	80. √	81. √
82. ×	83. ×	84. ×	85. ×	86. √	87. √	88. ×	89. ×	90. √
91. √	92. ×	93. √	94. ×	95. ×	96. √	97. √	98. ×	99. √
100. ×	101. ×	102. √	103. √	104. ×	105. √	106. √	107. √	108. ×

109. × 110. × 111. × 112. √ 113. √ 114. × 115. × 116. × 117. ×
118. √ 119. √ 120. √ 121. √ 122. √ 123. √ 124. √ 125. √ 126. ×
127. √ 128. × 129. × 130. × 131. √ 132. × 133. × 134. √ 135. √
136. × 137. × 138. × 139. √ 140. √ 141. √ 142. × 143. √ 144. √
145. × 146. × 147. √ 148. × 149. √ 150. √ 151. × 152. × 153. ×
154. × 155. × 156. × 157. × 158. × 159. √ 160. √ 161. √ 162. ×
163. × 164. √ 165. √ 166. × 167. √ 168. × 169. × 170. √ 171. ×
172. × 173. √ 174. √ 175. × 176. × 177. × 178. × 179. √ 180. ×
181. √ 182. × 183. √

五、简 答 题

1. 答:按规定的技术要求(1分),将零件或部件进行配合和连接(2分),使之成为半成品或成品的工艺过程称为装配(2分)。

2. 答:组合体有长、宽、高三个方向的尺寸(1分),每个方向至少应有一个尺寸基准(1分);组合体的尺寸标注中,常选取对称面、底面、端面、轴线或圆的中心线等作尺寸基准(2分);每个方向除一个主要基准外,还可以有几个辅助基准(1分)。

3. 答:统一规格的一批零部件(1分),任取其一(1分),不需要任何挑选和修理就能装在机器上(2分),并能满足其使用功能要求的性能(1分)。

4. 答:零件的主视图选择,应着重考虑以下原则(1分):
(1)在决定零件主视图投影方向时,应使主视图能反映零件较突出的形状特征(2分);
(2)在决定把主视图哪一面朝上时,应尽量使其符合零件的工作位置或加工位置(2分)。

5. 答:(1)影响零件的耐磨性;(2)影响配合性质的稳定性;(3)影响零件的疲劳强度;(4)影响零件的抗腐蚀性能;(5)影响零件的密封性;(6)影响零件的接触刚度。(总分5分,答对其中五项即得满分)

6. 答:定向公差,定位公差,跳动公差(2分)。
定向公差有平行度、垂直度和倾斜度三项(1分);定位公差有同轴(心)度、对称度和位置度三项(1分);跳动公差有圆跳动和全跳动两项(1分)。

7. 答:牙型、公称直径、螺距、线数、旋向。(总分5分,答对一项得1分)

8. 答:一只水桶能盛多少水,并不取决于最长的那块木板,而是取决于最短的那块木板(2分)。一个团队,如果没有良好的配合意识,不能做好互相的补位和衔接,最终储水量也不能提高。单个的木板再长也没用,只有将长板截下补到短板处,才能提高储水量(3分)。

9. 答:(1)一组图形(1分);(2)必要的尺寸(1分);(3)技术要求(1分);(4)零、部件序号,明细栏和标题栏并按一定顺序或格式将零、部件进行编号(2分)。

10. 答:所谓短路是指电源两端或负载两端相接触(2分),这时电路的电流比正常值大几倍(2分),易烧损线路发生火灾(1分),这种现象叫短路。

11. 答:按驱动不同分:手用丝锥和机用丝锥。
按加工方式分:切削丝锥和挤压丝锥。
按被加工螺纹分:公制粗牙丝锥,公制细牙丝锥,管螺纹丝锥等。
根据其形状分为:直槽丝锥,螺旋槽丝锥和螺尖丝锥。(总分5分,少答一项扣1分)

12. 答:(1)概括了解(1分);(2)了解装配关系和工作原理(2分);(3)分析零件、读懂零件结构形状(1分);(4)分析尺寸,了解技术要求(1分)。

13. 答:螺纹联接的基本类型有螺栓连接(2分)、双头螺柱连接(1分)、螺钉连接(1分)、紧定螺钉连接(1分)。(总分5分,少一项扣1分)

14. 答:在零件图上用来确定其他点、线、面位置的基准,称为设计基准(2.5分)。划线基准是在划线时,选择工件上的某个点、线、面作为依据,用它来确定工件的各部分尺寸、几何形状及工件各要素的相对位置(2.5分)。

15. 答:垂直度,即位置公差,用符号⊥表示(1分)。垂直度评价直线之间(1分)、平面之间(1分)或直线与平面之间(1分)的垂直状态。(1分)

16. 答:尺寸公差(简称公差)是尺寸允许的变动量(1分)。公差带包含标准公差和基本偏差两个方面的内容(1分)。标准公差是指公差带的宽度,即公差值的大小,它决定该尺寸的公差等级(1.5分);基本偏差表示靠近基本尺寸零线的那个偏差值,它决定该尺寸公差带的位置(1.5分)。

17. 答:(1)标准公差的大小反映了精度等级(1.5分);

(2)标准公差的大小取决于基本尺寸和公差等级,即同一等级,公差值随尺寸的增大而增大;同一尺寸,等级愈高,公差值越小(2分);

(3)标准公差与配合无关(1.5分)。

18. 答:把影响某一装配精度的有关尺寸,彼此按顺序地连接起来,构成一个封闭的外形。这些相互关联尺寸的总称,叫装配尺寸链。(共5分,其中"装配精度"、"顺序地"、"封闭的外形"、"互相关联"及"总称",每缺一项扣1分)

19. 答:螺杆不产生弯曲变形,螺钉头部、螺母底面应与连接件接触好(2分);被连接件应均匀受压,互相紧密配合,连接牢固(2分);成组螺栓或螺母拧紧时,应根据被连接件形状和螺栓的分布情况,按一定的顺序逐次拧紧螺母(1分)。

20. 答:(1)锁紧螺母防松(1分);(2)弹簧垫圈防松(1分);(3)开口销与带槽螺母防松(1分);(4)止动垫圈防松(1分);(5)串联钢丝防松(1分)。

21. 答:当螺栓断裂后,根据螺栓直径首先要选一个比被拧断螺丝要细的断丝取出器(4 mm)(1分),再找一个和断丝取出器最细端一样大小的钻头Φ(5.5~6)(1分),然后在断螺丝中间钻个足够深的孔(1.5分),然后用断丝取出器逆时针旋入被拧断螺丝中,直到旋出被拧断螺丝(1.5分)。

22. 答:单一实际要素的形状所允许的变动全量,叫形状公差(2分)。形状公差包括的项目及符号为:(1)直线度(—)(2)平面度(▱)(3)圆度(○)(4)圆柱度(⌀)(5)线轮廓度(⌒)(6)面轮廓度(⌒)(3分)。

23. 答:关联实际要素的位置对基准所允许的变动全量,叫位置公差(1分)。

位置公差有以下几种类别、项目及符号:

(1)定向公差:平行度(∥)、垂直度(⊥)、倾斜度(∠);

(2)定位公差:同轴度(◎)、对称度(═)、位置度(⊕);

(3)跳动公差:圆跳动(↗)、全跳动(↗↗)(4分)。

24. 答:国家有计划地发展计量事业(1分),用现代计量技术、装备各级计量检定机构(1

分),为社会主义现代化建设服务(1分),为工农业生产、国防建设、科学实验、国内外贸易以及人民健康、安全提供计量保证(2分)。

25. 答:就在从设备(1分)、环境(1分)、方法(1分)、人员(1分)和测量对象(1分)几个方面考虑。

26. 答:(1)3.14(1分);(2)2.72(1分);(3)4.16(1分);(4)1.28(1分);(5)2.57(1分)。

27. 答:(1)3.142(1分);(2)14.00(1分);(3)2.315×10^{-2}(1分);(4)1.001×10^3(1分);(5)1.231×10^2(1分)。

28. 答:电路图主要用于:(1)详细理解电路的作用原理(2分);(2)分析与计算电路特性(1分);(3)作为编制接线图的依据(1分);(4)简单的电路图还可以直接用于接线(1分)。

29. 答:所谓数字仪表,就是能将被测的连续电量自动地转换成断续量(1.5分),然后进行数字编码(1.5分),并将测量结果以数字的形式显示出来的一种电测仪表(2分)。

30. 答:将交流电变为直流电的过程叫整流。(1分)

整流电路的主要形式有:半波整流电路(1分)、全波整流电路(1分)及桥式整流电路等(1分),这三种整流电路中又分单相和三相整流(1分)。

31. 答:电流的最大值是 1 A(1.5分);角频率是 100 弧度/秒(2分);初相角是 $+30°$(1.5分)。

32. 答:磁电系仪表测量机构的可动部分是由轻的矩形铝(或非磁性材料)框上面绕以绝缘铜线(或铝线)而组成(1分)。当电流通过动圈时,电流与磁场相互作用,产生转动力矩使可动部分发生偏转(2分),在可动部分上还作用着游丝产生的反作用力矩,当转动力矩与反作用力矩相等时,可动部分停止偏转,仪表指示在某一平衡位置上(2分)。

33. 答:电动系仪表的测量机构一般有两个线圈:动圈和定圈(2分)。定圈常分为两部分,动圈在定圈的里面,它装在一根轴上,轴上安有指针,空气阻尼器和将电流通到动圈并产生反作用力矩的两个游丝(3分)。

34. 答:利用一个或几个载流线圈的磁场对一个或几个铁磁元件的作用而产生转矩的测量机构称为电磁系测量机构。(5分)

35. 答:电磁系测量机构有:扁线圈(吸引式)结构(2分);圆线圈(排斥式)结构(1分);排斥吸引式(2分)。

36. 答:电压互感器在使用中应注意的事项有:

(1)互感器的量限与被测参数及测量仪表的量限要一致(1分)。

(2)当电压互感器的次级电路中接入的测量仪表,其标度盘示值与输入参数极性有关时,接入互感器必须遵循同名端的接线规则(1分)。

(3)电压互感器次级所带的全部负载阻抗应与其额定负载范围一致(1分)。

(4)电压互感器在接入高压电路中使用时,必须将其次级电路的低电位端,连同铁芯及外壳一同可靠接地(1分)。

(5)电压互感器的次级电路不允许短路(1分)。

37. 答:如果互感器的负载不匹配,一是会引起互感器的误差变大(2.5分),二是可能导致互感器过载烧坏(2.5分)。

38. 答:当互感器接到高压电路中使用时,必须将其次级电路的低电位端,连同铁芯及外壳一同可靠接地(2.5分),这样,会避免绕组的绝缘被击穿时,次级电路里的电压升高的现象发生,以保证操作人员及测量仪表的安全(2.5分)。

39. 答:绝缘电阻表"屏"(G)端钮的作用是防止被测物表面的漏电电流流过仪表动圈而引起的测量误差。(5分)

40. 答:在绝缘电阻表没有停止转动和被测物没有放电以前,不可用手触及被测物的测量部分和进行拆线(5分)。

41. 答:因为在绝缘电阻表测试设备的绝缘电阻后,在没有停止转动和被测物没有放电以前,被测物上还存在剩余的电荷,如用手触及被测物时,会造成人身安全事故(5分)。

42. 答:首先将电缆芯和电缆壳分别接在兆欧表的"L"(线)和"E"(地)接线柱上(2分),然后还要将电缆壳芯之间的内层绝缘物接到兆欧表的"G"(屏蔽)接线柱上(2分),然后摇动兆欧表的手柄,进行测试(1分)。

43. 答:万用表一般是由表头(2分)、转换开关(1分)和测量线路(2分)三大部分组成的。

44. 答:因为电压表在使用时都是并联在被对象上(1分),如果所用电压表内阻低,则仪表将对被测线路产生一个很大的分流作用(2分),这样就会改变被测线路的原来的工作状态,给测量带来很大的误差(2分)。

45. 答:因为电流表在使用时是串联在被测线路上(1分),电流表的内阻太大(2分),将会改变被测线路原来的工作状态,从而给测量带来很大误差(2分)。

46. 答:应进行检定的项目有:(1)外观检查(1分);(2)基本误差检定(1分);(3)偏离零位检定(1分);(4)位置影响检查(1分);(5)阻尼检查(1分)。

47. 答:将试验电压平稳地上升到规定值,在此过程中不应出现明显的变化,保持1 min然后平稳地降到零。(5分)

48. 答:出现击穿或飞弧现象,则说明该表电压试验不合格。(5分)

49. 答:将仪表的所有线路连在一起和参考试验"地"之间,用兆欧表施加约500 V的直流电压,历时1 min读取绝缘电阻值。(5分)

50. 答:将电能转换成机械能(5分)。

51. 答:当被测量作用到测量机构的可动部分或固定部分上时,由于它们之间的电磁力作用而产生作用力(2.5分),该力对转轴的可动部分产生转矩,形成了仪表的转动力矩(2.5分)。

52. 答:构成仪表测量机构的三要素是:转动力矩、反作用力矩和阻尼力矩(1分),没有转动力矩,可动部分不能产生偏转(1分),没有反作用力矩,可动部分不能固定停留于某一个位置上(1分),没有阻尼力矩,可动部分将长时间摇摆不定,无法读数,故三要素缺一不可(2分)。

53. 答:对非均匀刻度尺,在有效刻度起点应有明显的圆点标记,一般刻度尺有效工作部分不应小于标度尺全长的85%。(5分)

54. 答:外壳、指示器(1分)、刻度盘、轴尖(1分)、轴承、游丝(张丝或吊丝)(1分)、阻尼器(1分)、调零器、止动器等(1分)。

55. 答:当处在永久磁铁的磁场中的动圈有电流通过时,通电动圈与磁场相互作用,产生一定大小的转动力矩,使其在产生偏转的同时,与动圈接在一起的游丝因动圈偏转而发生变形,产生了反作用力矩(2分),且随着活动部分偏转角的增加而增加,当反作用力矩增加到与转动力矩相等时,活动部分最终将停留在相应的位置(2分),仪表指针在标度尺上指示出被测量的数值(1分)。

56. 答:(1)测量线路电阻的变化(2分);(2)游丝或张丝反作用力矩系数的变化(2分);

(3)永久磁铁磁性的变化(1分)。

57. 答:可采取第一次测量后再将仪表转180°后进行第二次测量(2.5分),取两次读数的平均值做为仪表的实际值(2.5分)。

58. 答:电测量指示仪表的变差是在外界条件不变的情况下,仪表测量同一量值时,被测量实际值之间的差值(2.5分)。仪表变差产生的主要原因是由于仪表测量机构可动部分轴尖与轴承的摩擦,磁滞误差以及游丝(或张丝)的弹性失效后引起的(2.5分)。

59. 答:由于变差属于随机系统误差,不能用加修正值的方法加以消除(5分)。

60. 答:盘式仪表(V型平衡锤)可按下列顺序进行平衡调整:

(1)仪表在垂直水平的位置调好零位(1分)。

(2)仪表按使用位置放置观察指针偏移的情况(1分)。

(3)然后分别将仪表向上、向下、向左、向右竖立放置,分别观察各方向放置时,指针针偏移的情况(1分)。

(4)分析造成不平衡是由哪个平衡锤所造成的,然后将其的重量进行调整,或将其平衡锤的位置沿轴方向移动,调整其臂长,即可达到平衡的要求(1分)。

(5)调整平衡锤之前,首先应消除机械故障引起的不平衡(1分)。

61. 答:(1)首先消除机械故障引起的不平衡,然后在水平位置调整好零位(1分)。

(2)将仪表的右上角向上,使指针成水平位置,观察指针偏离零位情况(1分)。

(3)再将仪表左上角向上,使指针处于垂直位置,观察指针偏离零位情况(1分)。

(4)根据以上分析,确定是由哪个平衡锤所造成的不平衡,做相应的平衡锤重量或位置调整(1分)。

(5)将仪表再按(2)、(3)相反的位置放置检查是否平衡(1分)。

62. 答:磁电系仪表产生位移的主要原因是:

(1)仪表上下游丝外端焊片松动(2分)。

(2)仪表指针在支持件上未装牢,有小量活动(2分)。

(3)仪表轴座未粘牢,有松动(1分)。

63. 答:造成磁电系仪表变差大的原因主要是:

(1)仪表轴尖生锈、氧化或有其他杂物黏附在表面(1分)。

(2)仪表轴承锥孔磨损或有杂物,轴尖座、轴承或轴承螺丝松动(2分)。

(3)仪表游丝内圈与轴心不同心,游丝太脏,过载产生弹性疲劳(2分)。

64. 答:主要原因:

(1)仪表轴尖磨损变钝、生锈或有脏物、轴尖座松动(1分)。

(2)轴承或轴承螺丝松动,锥孔磨损,光洁度降低,工作表面有伤痕或圆锥孔内太脏(1分)。

(3)仪表游丝内焊片与轴承螺丝摩擦、游丝内圈和轴心不同心(1分)。

(4)游丝平面翘起与平衡锤摩擦,游丝表面太脏,有粘圈现象(1分)。

(5)游丝过载受热,产生弹性疲劳(1分)。

65. 答:用于测量电路中的电流强度的仪表(5分)。

66. 答:用于测量电路中电压的一种仪表(5分)。

67. 答:一种能测量电压、电流、电阻等多种电量的多量程便携式仪表(5分)。

68. 答:专门用于测量电能的仪表(5分)。

69. 答:一种用来测量电容器的电容量及其损耗用的电桥(5分)。

70. 答:能把被测量转换为测量机构可以接受的过渡量,并保持一定变换比例的仪表组成部分(5分)。

71. 答:测量值和被测量的实际值之间的差别(5分)。

72. 答:(1)电烙铁电源不能乱接,要与规定的电压相符(1分)。

(2)使用前先用万用表测量一下电烙铁头两端是否开路和短路,正常的 20 W 内热式电烙铁的阻值约为 2.4 kΩ,再测插头与外壳之间的电阻值应为无穷大(2分)。

(3)烙铁头的表面必须挂上一层锡后才能使用,烙铁头要经常保持清洁(1分)。

(4)用完后应放回烙铁架上,如果长时间不用应及时断电,以延长使用寿命(1分)。

六、综 合 题

1. 答:丝锥是加工内螺纹的刀具,它分手用丝锥和机用丝锥两种(3分);按其牙型可分为普通螺纹丝锥、圆柱管螺纹丝锥和圆锥螺纹丝锥(3分);普通罗维丝锥又分为粗牙和细牙两种(2分)。丝锥由工作部分和柄部两部分组成(2分)。

2. 答:结构复杂的产品,其装配工作分为部件装配和总装配(2分)。

(1)凡是将两个以上零件组合在一起或将零件与几个组件结合在一起,成为一个单元的装配工作,称为部件装配(4分)。

(2)将零件、部件结合成一台完整产品的装配工作,称为总装配(4分)。

3. 答:(1)用磨钝的钻头工作(2分);(2)进刀量太大(2分);(3)钻屑塞住螺旋槽(2分);(4)孔刚钻穿时,进刀阻力突然减小,而使进刀量突然增大(2分);(5)工件装夹不好,钻削时工件松动(1分);(6)钻铸件时碰到缩孔等的铸件内部缺陷(1分)。

4. 答:3/4 英寸比 19 mm 大 0.05 mm(10分)。

5. 答:对工业企业来说,质量的全过程管理可分为设计控制(2分)、生产制造(2分)、辅助生产(2分)、使用服务(2分)四个过程,其中生产制造过程是中心环节(2分)。

6. 答:标准是指为取得全局的最佳效果,依靠科学技术和实践经验的综合成果,在充分协商的基础上,对经济技术和管理等活动具有多样性,相关性特征的重复事物和概念,以特定的程序和形成颁发的统一规定(5分)。

标准化是指以国家利益为目标,以重复性特征的事物和概念为对象,以管理、技术和科学实验(或经验)为依据,以制定和贯彻标准为主要内容的一种有组织的活动过程(5分)。

7. 答:丝锥攻丝底孔尺寸可通过公式计算得出:切削丝锥:$d = D - P$;挤压丝锥:$d = D - 0.49P$。其中 D 为螺纹公称直径(大径),P 为螺纹螺距,d 为底孔直径(5分)。同时,不同的螺纹旋合度推荐的底孔尺寸也会不一样,在螺纹小径公差允许的范围内,尽量选用较大的底孔钻头开底孔以减轻攻丝负担,提高丝锥寿命(5分)。

8. 答: (8分)(R_W—游丝电阻;R_g—动框线圈电阻)(2分)。

9. 答: (6分)(I_X—被测电流;I_0—流经动圈电流;R—分流器;R_0—

表头电阻)(4分)。

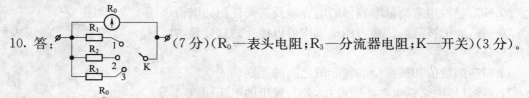

10. 答: (7分)(R_0—表头电阻;R_3—分流器电阻;K—开关)(3分)。

11. 答: (7分)(R_0—表头电阻;$R_1 \sim R_3$—分流器电阻;K—开关)(3分)。

12. 答: (6分)(R_0—表头电阻;R—附加电阻;U_0—动圈电压;U_X—被测

电压)(4分)。

13. 答: (8分)(R_0—表头电阻;$R_1 \sim R_3$—分流器电阻)(2分)。

14. 答:使用和保存标准电池应注意以下问题:

(1)标准电池应在规定的技术条件下使用和保管,使用和保存地点的温度应根据标准电池的级别,不得超过规定范围,相对温度≤80%(2分)。

(2)标准电池应远离冷热源,标准电池的温度波动要尽量小,标准电池要避免光的直接照射(2分)。

(3)不能让人体的任何部位使标准电池的两极端钮短接,更不能用电压表或万用表去测量标准电池的电动势值(2分)。

(4)标准电池严禁倒置,摇晃和振动(2分)。

(5)标准电池的出厂证书、检定证书应妥善保管(2分)。

15. 答:$\gamma_A = 5/1 \times 0.2\% = \pm 1\%$;$\gamma_B = 1.5/1 \times 0.5\% = \pm 0.75\%$(8分)。应选用B表测量误差相对小一些(2分)。

16. 答:$\gamma_A = 150/20 \times 0.5\% = \pm 3.75\%$;$\gamma_B = 30/20 \times 1.5\% = \pm 2.25\%$(8分)。A表测量误差大(2分)。

17. 答:电指示仪表转动部分平衡的条件是:可动部分的重心与转轴相重合。

造成磁电系仪表不平衡的原因有:(1)仪表过载受到冲击,使指针变形,轴尖座由于动圈发热,黏合剂熔化而移动(3分);(2)调平衡的加重材料选择不当,蒸芨干缩,重量减轻,或吸收水分,重量加重,平衡锤在平衡杆上有微量移动(3分);(3)轴承螺丝松动,轴间距离太大,中心位置偏移(2分);(4)结构不稳定,转动部分发生变形(2分)。

18. 答:(1)金属表面焊锡充足(2分)。(2)焊点表面光亮、光滑、无毛刺(3分)。(3)焊锡均匀,隐约可见导线的轮廓(3分)。(4)焊点干净,无裂纹或针孔(2分)。

19. 答:(1)准备焊接;(2)加热焊件;(3)熔化焊料;(4)移开焊锡;(5)移开烙铁(10分)。

20. 答:管脚③与管脚②的电压差0.7 V,显然是硅管,一个是基极,一个是发射极,而管脚①比管脚②管脚③电位都高,所以一定是NPN型硅管(5分),在根据管子放大时的原则可以判断出管脚②是发射极,管脚③是基极,管脚①是基电极(5分)。

21. 答:两只稳压管串联时可得到 1.4 V、6.7 V、8.7 V、14 V 四种稳压值(5分);两只二极管并联可得到 0.7 V、6 V 两种稳压值(5分)。

22. 答:相对误差虽然可以衡量测量的准确度,但却不能用它来衡量指示仪表的准确度(1分)。因为每一个指示仪表都有一定的测量范围,即使绝对误差在仪表的一个量限的全部分度线上保持不变,而相对误差将随着被测量的减小而增大,也就是说在仪表的各个分度线上的相对误差不是一个常数(1分)。为了便于划分指示仪表准确度的级别,而取指示仪表的测量上限作为相对误差表达式中的分母(3分)。实际上引用误差是相对误差的一特殊表示形式,实际上,由于仪表各示值的绝对误差是不相同的,为了衡量仪表在准确度上是否合格,引用误差公式中的分子部分要取标度尺工作部分的带数字分度线出现的最大绝对误差来计算(4分)。综合可述,引用误差可以更方便更准确地反映指示仪表的准确度(1分)。

23. 答:应做的项目是:(1)外观检查(2分);(2)基本误差检定(3分);(3)偏离零位(3分);(4)功率因素影响(2分)。

24. 答:磁电系仪表刻度特性变化的主要原因是:

(1)游丝因过载受热,引起弹性疲劳或游丝因潮湿或腐蚀而损坏(4分)。

(2)仪表因震动或其他原因使元件变形或相对位置发生变化(4分)。

(3)仪表平衡不好(2分)。

25. 答:(1)仪表动圈有部分短路(2分)。

(2)分流电阻绝缘不好,有部分短路(4分)。

(3)游丝焊片和支架间的绝缘不好,有部分电流通过支架而分路(4分)。

26. 答:(1)表头有发流支路的测量线路,表头断路,但分流支路完好(4分)。

(2)表头被短路,游丝的焊片和支架间没有绝缘,使进出线直接短路(4分)。

(3)游丝和支架相碰,使动圈被短路(2分)。

27. 答:(1)焊接不牢,有虚焊现象(2分)。

(2)线路焊接处有氧化物,使焊接不好,接触不良(4分)。

(3)线路中有击穿或短路,使线路似通非通(4分)。

28. 答:《劳动法》是国家为了保护劳动者的合法权益,调整劳动关系,建立和维护适应社会主义市场经济的劳动制度,促进经济发展和社会进步,根据宪法而制定颁布的法律(10分)。

29. 答:计量技术法规包括计量检定定系统表、计量检定规程和计量技术规范(5分)。它们是正确进行量值传递,确保计量器具所测出的量值准确可靠,以及实施计量法制管理的重要手段和条件(5分)。

30. 解:如图所示 AB 间电压测得 6 V,未知电阻中流过的电流为 0.5 A:

则根据欧姆定律:$6=0.5(1.2+R)$(8分)

所以:$R=10.8(\Omega)$(2分)

31. 解:$R_{AB}=10\ \Omega$(10分)

32. 解:$U_A=200(V)$(5分)

$U_B=169(V)$(5分)

33. 解:$P_1=220\times97.5=21\ 450(W)=21.45(kW)$(4分)

$P_2=110\times5=550(W)=0.55(kW)$(4分)

$P_1-P_2=21.45-0.55=20.9(\text{kW})$(2分)

34. 解:三只电容等效电容:

$C_0=200/3=66.6\ \mu\text{F}$(3分)

电容中的电荷量:

$q=q_1=q_2=q_3=C_0U$

$=66.67\times10^{-6}\times120=8.0\times10^{-3}(\text{C})$(3分)

每只电容两端的电压:

$U_1=U_2=U_3=q/c=(80\times10^{-3})/200\times10^{-6}=40(\text{V})$(4分)

35. 解:110 V、60 W 的电阻值:

$R_{60}=V^2/P=110^2/60=202(\Omega)$

110 V、40 W 的电阻值:

$R_{40}=V^2/P=110^2/60=302.5(\Omega)$(3分)

每只电阻上通过的电流是:

$I=V/(R_{60}+R_{40})=220/504.5=0.436\ 1(\text{A})$(3分)

每只电阻上消耗的功率:

$P_{60}=I^2R=0.436\ 1^2\times202=38.4(\text{W})$

$P_{40}=I^2R=0.436\ 1^2\times302.5=57.5(\text{W})$(3分)

因为 110 V、40 W 电阻实际功率大于额定功率,所以不能这样使用(1分)。

36. 解:根据电桥平衡原理:$\dfrac{R_1}{R_2}=\dfrac{R_3}{R_4}$;$I_3=I_4$(3分)

$R_4=\dfrac{R_3\cdot R_2}{R_1}=\dfrac{80\times150}{100}=120(\Omega)$(3分)

$I_3=\dfrac{E}{R_3+R_4}=\dfrac{5}{80+120}=0.025(A)=25\ \text{mA}$(4分)

37. 答:测量结果的准确度,不仅取绝于所用仪表的准确度,而且和仪表量限与被测量大小的适应程度有很大关系,只有当被测量等于仪表测量上限时,测量误差才与仪表准确度相等,在其他各点,测量误差都大于仪表准确度等级所允许的误差,所以,一般使用仪表时,要根据被测量的大小,合理选择仪表量限,使仪表读数在测量上限的 2/3 以上为好(5分)。可根据公式 $V_x=a\%\cdot X_m/X_x$ 估计仪表的测量误差,a:仪表准确度等级;X_m:仪表测量上限;X_x:被测值。例如:用二块 0.5 级的不同量限的电压表(V_A 上限为 150 V。V_B 上限为 50 V)同去测量 30 V 的电压,其测量结果:一块测量误差为 $150/30\times0.5\%=\pm2.5\%$,另一块测量误差则为 $50/30\times0.5\%=\pm0.8\%$(5分)。

38. 解:$S_V=\dfrac{\Delta A_m}{\dfrac{1}{2}(A_1+A_2)}\times100\%=\dfrac{150.1-149.8}{\dfrac{1}{2}(150.1+149.8)}\times100\%=0.2\%$(5分)

检定 1.5 级直流电源稳定度应$\leqslant\dfrac{1}{10}\times1.5\%=0.15\%$

此电源稳定度不能满足检定要求(5分)。

39. 答:包括三个方面(1分):

(1)社会公用计量标准(3分);

(2)部门企事业单位的最高计量标准(3分);

(3)用于贸易结算、安全防护、医疗卫生、环境监测并列入国家强检目录的(3分)。

40. 答:Y通道把输入的被测信号放大后送到示波管的垂直偏转板上(4分),X通道产生时基锯齿波电压并保持与Y通道输入信号之间的同步关系,以及放大内部扫描电压(6分)。

41. 答:一般稳压管的反向击穿电压比较低(大多数是几伏到几十伏),而二极管的击穿电压都在50 V以上(4分)。因此,如果用欧姆挡内接有15 V或22.5 V电池的万用表法测量一个管子的反向电阻时管子两端的电阻很小,而换成低电阻挡(此欧姆表接的电池只有1.5 V或3 V)后,电阻很大,那么,这个管子就是稳压管(6分)。

电工仪器仪表修理工(中级工)习题

一、填空题

1. 测量准确度是测量结果与被测量真值之间的( )。

2. 计量的本质特征就是( )。

3. 企业的劳动纪律包括组织方面的劳动纪律;( )方面的劳动纪律;工时利用方面的劳动纪律。

4. 企业劳动争议调解委员会由( )代表和企业代表组成。

5. 营造良好和谐的社会氛围,必须统筹协调各方面的利益关系,妥善处理社会矛盾,形成友善的人际关系,那么社会关系的主体是( )。

6. 职业技能总是与特定的职业和岗位相联系,是从业人员履行特定职业责任所必备的业务素质,这说明了职业技能的( )特点。

7. 重复性是指在相同测量条件下,对同一被测量进行( )测量所得结果之间的一致性。

8. 变压器是根据( )原理制成的一种常用电子部件。它在电路中起传输交流电信号,并同时变换前后级电压和阻抗的作用。

9. 钳形电流表测量导电回路中的电流采用的是( )方法。

10. 在电子线路中,某电阻符号旁标有 30 字样,它表示的是( )。

11. 把电动势为 E,内电阻为 r 的几个电池并联后,则总电动为 E,总内阻为( )。

12. 日常工作中常用松香焊剂属于( )焊剂。

13. ±0.06 mm,尺寸公差为( )mm。

14. 标注直径的符号是( )。

15. 测量的定义是以确定量值为目的的( )。

16. 准确度等级是指符合一定的计量要求,使误差保持在( )以内的测量仪器的等别、级别。

17. 法定计量单位是由国家法律承认,具有( )的计量单位。

18. 国际单位制是在米制基础上发展起来的单位制。其国际简称为( )。

19. 在误差分析中,考虑误差来源要求( )、不重复。

20. 误差按其来源可分为:设备误差、环境误差、人员误差、( )、测量对象。

21. 在重复性条件下,对同一被测量进行( )测量所得结果的平均值与被测量的真值之差称为系统误差。

22. 测量的引用误差是测量仪器的误差除以仪器的( )。

23. 测量结果是指由测量所得到的赋予( )的值。

24. 测量准确度是测量结果与被测量真值之间的( )。

25. 重复性是指在相同测量条件下,对同一被测量进行( )测量所得结果之间的一致性。

26. 计量器具的检定是:( )计量器具是否符合法定要求的程序,它包括检查、加标记和(或)出具检定证书。

27. 我国《计量法》规定,属于强制检定范围的计量器具,未按照规定( )或者检定不合格继续使用的,责令停止使用,可以并处罚款。

28. 进口计量器具必须经( )人民政府计量行政部门检定合格后,方可销售。

29. 常用的电工材料包括导电材料,绝缘材料和( )。

30. 电路图通常将主回路与辅助电路分开,主电路用( )画在辅助电路的左边或上部。

31. 接线图和接线表主要用于安装接线、线路检查、线路维修和( )。

32. 电路图可以用于详细理解电路的作用原理,分析与计算电路特性,并作为编制( )的依据。

33. 电磁线主要用于制作各种( )线圈。

34. 数字电压表主要是由( )、电子计数器、显示器三大部分组成。

35. 直流电桥是用于( )测量的一种仪器。

36. 电能表按其结构类别可分为( )电能表和静止式电能表。

37. 在直流电路中,负载获得最大功率的条件是负载电阻等于( )。

38 单相半波整流电路负载电压的平均值与电源电压有效值之比为( )。

39. 从欧姆定律 $I=U/R$ 可知,当 U 一定时,流过电阻器的电流 I 与电阻值 R 成( )。

40. 两只同规格的无铁心线圈,分别加上 220 V 直流电压和 220 V 的交流电压可以发现,在相同的时间内( )线圈发热多。

41. NPN 半导体三极管的图形符号为( )。

42. 可调电容的图形符号是( )。

43. 二极管的基本特性是( ),故常把它用在整流、隔离、稳压、极性保护、编码控制、调频调制和静噪等电路中。

44. 发光二极管在正向电压小于某一值时,电流极小,不发光;当电压( )某一值后正向电流随电压迅速增加,发光。

45. 半导体是一种导电能力介于导体与( )之间的物质。

46. 基本放大电路的三种组态分别是:共发射极放大电路、共集电极放大电路和( )放大电路。

47. 放大电路应遵循的基本原则是:发射结正偏和( )。

48. 产生正弦波的振荡电路,最常见的是( )振荡电路。它们由电感 L 和电容 C 组成。

49. 用以获得正弦信号的晶体管 LC 振荡线路形式很多,从反馈来看,有( )反馈、电感反馈和电容反馈。

50. 已知电流的瞬时值函数式为 $I=2\sin(100t+30°)$ A,则电流的最大值为( )。

51. 采用直流电子稳压电源做为直流电位差计的供电电源时,要求直流电子稳压电源的稳定性应比直流电位差计的准确度级别优于( )以上。

52. 计算机发展到第( )代出现了个人计算机。

53. 目前常用的外存储器有光盘存储器、硬盘存储器和( )。

54. 因为石英晶体具有压电效应。所以可以把石英晶体看作是一个能将机械能和电能相互转换的（　　　）。

55. 电阻器的种类从结构上分为可调电阻和（　　　）两大类。

56. 电容器中按陶瓷材料性质不同,可分为（　　　）和低频陶瓷电容器。

57. 根据电工学原理,当单个电容器耐压不够时,可以用二个或多个电容器（　　　）,以提高其耐压。电容器并联时总容量等于各个电容器容量之和。

58. 在生产过程中,用来测量各种工件的尺寸、角度和形状的工具,叫做（　　　）。

59. 在外力作用下,木材内部单位截面积上所产生的内力叫做（　　　）。

60. 一个物体各部分受到的（　　　）集中于一点,这一点叫做物体的重心。

61. 金属材料抵抗比它硬的物体压入其表面的能力,称为（　　　）。

62. 测量导线的直径,应先将导线芯外面的（　　　）层去掉,而后用千分尺测出线芯直线径。

63. 导体对电流的阻碍作用叫电阻。电阻用字母 R 表示,单位为欧,符号为 Ω。电阻也常用千欧（$k\Omega$）或者兆欧（$M\Omega$）做单位,它们之间的换算关系:$1\ k\Omega = 10^3\ \Omega$,$1\ M\Omega = (\quad)\ \Omega$。导体的电阻由导体的材料、横截面积和长度决定。

64. 电阻器的特性参数有标称阻值、允许误差和（　　　）等。

65. 电容用字母 C 表示,电容器电容量的基本单位是法,用字母 F 表示。常用的单位有微法（μF）、纳法（nF）和皮法（pF）等,它们之间的关系为:$1\ F = (\quad)\ \mu F$,$1\ \mu F = 10^3\ nF = 10^6\ pF$。

66. 电容在滤波、耦合电路中的应用实际就是用到了电容器具有（　　　）的特性。

67. 电感的主要单位亨利（H）、毫亨利（mH）、微亨利（μH）等。她们之间的关系为:$1\ H = (\quad)\ mH = 10^6\ \mu H$。

68. 电荷在电场作用下有规则地定向运动,称为电流。电流的国际单位是（　　　）,用字母 A 表示。常用的单位有毫安（mA）及微安,换算关系是:$1\ A = 10^3\ mA = 10^6\ \mu A$。

69. 电压是指电路中两点 A、B 之间的电位差,简称为电压,电压的国际单位制为（　　　）,常用的单位还有毫伏（mV）、微伏（μV）、千伏（kV）等,它们与伏特的换算关系是 $1\ kV = 10^3\ V = 10^6\ mV = 10^9\ \mu V$。

70. 大小及方向都随时间作有规律变化的电压或电流叫做（　　　）。

71. 国家规定 36 V、50 Hz 的交流电为安全电压,（　　　）的交流电为绝对安全电压。

72. 电荷的定向移动形成电流。习惯上规定以（　　　）运动的方向作为电流方向。电流的大小用电流强度来表示。

73. 基尔霍夫第一定律也称节点电流定律,它的表述是（　　　）一个节点的电流之和恒等于流出这个节点的电流之和。

74. 交流电经整流电路转换成的直流电是不平稳的直流电。要得到平稳的直流电,就要进行（　　　）。

75. 在反向电压很高的情况下,如单个元件不能承受时,但因各个整流元件的反向特征不可能完全一致,所以整流元件不能简单的串联,而要采用（　　　）电阻的方法。

76. 对于反向电流大致相同的管子,反向击穿电压虽不同,也可不用均压电阻,把它们直接串联起来。其（　　　）电压和应大于最大反向电压的一倍。

77. 当负载要求的电流很大,单个元件的正向平均电流不能满足时,需要将两个或两个以上元件并联使用,为使各整流元件电流相等,需( )联均流电阻或均流电感。

78. 对正向压降( )整流元件,可不用均流电阻,直接把同容量的整流元件,并联起来用。

79. 为防止负载短路损坏整流元件,一般用( )进行短路保护。也可用过流继电器进行保护。

80. 对于电路中产生的过压现象,采用( )元件,保护整流元件不被击穿。

81. 在示波器中,示波管所需的高直流电压是采用倍压整流电路获得的。它适合于高电压,( )电流的地方。

82. 现有一指针式电压表,要改装成电流表应采用( )方式。

83. 振荡器必须相位满足( )条件才能起振。

84. 在一般电路中,流过电路的电流与电路两端的电压成正比,与电路的电阻成( )。

85. 整流电路的作用是将交流电变成( )。

86. 电解电容在电路中,常用作耦合、旁路和( )。

87. 当电源电压不变时,R 越大,则流过 R 的电流越小。当电阻 R 不变时,E 越大则流过 R 的电流越( )。

88. 在数字电路中,逻辑函数的化简,有两种方法公式和( )。

89. 有些性能较差的稳压电源,有负载和没负载两种情况下测得的电源两端的电压相差较大,这是因为电源的( )较大造成的。

90. 作为扩大直流电表量程的分流器,是和电流表( )联的。

91. 兆欧表由( )和电磁系比率计组成,是属于一种特殊结构的磁电仪表。

92. 电阻箱可以看作是一个具有( )的标准电阻。

93. 为了不影响电路的工作状态,电压表本身的( )要尽量大,电流表本身的内阻抗要尽量小。

94. 得到电压或电流信号以后,经过一定时间再动作的继电器称为( )。

95. 数字万用表由( )、转换开关、读数转换电器和液晶显示器四个主要部分组成。

96. 数字电压表的放大量程是低于基本量程的量程,分压量程是( )基本量程的量程。

97. 数字电压表的输入方式有两种:一种是二端子输入,另一种是( )输入。

98. 标准电阻是( )单位的度量器,通常由锰铜丝制成。

99. 标准电池是作为电动势的标准量具,常用的是( )标准电池。

100. 标准电池的稳定度级级别越( ),在 1 min 内最大允许流过的电流越小。

101. 把电阻串联起来,电阻值就增加,对于一定的电压,通过阻值相同的两个电阻组合的电流为通过一个电阻 R 时的电流的( )。

102. 在电路中,电流从电源的正极流出,对负载而言,电流从负载的正极( )。

103. 电荷在电路中有规则的定向运动称为( )。

104. 随机误差可以按照( )概率来判断测量精度。

105. 零件加工后实际的几何参数与理论几何参数符合程度称( )。

106. 通常所说的交流 220 V 或 380 V 电压,是指它的( )。

107. 电能表的制动磁铁若发生生锈、脱漆现象,可将磁铁浸入( )油内除去残存的涂层。

108. 数字电压表就是将被测的连续电压量自动地转换成断续量,然后进行(　　　)并将测量结果以数字形式显示出来的一种电测仪表。

109. 理想电流源的内阻为(　　　)。

110. 已知电流的瞬时值函数式为 $3\sin(1\,000t+30°)$ A,则其频率为(　　　)。

111. 单相桥式整流电路负载电压的平均值等于(　　　)电源电压的有效值。

112. 采用闭路抽头式直流测量线路的万用表在表头上增加分流电阻后,将造成表头灵敏度(　　　)。

113. 对某一万用表的欧姆挡而言,当其电源电压和电路灵敏度选定后,其标准挡的(　　　)就确定了,则其电阻的标度,也就随之确定。

114. 绝缘电阻表的测量线路可分为(　　　)和并联式两种。

115. 采用串联式测量线路的绝缘电阻适合测量(　　　)。

116. 感应系电能表是利用固定的(　　　)与处在该磁场中的可动部分导体所感应出的电流之间的相互作用而使可动部分转动的仪表。

117. 感应系电能表驱动部分是由电压元件和电流元件组成,其中由很细的导线绕成的匝数较多的是(　　　)元件。

118. 带有镜面标度尺的万用表,在检定时,应使视线经指示器尖端与镜面反射像(　　　)。

119. 对万用表的电流、电压挡做基本误差检定时,应按照(　　　)标度尺的多量限仪表,分别进行检定。

120. 用脉冲比较法检定电能表时,标准电能表的转数不得少于(　　　)。

121. 检定绝缘电阻表基本误差时,若绝缘电阻表的额定转速为 120 r/min,其手柄转速应控制在(　　　)范围内为合格。

122. 检定绝缘电阻表基本误差应使用标准高压高阻箱和(　　　)装置。

123. 直流电位差计测量电压的方法称为补偿法,即是用(　　　)去补偿未知电压的数值,从而确定未知电压的数值。

124. 兆欧表的结构按磁电系流比计测量机构可分为交叉线圈式流比计和(　　　)流比计。

125. 型号为 ZC7 型兆欧表的测量机构是采用(　　　)流比计。

126. 在兆欧表检修中,如发现有短路现象,可将整个线框从支架上拆下来,在未拆大小铝框前,应注意记下线框的相对位置与(　　　)。

127. 电能表按接入电路中的方式可分为直接入式和(　　　)接入式。

128. 为保证测量电压的准确度,在选用电位差计时,应使电位差计工作在(　　　)附近,并尽量用上电位差计的第一位测量盘。

129. 电流表的准确度越高,要求该度标尺越长,分度线(　　　),分格越多。

130. 用直流补偿法检定 0.5 级 50 A 电流表时,应使用标称使用功率为(　　　)的阻值为 0.001 Ω 的标准电阻。

131. 用直流补偿法检定 0.5 级电压表时,应选用准确度等级为(　　　)级的标准电池。

132. 对一块 0.5 级铁磁电动系功率表的测量机构进行调整修理后,应对其做正常周期检定项目检定外,还应做(　　　)项目的检定。

133. 检定带有外附电阻的电压表应按(　　　)仪表的检定方法检定。

134. 电流表的绝缘电阻测试,是指电流表所有线路与(　　)之间的绝缘电阻。

135. 更换电流、电压表玻璃针尖时,应先在标度盘上(　　)或薄铝片。

136. 更换电压表玻璃针尖时,应在针尖根部涂少量酒精泡软粘胶,然后用(　　)针杆端部,同时用镊子抽出针尖的残余根部。

137. C₄型电流电压表的上、下游丝都是安装在(　　)上部,更换时应取下支架的横担,焊下旧游丝即可。

138. C₄型多量限电流、电压表有两个磁分路,一是粗调磁分路,另一个是细调磁分路,修理时只宜调节(　　)磁分路。

139. 经整形修理后的 0.5 级电表的指针,应在(　　)℃温度下老化处理 4～6 h,或自然老化一周。

140. 多量程电压表若出现误差率一致的情况,是由于(　　)改变所引起的。

141. 电能表的计度器在清洗组装后,应在各个转动齿轮的(　　)内加适量的钟表油进行润滑。

142. 电能表电压线圈匝间短路,会造成电能表(　　)故障,应重新绕制或更换。

143. 万用表交流电压全部量程误差都大,或者大部分量程有这种趋势,是由于公共电路中,交流电压独有的与表头(　　)的电阻变化造成的。

144. 绝缘电阻表电压回路电阻(　　),会使其指针超出∞的位置。

145. 兆欧表电流线圈或(　　)线圈局部短路或断路会使其指针不指零位。

146. 兆欧表指针不直会造成兆欧表可动部分(　　)。

147. 交流功率表的最大基本误差是仪表示值与(　　)测量实际之间的最大差值。

148. 一块标度尺为 75 分格,量程为 150 V 的 0.2 级电压表,该表 20 分格点的最大允许绝对误差为(　　)格。

149. 用 500 型万用表测量二极管,其正向电阻越小越好,反向电阻越大越好,测得正反向,反向电阻相差越(　　)越好。

150. 对修理后的电能表,应进行(　　)试验。

151. 检定 2 级交流电能表的基本误差时,工作位置对垂直位置的允许偏差为(　　)。

152. 检定电能表时,在每一负载下测定基本误差都应至少读取(　　)次以上数据。

153. 在机械图中,常见的线条有哪几种,即(　　)、细实线、虚线、点划线、双点划线和波浪线。

154. 机械配合制有基孔制和(　　)两种。

155. 活动扳手的规格以扳手长度和(　　)表示。

156. 在使用电钻前,应先开机空转(　　),检查各个部件是否正常。

157. 游标卡尺可直接测量出工件的外尺寸、内尺寸和(　　)。

158. 机器设备必须有牢固的电气接地线,局部照明一律采用(　　)伏以下电压。

159. 安全用电的原则是:不接触低压带电体;不靠近(　　)带电体。

160. 标准化作业表的工作内容图中,红色虚线表示的意义为(　　)时间。

161. 利用生产工具和人的技能,将原材料、半成品进行加工和处理,最后成为产品的过程和方法,并经过总结而形成的技术经验称为(　　)。

162. 当有人触电时,应首先(　　)。

163. ISO 是（　　）组织的英文缩写。

164. 在质量方面指挥和控制组织的管理体系叫做（　　）。

165. 我国机械图采用（　　）。

166. CRH5 型动车组在车辆运行（　　）万公里时进行第一个五级修。

167.《计量法》是调整计量（　　）的法律规范的总称。

168. 计量检定人员是指经考核合格,持有（　　）,从事计量检定工作的人员。

169. 计量检定机构可以分为（　　）和一般计量检定机构两种。

170. 指导工人操作和用于生产、工艺管理等的各种技术文件称为（　　）。

171. 经考试合格,领取（　　）合格证,方可参加日常操作。

172. 职业健康检查应当由（　　）以上人民政府卫生行政部门批准的医疗卫生机构承担。

173. 职业安全健康危险源主要分为（　　）、化学性危险、生物性危险、心理生理性危险、行为性危险和其他危险。

174. 使用不合格计量器具或者破坏计量器具准确度和伪造数据,给国家和消费者造成损失的,责令其赔偿损失,没收计量器具和全部违法所得,可并处（　　）以下的罚款。

175. 料件在摆放时不要拆掉其包装,若无包装的,需要采取相应（　　）,避免划伤表面。

二、单项选择题

1. 计量工作的基本任务是保证量值的准确、一致和测量器具的正确使用,确保国家计量法规和（　　）的贯彻实施。

(A)计量单位统一　　　(B)法定计量单位　　　(C)计量检定规程　　　(D)计量保证

2. 用万用表测量某电子线路中的晶体管测得 $V_E = -3\text{ V}$、$V_{CE} = 6\text{ V}$、$V_{BC} = -5.3\text{ V}$,则该管类型和工作状态表述错误的是（　　）。

(A)PNP 型,处于放大工作状态　　　　(B)PNP 型处于截止工作状态

(C)NPN 型,处于放大工作状态　　　　(D)NPN 型处于截止工作状态

3. 面对市场竞争引起企业的破产、兼并和联合,（　　）才能使企业经济效益持续发展。

(A)追求企业利益最大化

(B)借鉴他人现成技术、经验获得超额利润

(C)减少生产成本

(D)同恪守产品信用的生产者联合起来,优胜劣汰

4. 具有高度责任心应做到（　　）。

(A)方便群众,注重形象　　　　　　(B)光明磊落,表里如一

(C)工作勤奋努力,尽职尽责　　　　(D)不徇私情,不谋私利

5. 某电路中某元件的电压和电流分别为 $u = 10\cos(314t + 30°)\text{V}$,$i = 2\sin(314t + 60°)\text{A}$,则元件的性质不是（　　）。

(A)电感性元件　　　(B)电容性元件　　　(C)电阻性元件　　　(D)纯电感元件

6. 根据国家现行职业卫生监管工作分工,作业场所职业卫生的监督检查由（　　）负责。

(A)国家安全生产监管总局　　　　(B)卫生部

(C)人力资源和社会保障部　　　　(D)工信部

7. 在市场经济条件下,职业道德具有（　　）的社会功能。

(A)鼓励人们自由选择职业　　　　　　　　(B)遏制牟利最大化

(C)促进人们的行为规范　　　　　　　　　(D)最大限度地克服人们受利益驱动

8. 用人单位的权利正确的是(　　　)。

(A)制定合法作息时间的权利　　　　　　　(B)无故解雇员工的权利

(C)要求员工加班的权利　　　　　　　　　(D)克扣员工工资的权利

9. 劳动者在试用期内提前(　　　)通知用人单位,可以解除劳动合同。

(A)三日　　　　　　(B)五日　　　　　　(C)七日　　　　　　(D)十五日

10. 要求(　　　)就是要求把自己职业范围内的工作做好。

(A)诚实守信　　　　(B)奉献社会　　　　(C)办事公道　　　　(D)忠于职守

11. 职业是人们从事的专门业务,一个人要从事某种职业,就必须具备特定的知识、能力和(　　　)。

(A)职业道德品质　　(B)职业道德素质　　(C)职业道德水平　　(D)职业道德知识

12. 职业素质的构成包括思想政治素质、职业道德素质、科学文化素质、专业技能素质及(　　　)。

(A)身心健康素质　　(B)心理健全素质　　(C)道德修养素质　　(D)法律知识素质

13. 不是四位有效数字的数是(　　　)。

(A)4270.0　　　　　(B)042.00　　　　　(C)27.00×10⁴　　　(D)2.378

14. 下列各项中不属于国际单位制基本单位的是(　　　)。

(A)安培(A)　　　　(B)开尔文(K)　　　　(C)摩尔(mol)　　　(D)千米(km)

15. 可以将 100 000 Hz 等价表示成(　　　)。

(A)10 kHz　　　　　(B)100 kHz　　　　　(C)1 MHz　　　　　(D)10 MHz

16. 如图 1 所示,1/20 游标卡尺的正确读数为(　　　)mm。

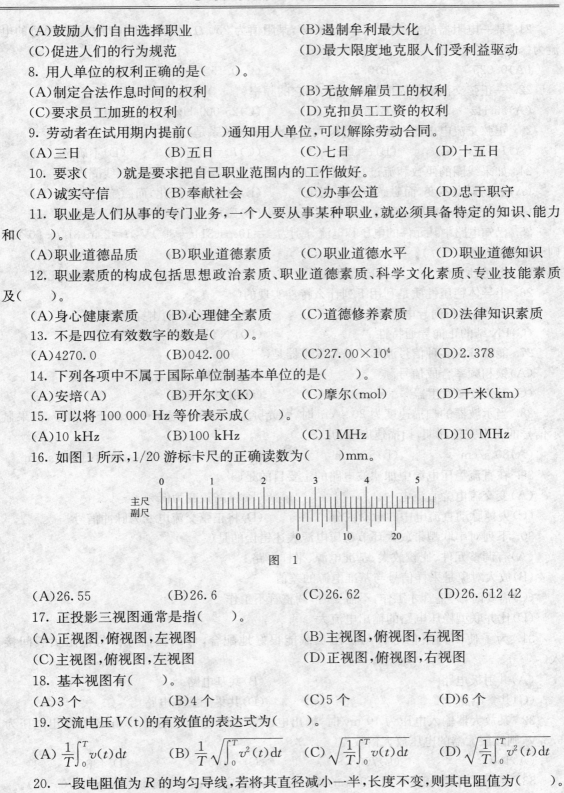

图　1

(A)26.55　　　　　(B)26.6　　　　　　(C)26.62　　　　　(D)26.612 42

17. 正投影三视图通常是指(　　　)。

(A)正视图,俯视图,左视图　　　　　　　(B)主视图,俯视图,右视图

(C)主视图,俯视图,左视图　　　　　　　(D)正视图,俯视图,右视图

18. 基本视图有(　　　)。

(A)3 个　　　　　　(B)4 个　　　　　　(C)5 个　　　　　　(D)6 个

19. 交流电压 $V(t)$ 的有效值的表达式为(　　　)。

(A) $\frac{1}{T}\int_0^T v(t)\,dt$ 　　(B) $\frac{1}{T}\sqrt{\int_0^T v^2(t)\,dt}$ 　　(C) $\sqrt{\frac{1}{T}\int_0^T v(t)\,dt}$ 　　(D) $\sqrt{\frac{1}{T}\int_0^T v^2(t)\,dt}$

20. 一段电阻值为 R 的均匀导线,若将其直径减小一半,长度不变,则其电阻值为(　　　)。

(A)1/2R　　　　　　(B)2R　　　　　　　(C)4R　　　　　　　(D)8R

21. 某一电阻器的额定功率为 5.625 W,某阻值为 250 Ω,则正常工作时电阻器通过的电流为(　　)A。

(A)0.025　　　　　(B)0.225　　　　　(C)0.15　　　　　(D)1.5

22. 一正弦交流电的周期为 0.04 s,则它的频率(　　)。

(A)25 Hz　　　　　(B)250 Hz　　　　　(C)25 000 Hz　　　　　(D)5 Hz

23. 正弦交流电电流有效值 I 和最大值 I_m 之间的关系是(　　)。

(A)$I=I_m$　　　　　(B)$I=2I_m$　　　　　(C)$I_m=2I$　　　　　(D)不确定

24. 如果线圈的匝数和流过它的电流不变,只改变线圈中的媒介质,则线圈内(　　)。

(A)磁场强度不变,而磁感应强度变化　　　　　(B)磁场强度变化,而磁感应强度不变

(C)磁场强度和磁感应强度均不变化　　　　　(D)磁场强度和磁感应强度均变化

25. 已知电路中某元件的电压和电流分别为 $u=10\cos(314t+30°)\text{V}$,$i=2\sin(314t+60°)\text{A}$,则元件的性质是(　　)。

(A)电感性元件　　　　(B)电容性元件　　　　(C)电阻性元件　　　　(D)纯电感元件

26. 半导体稳压性质是利用下列什么特性实现的(　　)。

(A)PN 结的单向导电性　　　　　(B)PN 结的反向击穿特性

(C)PN 结的正向导通特性　　　　　(D)PN 结的反向截止特性

27. 能够输出多种信号波形的信号发生器是(　　)。

(A)锁相频率合成信号源　　　　　(B)函数发生器

(C)正弦波形发生器　　　　　(D)脉冲发生器

28. 当示波器的扫描速度为 20 s/cm 时,荧光屏上正好完整显示一个的正弦信号,如果显示信号的 4 个完整周期,扫描速度应为(　　)。

(A)80 s/cm　　　　　(B)5 s/cm　　　　　(C)40 s/cm　　　　　(D)小于 10 s/cm

29. 在直流稳压电源中加滤波电路的主要目的是(　　)。

(A)变交流电为直流电　　　　　(B)将高频变为低频

(C)去掉脉动直流电中的脉动成分　　　　　(D)将正弦交流电变为脉冲信号

30. 下列对串联型带放大环节稳压电源表述错误的是(　　)。

(A)有调整元件、比较放大、基准电源、采样电路

(B)放大对象是采样信号与基准电源的差值

(C)需要时,调整管才工作;不需要时,调整管不工作

(D)比并联型稳压电路的输出电流大

31. 为了使高内阻信号源与低阻负载能很好地配合,可以在信号源与低阻负载间接入(　　)。

(A)共射极电路　　　　　(B)共基电路

(C)共集电路　　　　　(D)共集—共基电路

32. 某放大器输入电压为 10 mv 时,输出电压为 7 V;输入电压为 15 mv 时,输出电压为 6.5 V,则该放大器的电压放大倍数为(　　)。

(A)100　　　　　(B)700　　　　　(C)—100　　　　　(D)433

33. 要同时得到—12 V 和+9 V 的固定电压输出,应采用的三端稳压器分别为(　　)。

(A)CW7812;CW7909　　　　　(B)CW7812;CW7809

(C)CW7912;CW7909　　　　　　　　　　　　(D)CW7912;CW7809

34. 某仪表放大器,要求输入电阻 R_i 大,输出电压稳定,应选择的负反馈类型为(　　)。

(A)电流串联　　　　(B)电流并联　　　　(C)电压串联　　　　(D)电压并联

35. LC 并联谐振回路的品质因数 Q 值越高,则选频能力(　　)。

(A)越强　　　　(B)越弱　　　　(C)不变　　　　(D)不一定

36. 用万用表检测某二极管时,发现其正、反电阻均约等于 1 kΩ,说明该二极管(　　)。

(A)已经击穿　　　(B)完好状态　　　(C)内部老化不通　　　(D)无法判断。

37. 放大器的三种组态都具有(　　)。

(A)电流放大作用　　(B)电压放大作用　　(C)功率放大作用　　(D)储存能量作用

38. 集成运放内部电路的耦合方式是(　　)。

(A)直接耦合　　　(B)变压器耦合　　　(C)阻容耦合　　　(D)电容耦合

39. 表头的类型符号如图 2 所示,从左到右正确的表头类型名称是(　　)。

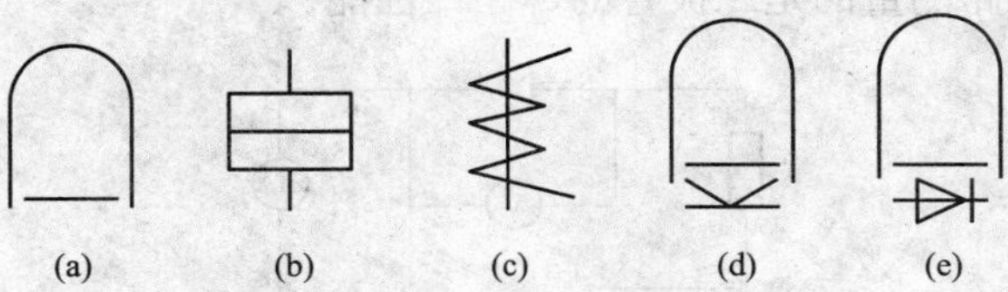

(a)　　　　(b)　　　　(c)　　　　(d)　　　　(e)

图　2

(A)磁电式,电动式,电磁式,热电式,整流式

(B)磁电式,电磁式,电动式,热电式,整流式

(C)磁电式,热电式,电磁式,电动式,整流式

(D)电磁式,电动式,磁电式,热电式,整流式

40. 在三相正弦交流电路中,下列四种结论中,正确的答案应是(　　)。

(A)三相负载作星形联接时,必定有中线

(B)三相负载作三角形联接时,其线电流不一定是相电流的 3 倍

(C)三相三线制星形联接时,电源线电压必定等于负载相电压的 3 倍

(D)三相对称电路的总功率,$P=3U_p I_p \cos\phi$

41. 普通家用电路电器为 120 V,则平均值为(　　)。

(A)120　　　(B)108.09　　　(C)169.68　　　(D)339.36

42. 一变压器的初级绕组接在 120 V 的电源上,该绕组中的电源为 2 A,若电压要升高到 600 V,问次级绕组的最大电流为(　　)。

(A)10　　　(B)2.5　　　(C)0.4　　　(D)1

43. 对称三相电压,其有效值相等,角频率相同,彼此间相位差相等,且等于(　　)。

(A)0°　　　(B)120°　　　(C)180°　　　(D)360°

44. 对称的三相负荷接成星形时,负荷端的线电流 I_1 和相电流 I_2 之间关系(　　)。

(A)$I_1 I_1 = 3I_2$　　　　　　　　　　　　(B)$I_2 = 3I_1$

(C)$I_1 = I_2$　　　　　　　　　　　　(D)I_1 与 I_2 无任何关系

45. RC 电路在过渡过程(充放电过程)的时间常数是(　　)。

(A)RC　　　　　　　(B)RC^2　　　　　　　(C)R^2C　　　　　　　(D)R/C

46. 如图 3 所示是一整流电路输出波形图,该电路是(　　)。

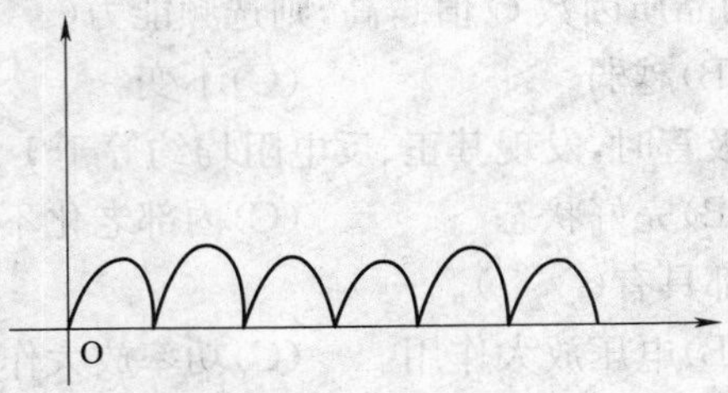

图　3

(A)半波整流　　　　(B)全波整流　　　　(C)信压整流　　　　(D)放大整流

47. 如图 4 所示电路测量的是二极管的(　　)性能。

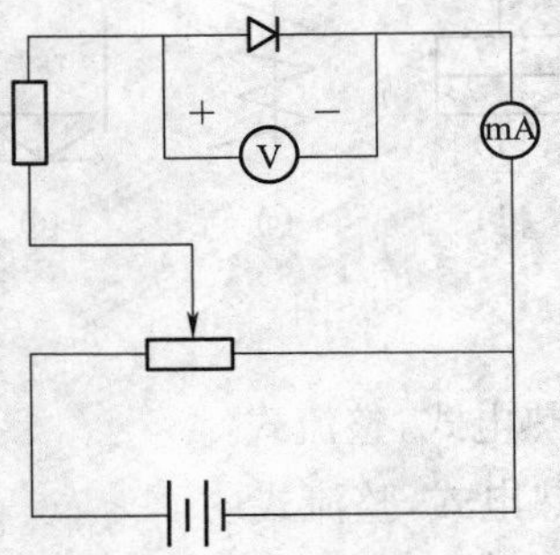

图　4

(A)反向特性　　　　(B)正向特性　　　　(C)放大倍数　　　　(D)缩小倍数

48. 未充电的电容器与直流电压接通的瞬间(　　)。

(A)电容量为零　　　　　　　　　　(B)电容器相当于开路

(C)电容器相当于短路　　　　　　　(D)电容器两端电压为直流电压

49. 在复杂直流的电路中,下列说法正确的是(　　)。

(A)电路中有几个节点,就可列几个独立的节点电流方程

(B)电流总是从电动势的正极流出

(C)流进某一封闭面的电流等于流出的电流

(D)在回路的电压方程中,电阻上的电压总是取正

50. 在运用安培定则时,磁感应线的方向是(　　)。

(A)在直线电流情况下,拇指所指的方向

(B)在环形电流情况下,弯曲的四指所指的方向

(C)在通电螺线管内部,拇指所指的方向

(D)在上述三种情况下,弯曲的四指所指的方向

51. 某放大电路,要求稳定电压且输入电阻大应引入(　　)负反馈。

(A)电压串联　　　　(B)电流并联　　　　(C)电压并联　　　　(D)电流串联

52.适用于变压器铁心的材料是(　　)。

(A)软磁材料　　　(B)硬磁材料　　　(C)矩磁材料　　　(D)顺磁材料

53.用万用表 R×1 000 挡测得二极管正向电阻是 0 欧,该二极管是(　　)。

(A)好　　　　　　　　　　　　　(B)内部断线

(C)两电极之间短路　　　　　　　(D)判断不了

54.下面关于安全用电的正确说法是(　　)。

(A)220 V 照明电路是低压电路,但不是安全电压

(B)只有当电压是 36 V 时,人体接触电压才不会触电

(C)某人接触到过 220 V 电压而没伤亡,因此该电压对于他来说总是安全的

(D)只要有电流流过人体,就会发生触电事故

55.目前,电子产品中广泛使用的电子元器件是静电敏感器件,下面选项中对生产、维修过程中的静电防护措施描述不正确的是(　　)。

(A)进入静电防护区,必须穿上静电防护服及导电鞋

(B)含有静电敏感器件的部件、整件,在加信号或调试时,应先接通信号源,后接通电源

(C)静电敏感器件或产品不能靠近有强磁场和电场的物品,一般距离要大于 20 cm 以上

(D)现场维护修理工作也是造成静电破坏的一个重要因素,在检测含有静电敏感器件的设备时必须采用相应的静电防护措施,如穿静电防护工作服、导电鞋或者戴导电手环等

56.电子产品中至少有三种分开的地线,其中继电器、电动机或者高电平的地线称为(　　)。

(A)信号地线　　　(B)噪声地线　　　(C)安全地线　　　(D)屏蔽地线

57.测量的正确度是表示测量结果中(　　)大小的程度。

(A)系统误差　　　(B)随机误差　　　(C)粗大误差　　　(D)标准偏差

58.被测电压真值为 100 V,用电压表测试时,指示值为 80 V,则示值相对误差为(　　)。

(A)+25%　　　　(B)−25%　　　　(C)+20%　　　　(D)−20%

59.下列不属于测量误差来源的是(　　)。

(A)仪器误差和(环境)影响误差　　　(B)满度误差和分贝误差

(C)人身误差和测量对象变化误差　　　(D)理论误差和方法误差

60.轴的尺寸要求如图 5 所示,则该轴的尺寸公差,上偏差,下偏差分别为(　　)。

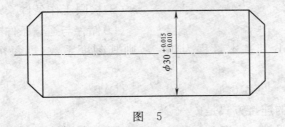

图　5

(A)0.025,−0.010,0.015　　　　(B)0.025,0.010,0.015

(C)0.025,0.015,−0.010　　　　(D)0.025,0.015,0.010

61.不属于计算机系统软件的是(　　)。

(A)媒体播放器　　　　　　　　　　　　　(B)WINDOWS 2000

(C)WPS 文字处理软件　　　　　　　　　(D)VC++6.0

62. 下列计算机的外部设备中,属于输入设备的是(　　　)。

(A)键盘,鼠标,显示器　　　　　　　　　(B)键盘,打印机,显示器

(C)软盘,硬盘,光盘　　　　　　　　　　(D)键盘,鼠标,游戏杆

63. 用万用表测量某电子线路中的晶体管测得 $V_E=-3$ V、$V_{CE}=6$ V、$V_{BC}=-5.3$ V,则该管是(　　　)。

(A)PNP 型,处于放大工作状态　　　　　(B)PNP 型处于截止工作状态

(C)NPN 型,处于放大工作状态　　　　　(D)NPN 型处于截止工作状态

64. 远距离输电,若输送的电功率一定,则电线上损失的电功率(　　　)。

(A)与输电电压成正比　　　　　　　　　(B)与输电电压成反比

(C)与输电电压的平方成正比　　　　　　(D)与输电电压的平方成反比

65. 一铁心线圈,接在直流电压不变的电源上。当铁心的横截面积变大而磁路的平均长度不变时,则磁路中的磁通将(　　　)。

(A)增大　　　　　(B)减小　　　　　(C)保持不变　　　　　(D)不能确定

66. 若在变压器铁心中加大空气隙,当电源电压的有效值和频率不变时,则励磁电流应该是(　　　)。

(A)减小　　　　　(B)增加　　　　　(C)不变　　　　　(D)零值

67. 对于理想变压器下列哪些说法是正确的(　　　)。

(A)变压器可以改变各种电源的电压

(B)变压器对于负载来说,相当于电源

(C)抽去变压器铁心,互感现象依然存在,变压器仍能正常工作

(D)变压器不仅能改变电压,还能改变电流和电功率等

68. 数字式欧姆表测量电阻通常采用(　　　)来实现。

(A)比例法　　　　　　　　　　　　　　(B)恒压源加于电阻测电流

(C)R-T 变换法　　　　　　　　　　　　(D)电桥平衡法

69. 分频是对信号频率进行(　　　)运算。

(A)加法　　　　　(B)减法　　　　　(C)乘法　　　　　(D)除法

70. 仪器通常工作在(　　　),可满足规定的性能。

(A)基准条件　　　　　　　　　　　　　(B)极限工作条件

(C)额定工作条件　　　　　　　　　　　(D)储存与运输条件

71. 一台 5 位 DVM,其基本量程为 10 V,则其刻度系数(即每个字代表的电压值)为(　　　)mv/字。

(A)0.01　　　　　(B)0.1　　　　　(C)1　　　　　(D)10

72. 电压表与电路的连接方式是(　　　)。

(A)并联在电源两极端　　　　　　　　　(B)并联在被测电路两端

(C)串联在电源两极端　　　　　　　　　(D)串联在被测电路两端

73. 能更精确测量电阻的方法是(　　　)。

(A)伏安法　　　　　　　　　　　　　　(B)电桥测量法

(C)使用万用表的欧姆挡测量   (D)使用代替法测量

74. 模拟式万用表表头为(   )仪表,因此只能直接测量直流。

(A)磁电式   (B)电动式   (C)电磁式   (D)整流式

75. 下面选项中对线把扎制描述不正确的是(   )。

(A)接地点应尽量集中在一起,以保证它们是可靠的同电位

(B)导线束不要形成环路,以防止磁力线通过环形线,产生磁、电干扰

(C)线把扎制应严格按照工艺文件要求进行

(D)尽量走最短距离的连线,拐弯处不能取直角,尽量在同一平面内连线

76. 在静态工作电压调试中,供电电源电压正常,若电压偏高,其原因可能是(   )。

(A)电路有短路现象   (B)电路有漏电现象

(C)电路有断路现象   (D)以上原因都不可能

77. 使用电流表测量电流时,电流表应(   )在被测电路中。

(A)连接   (B)并联   (C)串联   (D)串联或并联

78. 用来测量周期性变化的电压、电流信号频率的仪表是(   ),也可以用它测量周期、时间间隔和脉冲个数等参数。

(A)功率表   (B)频率表   (C)信号发生器   (D)分频计

79. 数字万用表主要由数字式电压表基本表、量程转换开关和(   )三部分组成。

(A)测量电路   (B)表笔   (C)振荡电路   (D)计算电路

80. 使用数字万用表时应注意:测量前,若无法估计被测量量的大小,应先用(   )测量,再视测量结果选择合适的量程。

(A)最低量程   (B)中间量程   (C)最高量程   (D)2/3量程

81. 有关电压表的使用描述中正确的是(   )。

(A)电压表并联在被测电路两端,内阻远小于被测电路的阻抗

(B)电压表并联在被测电路两端,内阻远大于被测电路的阻抗

(C)电压表串联在被测电路中,内阻远小于被测电路的阻抗

(D)电压表串联在被测电路中,内阻远大于被测电路的阻抗

82. 有关电流表的使用描述中正确的是(   )。

(A)电流表并联在被测电路两端,内阻远小于被测电路的阻抗

(B)电流表并联在被测电路两端,内阻远大于被测电路的阻抗

(C)电流表串联在被测电路中,内阻远小于被测电路的阻抗

(D)电流表串联在被测电路中,内阻远大于被测电路的阻抗

83. 有关数字万用表的描述中错误的是(   )。

(A)测量前若无法估计测量值,应先使用最高量程进行测量

(B)数字万用表无读数误差,模拟万用表有读数误差

(C)数字万用表测量精度一般高于模拟万用表

(D)使用数字万用表可以在电路带电的情况下测电阻,使用模拟万用表时禁止这样做

84. 电流,电荷,电压,电动势的国际单位名称分别是(   )。

(A)安培,韦伯,伏特,焦耳   (B)安培,韦伯,伏特,瓦特

(C)安培,库仑,伏特,伏特   (D)安培,库仑,伏特,焦耳

85. 用普通万用表测高电阻回路的电压,会引起较大的测量误差,这种误差称为(　　)。

(A)方法误差　　　　(B)仪器误差　　　　(C)环境误差　　　　(D)人为误差

86. 用万用表 1 K 欧姆挡测量实际值为 500 欧姆的电阻,测量值为 501 欧姆,则引用误差为(　　)。

(A)1 欧姆　　　　(B)0.1%　　　　(C)0.2%　　　　(D)0.25%

87. 数字表是利用(　　)转换,以数字形式来显示被测量的量。

(A)交流—直流　　(B)直流—交流　　(C)模拟—数字　　(D)数字—模拟

88. 有一只磁电系表头,满偏电流为 500 uA,内阻为 200 Ω。若需利用该表头测量 100 A 的电流,应选(　　)规格的外附分流器。

(A)150 A 100 MV　(B)100 A 100 mV　(C)100 A 0.001 Ω　(D)150 A 0.001 Ω

89. 下面不属于数字表的优点的是(　　)。

(A)精确度高　　　　(B)灵敏度高　　　　(C)数字显示　　　　(D)测量范围广

90. 数字式万用表测量交流电压和交流电流不需采用(　　)转换器。

(A)线性 AC-DC　　(B)I-U　　　　(C)A/D　　　　(D)D/A

91. 电子仪器仪表的生产焊接中,一般选用(　　)焊料。

(A)铜焊料　　　　(B)银焊料　　　　(C)锡铅焊料　　　　(D)硬焊料

92. 电压表与电路的连接方式是(　　)。

(A)并联在电源两极端　　　　　　　　(B)并联在被测电路两端

(C)串联在电源两极端　　　　　　　　(D)串联在被测电路两端

93. 数字表是利用(　　)转换,以数字形式来显示被测量的量。

(A)交流—直流　　(B)直流—交流　　(C)模拟—数字　　(D)数字—模拟

94. 数字频率表的结构主要由五部分组成:放大整形电路,控制门,计数显示,分频器和(　　)。

(A)整流电路　　　　(B)晶体振荡器　　(C)钳位电路　　　　(D)比较电路

95. 下面(　　)不是串联电路的特点。

(A)电流处处相同　　　　　　　　　　(B)总电压等于各段电压之和

(C)总电阻等于各电阻之和　　　　　　(D)各个支路电压相等

96. 下面(　　)不是并联电路的特点。

(A)加在各并联支路两端的电压相等

(B)电路内的总电流等于各分支电路的电流之和

(C)并联电阻越多,则总电阻越小,且其值小于任一支路的电阻值

(D)电流处处相等

97. 欲将方波电压转换成三角波电压,应选用(　　)运算电路。

(A)比例　　　　　　(B)加减　　　　　　(C)积分　　　　　　(D)微分

98. 当正弦电压加在一个纯电阻电路上时,则在任何瞬间电压和电流之间的关系(　　)。

(A)成正比　　　　(B)成反比　　　　(C)无任何关系　　(D)相同

99. RL 电路过渡过程中的时间常数是(　　)。

(A)LR　　　　　(B)LR^2　　　　(C)L^2R　　　　(D)L/R

100. 已知一频率的精确值为 1 000 Hz,用仪器测得其频率为 10 010 Hz,则测量的绝对误

差(　　)。

(A)10 Hz　　　　　　(B)0 Hz　　　　　　(C)−10 Hz　　　　　　(D)100 Hz

101. 有一电源变压器的初次级线圈绕制比是 10:1,该变压器是用作(　　)。

(A)升压　　　　　　(B)降压　　　　　　(C)稳压　　　　　　(D)稳电流

102. 交流电通过整流二极管后输出的是(　　)。

(A)尖脉冲波　　　　(B)方波　　　　　　(C)三角波　　　　　(D)锯齿波

103. 已知 CW7805 的稳压输出为正 5 V,为使稳压稳定输出应保证输入与输出的压差大于(　　)。

(A)3 V　　　　　　　(B)1 V　　　　　　　(C)2 V　　　　　　　(D)0 V

104. 万用电表的电压灵敏度越高,测量电压的误差(　　)。

(A)越大　　　　　　(B)越小　　　　　　(C)相同　　　　　　(D)无法确定

105. 功率因数是交流电路中电压与电流之间相位差的(　　)。

(A)正弦　　　　　　(B)正切　　　　　　(C)余弦　　　　　　(D)余切

106. 有无照射时光敏电阻器电阻值(　　)。

(A)增大　　　　　　(B)减小　　　　　　(C)不变　　　　　　(D)不确定

107. 理想电压源两端的电压是(　　)。

(A)0　　　　　　　　(B)无穷大　　　　　(C)任意的　　　　　(D)220 V

108. 几个同频率的正弦交流电,如果它们的初相位差 180°,就叫做(　　)。

(A)同相　　　　　　(B)反向　　　　　　(C)正值　　　　　　(D)负值

109. 将两个静电容量均为 10(μF)的电容器相并联,则总容量为(　　)μF。

(A)10　　　　　　　(B)20　　　　　　　(C)5　　　　　　　　(D)30

110. 如果电能用千瓦/小时(kW·H)表示,则 1 kWh=(　　)J。

(A)$3.6×10^3$　　　　(B)$3.6×10^4$　　　　(C)$3.6×10^5$　　　　(D)$3.6×10^6$

111. 把 100 V、200 W 的灯泡甲同 100 V、100 W 的灯泡乙串联起来,加上 200 V 的电压时,则(　　)灯亮。

(A)甲　　　　　　　(B)乙　　　　　　　(C)都不亮　　　　　(D)相同亮度

112. 我国交流电的频率是 50 周/秒,即每秒钟电流方向改变了(　　)。

(A)100 次　　　　　(B)50 次　　　　　　(C)150 次　　　　　(D)200 次

113. 一电压表头指针不在起始位置,用该表头测量其电压引的误差是(　　)。

(A)工具误差　　　　(B)方法误差　　　　(C)人为误差　　　　(D)环境误差

114. 有一电压表头,需扩大其量程应采用(　　)。

(A)分流方式　　　　(B)分压方式　　　　(C)并联电阻　　　　(D)串、并联电阻

115. 流过同样的电流,横截面积越小的导线所产生的热量(　　)。

(A)越多　　　　　　(B)越小　　　　　　(C)越稳　　　　　　(D)越快

116. 任何一盏灯的开关,都不应该影响其他电灯,所以各盏灯都应该是(　　)。

(A)串联　　　　　　(B)并联　　　　　　(C)混联　　　　　　(D)随意联

117. 具有良好的的隔热、隔音性能,良好的绝缘性能和抗震性能,容积重小,容易加工,应用广泛,这种物质应该是(　　)。

(A)钢材　　　　　　(B)木材　　　　　　(C)塑料　　　　　　(D)橡胶

118. 工厂施工中的安全电压为(　　)。

(A)48 V　　　　　(B)36 V　　　　　(C)24 V　　　　　(D)110 V

119. 当开关接通时,电路内产生电流,负载正常工作,此电路称为(　　)。

(A)通路　　　　　(B)开路　　　　　(C)短路　　　　　(D)断路

120. 三相交流电三个电动势的最大值相等,角频率相同,三者之间的相位差相同,互为(　　)。

(A)90°　　　　　(B)120°　　　　　(C)150°　　　　　(D)180°

121. 三相交流发电机中星形联接时,线电压与相电压的关系是(　　)。

(A)$U_{线}=U_{相}$　　(B)$U_{线}=3U_{相}$　　(C)$U_{线}=2U_{相}$　　(D)$U_{线}=\sqrt{3}U_{相}$

122. 聚氯乙烯绝缘双根平行软线是用来作为交直流额定电压为(　　)及以下移动电具,吊灯的电源连接导线。

(A)500 V　　　　(B)250 V　　　　(C)220 V　　　　(D)380 V

123. 高碳钢常用来产生磁电系仪表测量机构中的工作磁场,它属于(　　)材料。

(A)金属永磁　　　(B)铁氧体磁性　　(C)半永磁　　　　(D)铁氧体永磁

124. 数字电压表的输入阻抗很高,其基本量程一般可达到(　　)以上。

(A)1 000 kΩ　　(B)5 000 kΩ　　(C)1 000 MΩ　　(D)5 000 MΩ

125. 数字电压表的灵敏度很高,一般可达到(　　)。

(A)1 mV　　　　(B)1 μV　　　　(C)2 mV　　　　(D)2 μV

126. 直流单臂电桥测量电阻的下限范围一般都规定在(　　)以上。

(A)1 Ω　　　　　(B)100 Ω　　　　(C)10 Ω　　　　　(D)5 Ω

127. 对第一个测量盘的步进电压 ΔU_1(　　)V 的直流电流差计称为低电势电位差计

(A)≤0.01　　　(B)≤0.1　　　　(C)≤0.001　　　(D)≤0.002

128. 交流电能表的基本误差是以(　　)表示的。

(A)相对误差　　　(B)引用误差　　　(C)绝对误差　　　(D)标准偏差

129. 功率因数 cosϕ 是(　　)之比

(A)视在功率与有功功率　　　　　　(B)功功功率与视在功率

(C)有功功率与视在功率　　　　　　(D)视在功率与无功功率

130. 有甲、乙两只电感线圈,甲电感大于乙电感,已知它们所产生的磁通相等,所以甲线圈所通过的电流 $I_{甲}$ 与乙线圈中通过的电流 $I_{乙}$ 的关系是(　　)。

(A)$I_{甲}>I_{乙}$　　(B)$I_{甲}<I_{乙}$　　(C)$I_{甲}=I_{乙}$　　(D)$I_{甲}=2I_{乙}$

131. 一块采用半波整流电路的万用表,在测量交流时,若其表头灵敏度为 1 mA,则其实际输入交流有效值为(　　)时,表头才可达到满偏转。

(A)1 mA　　　　(B)0.9 mA　　　(C)2.272 mA　　(D)0.45 mA

132. 万用表的欧姆挡是一种受电源电压变化影响的磁电系欧姆表,但不同的是它的补偿电源变化的线路采用的是改变(　　)两端的可变电阻的方法。

(A)并联在表头　　(B)串联在表头　　(C)并联在电源　　(D)串联在电源

133. 在三相完全对称的电路里,可用两只单相有功电能表测量三相无功电能,当采用人工中性点法接线时,其测量结果为两只单相有功电能表(　　)之和。

(A)乘上$\sqrt{3}$　　　　(B)之和乘上$\dfrac{\sqrt{3}}{2}$　　　(C)之和乘上3　　　(D)之和乘上$\dfrac{2}{\sqrt{3}}$

134. 万用表电流挡示值误差的检定方法一般是采用数字式三用表校验仪作为标准的方法或采用(　　)。

(A)直流补偿法　　(B)数字电压表法　　(C)直接比较法　　(D)交直流比较法

135. 万用表欧姆挡的全检量限可只检中心阻值左右两边各(　　)的弧长或测量范围内带数字的分度线。

(A)20%　　　　(B)10%　　　　(C)35%　　　　(D)25%

136. 万用表欧姆挡的非全检量限可只检(　　)电阻的分度线。

(A)上限

(B)中值

(C)下限

(D)上限和可以判定最大误差

137. 万用表的表头是采用(　　)仪表的测量机构做成的。

(A)电磁系　　　　(B)整流系　　　　(C)磁电系　　　　(D)电动系

138. 万用表在作为电压表使用时,其内阻参数数值越大,对被测线路工作状态(　　)。

(A)影响越大　　(B)影响越小　　(C)无直接关系　　(D)变得越差

139. 当具有全波整流电路的万用电表,选择量程种类开关,置交流电压 100 V 量程时,测量 100 V 直流电压,此时仪表的读数应是(　　)。

(A)0 V　　　　(B)100 V　　　　(C)111 V　　　　(D)70.7 V

140. 绝缘电阻表测量机构采用流比计,主要是为了消除(　　)对测量产生的误差。

(A)线路电阻　　(B)电压变化　　(C)电流变化　　(D)反作用力矩

141. 兆欧表在进行表头线圈组装接线时,应将小铝框交叉套入大铝框,再将定角的铝夹具,放在大线圈上面,并调整两线框的夹角为(　　)。

(A)60°　　　　(B)30°　　　　(C)50°　　　　(D)45°

142. 兆欧表在进行表头线圈组装接线时,指针与小铝框的夹角为(　　)。

(A)50°　　　　(B)30°　　　　(C)60°　　　　(D)45°

143. 单相电能表测量机构是由(　　)组成的。

(A)一组测量元件　(B)两组测量元件　(C)三组测量元件　(D)四组测量元件

144. 电能表电压和电流元件在组装时应与转盘平行,对称,其距离间隙应不大于(　　)。

(A)2 mm±0.5 mm　(B)4 mm±0.2 mm　(C)5 mm±0.5 mm　(D)3 mm±0.1 mm

145. 用直流电位差计测量电压时,为使电位差计的工作电流校正准确度较高,一般来说 0.02 级电位差计应配用(　　)级的标准电池。

(A)0.01　　　　(B)0.002　　　　(C)0.005　　　　(D)0.02

146. 国产 QS1 型交流电桥是采用(　　)电桥原理线路设计的,其测量电容时的最大相对误差为±5%。

(A)西林　　　　(B)文式　　　　(C)电阻比　　　　(D)欧文

147. 一般大、中型安装式仪表或准确度较低的仪表,其指针多为(　　)。

(A)刀形　　　　(B)予形　　　　(C)丝形　　　　(D)光标

148. 对一块 0.5 级电压表的平衡误差进行调整后,应对其做(　　)的检定。

(A)功率因数影响　(B)电压试验　　(C)绝缘电阻　　(D)位置影响

149. 测量电压表的绝缘电阻是对其施加约(　　)电压后,1 min 测得的绝缘电阻。

(A)220 V 交流　　　　(B)380 V 直流　　　　(C)500 V 交流　　　　(D)500 V 直流

150. 对电流表进行偏离零位误差检定,应在测量(　　)进行。

(A)基本误差检定之后　　　　　　　　　(B)全检量限基本误差之前

(C)全检量限基本误差之后　　　　　　　(D)升降变差之后

151. 万用表电流,电压量限基本误差的检定方法,是应按照(　　)仪表的检定方法进行。

(A)多量限　　　　　　　　　　　　　　(B)公用一个标度尺的多量限

(C)不公共一个标度尺的多量限　　　　　(D)单量限

152. 绝缘电阻表的开路电压,应在额定电压的(　　)范围内。

(A)85%～100%　　(B)90%～110%　　(C)95%～105%　　(D)95%～115%

153. 在交流电能表检定装置上配用多量程标准电流、电压互感器,主要目的是为了(　　)。

(A)检表方便

(B)隔离高压

(C)改变量程,使标准表在满量程下工作,保证装置准确度

(D)调节时相互影响小

154. 交流电能表检定装置中,设置相位平衡调节装置,目的是为了(　　)。

(A)调节功率因数　　　　　　　　　　　(B)调节三上系统的对称性

(C)改变功率表的级性　　　　　　　　　(D)提高相位调节的稳定性

155. 当磁电系仪表指针与动圈夹角改变时,会造成仪表(　　)。

(A)刻度特性误差　　(B)可动部分卡滞　　(C)指示不稳定　　(D)变差大

156. 在 C4 型电压表动圈重绕后,仪表还略有误差,可适当微调(　　)。

(A)与动圈串联的锰铜电阻　　　　　　　(B)与动圈并联的电阻

(C)与动圈串联的铜电阻　　　　　　　　(D)细调磁分路

157. 对于 C4 型电流表,在调好线路电流后,如果各量程满度值误差率是一致的,说明与分路并联的分流电阻是(　　)。

(A)不好的　　　　　(B)好的　　　　　(C)断路的　　　　　(D)短路的

158. 电能表电压铁芯和电流铁芯右边间隙太小会造成电能表(　　)。

(A)正潜动很快超过一周　　　　　　　　(B)反潜动很快,超过一周

(C)轻载表慢　　　　　　　　　　　　　(D)轻载表快

159. 万用表直流电流测量各量程误差无一致性,而且相差较大,原因是(　　)。

(A)与表头并联的公共分流电阻过大　　　(B)与表头并联的公共分流电阻过小

(C)表头灵敏度过高　　　　　　　　　　(D)各挡分流电阻不准确

160. 万用表直流电压测量电路某一量程不工作,其他量程都工作原因是(　　)。

(A)表头公用电路部分用于改变电压测量电路灵敏度的分流电阻短路

(B)串联共用的最低量程倍压电阻断路

(C)该量程的倍压电阻的连线断线

(D)表头分流电阻功率不足,焊接不良

161. 兆欧表在额定电压下断开"E""L"接线柱,若仪表指针指不到∞时,应(　　)的电阻。

(A)增加电压回路　　　(B)增加电流回路　　　(C)减少电压回路　　　(D)减少电流回路

162. 有无穷大平衡线圈的兆欧表,如果该线圈短路或断路,会造成兆欧表(　　　)。

(A)指针指不到∞位置　　　　　　　　　(B)指针超出∞位置

(C)指针指不到零位　　　　　　　　　　(D)指针转动不灵活

163. 兆欧表电流回路电阻值变小,会造成指针(　　　)。

(A)超过零位　　　(B)指不到零位　　　(C)超过∞位　　　(D)指不到∞位

164. 三相无功功率表的最大基本误差是用(　　　)误差表示的。

(A)绝对　　　　　(B)引用　　　　　(C)相对　　　　　(D)平均值

165. 有一块标度尺为 100 分格,量程为 10 A 的 0.2 级电流表,其检定结果修正值应为(　　　)的整数倍。

(A)1　　　　　　(B)2　　　　　　(C)5　　　　　　(D)10

166. 准确度等级为 2 级的三相有功电能表,其相对误差末位数的化整间距为(　　　)。

(A)0.5　　　　　(B)0.1　　　　　(C)0.2　　　　　(D)0.02

167. 被检绝缘电阻表的最大基本误差的计算数据,应按规则进行修约,其修约间隔为允许误差限值的(　　　)。

(A)1/10　　　　　(B)1/5　　　　　(C)1/3　　　　　(D)1/4

168. 万用表检定装置的测量重复性是用(　　　)表示的。

(A)相对误差　　　(B)引用误差　　　(C)标准偏差　　　(D)绝对误差

169. 下面选项中对工艺文件编制原则叙述不正确的是(　　　)。

(A)编制工艺文件要考虑到车间的组织形式、工艺装备工人的技能水平

(B)工艺文件应以技术参数为主,从而保证产品的质量

(C)凡属装配工应知应会的基本工艺规范内容,不要再编入工艺文件

(D)对未定型的产品,也可编制临时性工艺文件或编写部分必要的工艺文件

170. 下列选项中,对调试中应注意的问题描述不正确的是(　　　)。

(A)接通电源后,手不可脱离电源开关,同时观察机内有无打火、冒烟等异常现象

(B)调试中,应做好绝缘保护,避免人体与带电部位直接接触

(C)在使用和调试 CMOS 电路时应佩戴防静电手环,如果没有采取静电防护措施,切断电源即可

(D)离开现场之前,必须关掉所有仪器设备的电源

171. 仪器仪表装配可分为三个阶段,下面哪个不是(　　　)。

(A)装配准备　　　(B)部件装配　　　(C)整机装配　　　(D)单板调试

172. 为确保电子产品有良好的一致性、通用性和(　　　)而制定工艺标准。

(A)相符性　　　　(B)可靠性　　　　(C)稳定性　　　　(D)使用性

173. 不属于岗位质量措施与责任的是(　　　)。

(A)明白企业的质量方针

(B)岗位工作要按照工艺规程的规定进行

(C)明确不同班次之间相应的质量问题的责任

(D)明确岗位工作的质量标准

174. 执行安全操作规程最重要的做法是(　　　)。

(A)重要部位管理制度要经常修订做到有指导性

(B)把安全操作规章制度挂在墙上,写在本子上

(C)对操作人员进行针对性强的安全培训

(D)把安全操作规程具体落实到工作实际中,做到有章可循,违章必究

175.　不违反安全操作规程的是(　　)。

(A)不按标准工艺生产　　　　　　　　(B)自己制订生产工艺

(C)使用不熟悉的机床　　　　　　　　(D)执行国家劳动保护政策

176.　对从事接触职业病危害的作业的劳动者,用人单位应当按照国务院卫生行政部门的规定组织(　　)的职业健康检查,并将检查结果如实告知劳动者。

(A)上岗前　　　　　　　　　　　　　(B)离岗时

(C)上岗前、在岗期间和离岗时　　　　(D)在岗期间

177.　IRIS 对整个铁路行业的益处不包括(　　)。

(A)全行业统一规范的质量管理

(B)有利于提高整个行业的质量水平和效率

(C)有利于降低供应链的风险

(D)可以提高公司知名度

178.　未经(　　)批准,不得制造、销售和进口国务院规定废除的非法定计量单位的计量器具和国务院禁止使用的其他计量器具。

(A)国务院计量行政部门　　　　　　　(B)有关人民政府计量行政部门

(C)县级以上人民政府计量行政部门　　(D)省级以上人民政府计量行政部门

179.　我国《计量法实施细则》规定,(　　)计量行政部门依法设置的计量检定机构,为国家法定计量检定机构。

(A)国务院　　　　　　　　　　　　　(B)省级以上人民政府

(C)有关人民政府　　　　　　　　　　(D)县级以上人民政府

180.　计量器具在检定周期内抽检不合格的(　　)。

(A)由检定单位出具检定结果通知书　　(B)由检定单位出具测试结果通知书

(C)由检定单位出具计量器具封存单　　(D)应注销原检定证书或检定合格印证

三、多项选择题

1.　中国北车股份有限公司人才强企战略是(　　)。

(A)坚持以人为本　　　　　　　　　　(B)坚持"实力、活力、凝聚力"的团队建设

(C)坚持尊重知识、尊重人才　　　　　(D)尊重人才成长规律

2.　中国北车核心价值观是(　　)。

(A)诚信为本　　　　(B)创新为魂　　　　(C)崇尚行动　　　　(D)勇于进取

3.　具有高度责任心要求做到(　　)。

(A)方便群众,注重形象　　　　　　　(B)责任心强,不辞辛苦

(C)尽职尽责　　　　　　　　　　　　(D)工作精益求精

4.　以下说法正确的是(　　)。

(A)企业的利益就是职工的利益

(B)每一名劳动者，都应坚决反对玩忽职守的渎职行为

(C)为人民服务是社会主义的基本职业道德的核心

(D)勤俭节约是劳动者的美德

5. 游标卡尺的主要功能是（　　）。

(A)外径测量　　　　　(B)内径测量　　　　　(C)台阶测量　　　　　(D)深度测量

6. 身在企业应自觉做到（　　）。

(A)情系企业　　　　　　　　　　　　(B)奉献企业

(C)与企业精诚合作　　　　　　　　　(D)与自己无关的事不予理会

7. 服务群众的基本要求有（　　）。

(A)要热情周到　　　　　　　　　　　(B)要满足需要

(C)要有高超的服务技能　　　　　　　(D)要以自己的利益为先

8. 螺纹按牙型分为（　　）。

(A)梯形螺纹　　　　　(B)三角形螺纹　　　　　(C)半圆形螺纹　　　　　(D)圆锥螺纹

9. 常见的防松装置有（　　）。

(A)双螺母防松　　　　　　　　　　　(B)弹簧垫圈防松

(C)开口销与带槽螺母防松　　　　　　(D)串联钢丝防松

10. 素质是指人在先天禀赋的基础上通过教育和环境的影响而形成和发展起来的比较稳定的基本品质。它包括（　　）。

(A)心理素质　　　　　(B)自然生理素质　　　　(C)社会文化素质　　　　(D)先天素质

11. 在推行 ISO9000 在实施时的注意事项有哪几项（　　）。

(A)有法可依、有法必依　　　　　　　(B)执法必严

(C)违法必究　　　　　　　　　　　　(D)有据可查

12. 质量管理体系文件可分为（　　）。

(A)质量手册　　　　　(B)质量程序　　　　　　(C)指导文件　　　　　(D)记录

13. ISO9000：2000 系列标准包含（　　）。

(A)ISO9000　　　　　(B)ISO9001　　　　　　(C)ISO9004　　　　　(D)ISO9003

14. 下列有关安全用电的说法正确的是（　　）。

(A)国标规定，地线的接地电阻应小于 4 Ω　　　(B)安全电压额定值的等级为 5 级

(C)人体触电分为电击与电伤两种　　　(D)不同的环境对安全电压的要求不同

15. 下列选项中，对仪器仪表维护描述完全正确的是（　　）。

(A)使用电子仪器对被测量数据进行测量时，首先要选用相对精度、测量范围和等级合适的仪器

(B)电子仪器在使用前，应详细阅读仪器的技术说明书和使用方法，切忌盲目操作

(C)接通电源前，应先检查仪器的量程、功能、极性等相关旋钮，是否有松动、错位等现象

(D)接通电源后，要按使用说明要求的时间完成仪器的预热

16. 下列选项中，对专业技术标准描述正确的是（　　）。

(A)IEC 是国际电工委员会的英文缩写，国际电工委员会是国际上具有权威性的组织，所以 IEC 标准是最高标准

(B)GB 是国家标准的缩写，它的制定主要是参照 IEC 标准和其他先进国家的标准制定的

(C)行业标准是参照国家标准和自己行业的具体要求制定的,部分条款指标可以低于国标的要求

(D)制定企业标准主要是为新产品的初级阶段的生产提高依据,有待发展完善

17. 下列选项叙述中,对量值描述正确的是(　　　)。

(A)量的真值是个理想概念,不可能测量完全准确,因为所有计量器具都有误差

(B)计量基准具有保存、复现和传递计量单位值三种功能

(C)一个国家来说,每一个量值传递系统,允许有一个或几个国家计量基准

(D)量值传递是统一计量器具的重要手段,是保证计量结果准确可靠的基础

18. 下列选项中,对操作安全叙述正确的是(　　　)。

(A)高压电路或大型电路或产品通电检测时,必须有 2 人以上才能进行

(B)断开电源开关不等于断开了电源,只有不通电才等于不带电

(C)电气设备和材料的安全工作寿命是有限的

(D)工作台及工作场地应铺绝缘胶垫,调试高压电路应穿绝缘鞋

19. 下列选项中对常用图纸的功能,描述正确的是(　　　)。

(A)零件图是表示零、部件形状、尺寸、所用材料、标称公差及其他技术要求的图样

(B)装配图是表示产品组成部分相互连接关系的图样

(C)接线图是详细说明电子元器件相互之间、电子元器件与单元电路之间、产品组件之间的连接关系,以及电路各部分电气工作原理的图形

(D)印制电路板组装图使用来表示各种元器件在实际电路板上的具体方位、大小及各元器件与印制板的连接关系的图样

20. 测量误差包括(　　　)。

(A)绝对误差　　　　(B)相对误差　　　　(C)引用误差　　　　(D)示值误差

21. 运算单元包括(　　　)。

(A)乘法器　　　　(B)加法器　　　　(C)开方器　　　　(D)平方器

22. 以下哪几个是线性尺寸的一般公差等级(　　　)。

(A)精密级　　　　(B)中等级　　　　(C)粗糙级　　　　(D)最粗级

23. 以下选项中哪些为机械产品的装配方法(　　　)。

(A)完全互换法　　　(B)选配法　　　　(C)调整法　　　　(D)修配法

24. 以下单位换算正确的是(　　　)。

(A)1 平方分米=100 平方厘米　　　　(B)1 英寸=25.4 毫米

(C)1 千米=1 000 米　　　　(D)1 英尺=32.48 厘米

25. 以下面积换算正确的是(　　　)。

(A)三角形高=面积×2÷底

(B)长方体表面积=(长×宽+长×高+宽×高)×2

(C)三角形的面积=底×高÷2

(D)圆锥体的体积=底面积×高÷3

26. 视图分(　　　)。

(A)基本视图　　　　(B)局部视图　　　　(C)斜视图　　　　(D)旋转视图

27. 以下电压值为安全电压的是(　　　)。

(A)24 V   (B)36 V   (C)72 V   (D)110 V

28. 以下是长度单位的有(　　)。

(A)cm   (B)km   (C)kg   (D)Nm

29. 开工前需准备(　　)。

(A)工装   (B)工艺文件及自互检卡片

(C)物料   (D)工具

30. 测量方法的总误差包括(　　)。

(A)系统误差   (B)加工误差   (C)随机误差   (D)定位偏差

31. 质量的特性包括(　　)。

(A)物质方面,如物理性能、化学成分等

(B)操作运行方面,如操作是否方便,运转是否可靠、安全等

(C)时间方面,如耐用性(使用寿命)、精度保持性、可靠性等

(D)外观方面,如外型美观大方,包装质量等

32. 形位公差分为(　　)。

(A)形状公差   (B)位置公差   (C)表面公差   (D)接触面公差

33. 公差原则分为(　　)。

(A)独立原则   (B)相关原则   (C)互换原则   (D)叠加原则

34. 下面属于位置公差的是(　　)。

(A)平行度   (B)同轴度   (C)直线度   (D)垂直度

35. 剖视图的种类可分为(　　)。

(A)全剖视图   (B)半剖视图   (C)局部剖视图   (D)放大图

36. 剖切面的种类可分为(　　)。

(A)单一剖切面   (B)几个平行的剖切面

(C)几个相交的剖切面   (D)几个独立的剖切面

37. 零件的加工精度包括(　　)。

(A)尺寸精度   (B)形状精度   (C)相互位置   (D)相对位置

38. 标准公差系列包含(　　)。

(A)公差等级   (B)公差单位   (C)基本尺寸段   (D)公差范围

39. 公差带是由(　　)决定的。

(A)基本偏差   (B)公差等级   (C)公差单位   (D)公差数值

40. 三视图的形成原理,即先取三个相互垂直的平面构成一个三投影面体系。这三个投影面分别为(　　)。

(A)正投影面 V   (B)水平投影面 H   (C)侧投影面 W   (D)底投影面 Y

41. 投影法的种类有(　　)。

(A)主投影法   (B)侧投影法   (C)斜投影法   (D)正投影法

42. 轴测图常用的有(　　)。

(A)正轴测图   (B)斜轴测图   (C)主轴测图   (D)侧轴测图

43. 一张完整的零件图中包括的内容有(　　)。

(A)一组图形   (B)全部尺寸   (C)技术要求   (D)标题栏

44. 以下公差为位置公差的是(　　)。
(A)定向公差　　　　(B)形状公差　　　　(C)定位公差　　　　(D)跳动公差

45. 为了满足图样的要求,零件在装配中必须达到的要求有(　　)。
(A)以正确的顺序进行安装　　　　(B)按图样规定的方法进行安装
(C)按图样规定的位置进行安装　　　(D)按规定的方向进行安装

46. 关于"旋转视图",下列说法正确的是(　　)。
(A)倾斜部分需先旋转后投影,投影要反映倾斜部分的实际长度
(B)旋转视图仅适用于表达所有倾斜结构的实形
(C)旋转视图不加任何标注
(D)假想将机件的倾斜部分旋转到与某一选定的基本投影面平行后再向该投影面投影所得的视图称为旋转视图

47. 根据用途和特点,量具的类型有(　　)。
(A)辅助量具　　　(B)万能量具　　　(C)专用量具　　　(D)标准量具

48. 符合安全用电措施的是(　　)。
(A)火线必须进开关　　　　(B)合理选择照明电压
(C)合理选择导线和熔丝　　　(D)移动电器不须接地保护

49. 导线电阻的大小主要决定于(　　)。
(A)导体的材料　　　(B)横截面积　　　(C)长度　　　(D)硬度

50. 滤波器是由以下哪些元件组成(　　)。
(A)电感　　　(B)电容　　　(C)电阻　　　(D)电压

51. 常用的直流稳压电源一般由以下哪几部分组成(　　)。
(A)电源变压器　　　(B)整流电路　　　(C)滤波电路　　　(D)稳压电路

52. 关于三极管的叙述正确的是(　　)。
(A)三极管的三个极电流总满足 $I_E=I_B+I_C$
(B)三极管仅具有电流放大作用
(C)三极管不仅具有电流放大作用,还具有开关作用
(D)三极管具有两个 PN 结

53. 下列选项中,属于电子产品通电调试阶段所包含的内容是(　　)。
(A)电源的正负极是否接反了,有无短路现象,电源线、地线是否接触可靠
(B)通电观察
(C)静态测试
(D)动态测试

54. 下列选项中,属于工件专用夹具的基本要求是(　　)。
(A)能保证工件的加工精度
(B)结构简单、合理,便于加工、装配、检验和维修
(C)操作简单、省力、安全可靠
(D)经济性好

55. 关于保险丝(即熔丝)的不正确说法是(　　)。
(A)只要在线路中安装保险丝,不论其规格如何都能起保险作用

(B)选择额定电流小的保险丝总是有利无弊的

(C)只有选用适当规格的保险丝,才能既保证电路工作又起保险作用

(D)可用同样粗细的钢丝来代替铅锑保险丝

56.下列叙述正确的是(　　)。

(A)交流电是指大小不断变化的电量

(B)交流电是指大小和方向不断变化的电量

(C)交流电是指按正弦规律变化的电量

(D)工业常用的交流电是正弦交流电

57.下列哪些是衡量直流稳压电源质量的指标(　　)。

(A)稳压系数　　　　　　　　　　　　(B)输出电阻

(C)纹波电压　　　　　　　　　　　　(D)输出电压的调节范围

58.下列有关数字万用表的叙述正确的是(　　)。

(A)数字万用表基本表为数字式电压表

(B)5位数字万用表最大显示数字为 99 999

(C)测量精度与模拟表差不多

(D)数字万用表由基本表、测量线路和量程转换开关组成

59.下列指标中属于电子仪器的技术指标的是(　　)。

(A)耐压　　　　(B)误差　　　　(C)稳定度　　　　(D)电源波动

60.扭矩扳手的设定值为 100 N·m。扭矩测试仪上中的实测值为(　　)都是在允许的公差范围内的。

(A)97 N·m　　　(B)102 N·m　　　(C)98 N·m　　　(D)100 N·m

61.扭矩扳手使用要求(　　)。

(A)扭矩扳手能作为拆卸工具,不能敲打、磕碰或作它用

(B)扭矩扳手在每天使用后,将扭矩值调整至最小值,以保证其准确度及使用寿命

(C)扭矩扳手长时间未使用时,在使用前或检定前应先预加载几次,使润滑油均匀流遍扭矩扳手的内部机构

(D)所施加的扭矩值在扭矩扳手的范围内

62.使用力矩扳手应注意的问题有(　　)。

(A)力矩扳手与被紧固的物体应平行紧固

(B)预紧固时可用棘轮扳手快速地进行,但最终紧固时必须用力矩扳手

(C)力矩扳手是专用扳手,可以反方向使用

(D)在紧固力矩达到规定数值时会发出"咯嚓"一声,即可停止紧固

63.具有储能功能的电子元件有(　　)。

(A)电阻　　　　(B)电感　　　　(C)三极管　　　　(D)电容

64.简单的直流电路主要由(　　)这几部分组成。

(A)电源　　　　(B)负载　　　　(C)连接导线　　　　(D)开关

65.导体的电阻与(　　)有关。

(A)电源　　　　　　　　　　　　　　(B)导体的长度

(C)导体的截面积　　　　　　　　　　(D)导体的材料性质

66. 正弦交流电的三要素是( )。

(A)最大值　　　　　(B)有效值　　　　　(C)角频率　　　　　(D)初相位

67. 可用于滤波的元器件有( )。

(A)二极管　　　　　(B)电阻　　　　　(C)电感　　　　　(D)电容

68. 在 R、L、C 串联电路中,下列情况正确的是( )。

(A)$\omega L > \omega C$,电路呈感性　　　　　(B)$\omega L = \omega C$,电路呈阻性

(C)$\omega L > \omega C$,电路呈容性　　　　　(D)$\omega C > \omega L$,电路呈容性

69. 功率因素与( )有关。

(A)有功功率　　　　(B)视在功率　　　　(C)电源的频率　　　　(D)无功功率

70. 基尔霍夫定律的公式表现形式为( )。

(A)$\sum I = 0$　　　　(B)$\sum U = IR$　　　　(C)$\sum E = IR$　　　　(D)$\sum E = 0$

71. 电阻元件的参数可用( )来表达。

(A)电阻 R　　　　(B)电感 L　　　　(C)电容 C　　　　(D)电导 G

72. 当线圈中磁通增大时,感应电流的磁方向与下列哪些情况无关( )。

(A)与原磁通方向相反　　　　　(B)与原磁通方向相同

(C)与原磁通方向无关　　　　　(D)与线圈尺寸大小有关

73. 互感系数与( )无关。

(A)电流大小　　　　　(B)电压大小

(C)电流变化率　　　　　(D)两互感绕组相对位置及其结构尺寸

74. 电磁感应过程中,回路中所产生的电动势是与( )无关的。

(A)通过回路的磁通量　　　　　(B)回路中磁通量变化率

(C)回路所包围的面积　　　　　(D)回路边长

75. 对于电阻的串并联关系不易分清的混联电路,可以采用下列( )方法。

(A)逐步简化法　　　(B)改画电路　　　(C)等电位　　　(D)约等法

76. 自感系数 L 与( )无关。

(A)电流大小　　　　　(B)电压高低

(C)电流变化率　　　　　(D)线圈结构及材料性质

77. R、L、C 并联电路处于谐振状态时,电容 C 两端的电压不等于( )。

(A)电源电压与电路品质因数 Q 的乘积　　　(B)电容器额定电压

(C)电源电压　　　　　(D)电源电压与电路品质因数 Q 的比值

78. 电感元件上电压相量和电流相量之间的关系不满足( )。

(A)同向　　　　　(B)电压超前电流 $90°$

(C)电流超前电压 $90°$　　　　　(D)反向

79. 实际的直流电压源与直流电流源之间可以变换,变换时应注意以下几点,正确的是:( )。

(A)理想的电压源与电流源之间可以等效

(B)要保持端钮的极性不变

(C)两种模型中的电阻 R_0 是相同的,但连接关系不同

(D)两种模型的等效是对外电路而言

80. 应用叠加定理来分析计算电路时,应注意以下几点,正确的是( )。

(A)叠加定理只适用于线性电路

(B)各电源单独作用时,其他电源置零

(C)叠加时要注意各电流分量的参考方向

(D)叠加定理适用于电流、电压、功率

81. 下列戴维南定理的内容表述中,正确的有( )。

(A)有源网络可以等效成一个电压源和一个电阻

(B)电压源的电压等于有源二端网络的开路电压

(C)电阻等于网络内电源置零时的入端电阻

(D)有源网络可以等效成一个电压源和一个电压

82. 多个电阻串联时,以下特性正确的是( )。

(A)总电阻为各分电阻之和 　　(B)总电压为各分电压之和

(C)总电流为各分电流之和 　　(D)总消耗功率为各分电阻的消耗功率之和

83. 多个电阻并联时,以下特性正确的是( )。

(A)总电阻为各分电阻的倒数之和 　　(B)总电压与各分电压相等

(C)总电流为各分支电流之和 　　(D)总消耗功率为各分电阻的消耗功率之和

84. 电容器形成电容电流有多种工作状态,它们是( )。

(A)充电 　　(B)放电 　　(C)稳定状态 　　(D)漏电

85. 电容器常见的故障有( )。

(A)断线 　　(B)短路 　　(C)漏电 　　(D)失效

86. 电容器的电容决定于( )三个因素。

(A)电压 　　(B)极板的正对面积

(C)极间距离 　　(D)电介质材料

87. 多个电容串联时,其特性满足( )。

(A)各电容极板上的电荷相等

(B)总电压等于各电容电压之和

(C)等效总电容的倒数等于各电容的倒数之和

(D)大电容分高电压,小电容分到低电压

88. 磁力线具有( )基本特性。

(A)磁力线是一个封闭的曲线

(B)对永磁体,在外部,磁力线由 N 极出发回到 S 极

(C)磁力线可以相交的

(D)对永磁体,在内部,磁力线由 S 极出发回到 N 极

89. 电感元件具有( )特性。

(A)$(di/dt)>0,u_L>0$,电感元件储能 　　(B)$(di/dt)<0,u_L<0$,电感元件释放能量

(C)没有电压,其储能为零 　　(D)在直流电路中,电感元件处于短路状态

90. R、L、C 电路中,其电量单位为 Ω 的有( )。

(A)电阻 R 　　(B)感抗 X_L 　　(C)容抗 X_C 　　(D)阻抗 Z

91. 负载的功率因数低,会引起( )问题。

(A)电源设备的容量过分利用　　　　　(B)电源设备的容量不能充分利用

(C)送配电线路的电能损耗增加　　　　(D)送配电线路的电压损失增加

92. R、L、C 串联电路谐振时,其特点有(　　　)。

(A)电路的阻抗为一纯电阻,功率因数等于1

(B)当电压一定时,谐振的电流为最大值

(C)谐振时的电感电压和电容电压的有效值相等,相位相反

(D)串联谐振又称电流谐振

93. 与直流电路不同,正弦电路的端电压和电流之间有相位差,因而就有(　　　)概念。

(A)瞬时功率只有正没有负　　　　　(B)出现有功功率

(C)出现无功功率　　　　　　　　　(D)出现视在功率和功率因数等

94. R、L、C 并联电路谐振时,其特点有(　　　)。

(A)电路的阻抗为一纯电阻,阻抗最大

(B)当电压一定时,谐振的电流为最小值

(C)谐振时的电感电流和电容电流近似相等,相位相反

(D)并联谐振又称电流谐振

95. 由 R、C 组成的一阶电路,其过渡过程时的电压和电流的表达式由三个要素决定,它们是(　　　)。

(A)初始值　　　　(B)稳态值　　　　(C)电阻 R 的值　　　(D)时间常数

96. 稳压管的主要参数有(　　　)等。

(A)稳定电压　　　(B)稳定电流　　　(C)最大耗散功率　　　(D)动态电阻

97. 能用于整流的半导体器件有(　　　)。

(A)二极管　　　　(B)三极管　　　　(C)晶闸管　　　(D)场效应管

98. 通电绕组在磁场中的受力不能用(　　　)判断。

(A)安培定则　　　(B)右手螺旋定则　　　(C)右手定则　　　(D)左手定则

99. 全电路欧姆定律中回路电流 I 的大小与(　　　)有关。

(A)回路中的电动势 E　　　　　　　(B)回路中的电阻 R

(C)回路中电动势 E 的内电阻 r_0　　(D)回路中电功率

100. 电位的计算实质上是电压的计算,下列说法正确的有(　　　)。

(A)电阻两端的电位是固定值

(B)电压源两端的电位差由其自身确定

(C)电流源两端的电位差由电流源之外的电路决定

(D)电位是一个相对量

101. 三相电源连接方法可分为(　　　)。

(A)星形连接　　　(B)串联连接　　　(C)三角形连接　　　(D)并联连接

102. 据楞次定律可知,线圈的电压与电流满足(　　　)关系。

(A)$(di/dt)>0$ 时,$e_L<0$　　　　　(B)$(di/dt)>0$ 时,$e_L>0$

(C)$(di/dt)<0$ 时,$e_L<0$　　　　　(D)$(di/dt)<0$ 时,$e_L>0$

103. 三相正弦交流电路中,对称三相正弦量具有(　　　)。

(A)三个频率相同　　　　　　　　　(B)三个幅值相等

(C)三个相位互差 120°　　　　　　　　　　　(D)它们的瞬时值或相量之和等于零

104. 三相正弦交流电路中,对称三相电路的结构形式有下列(　　)种。

(A)Y—△　　　　　　(B)Y—Y　　　　　　(C)△—△　　　　　　(D)△—Y

105. 变压器并联运行优点有(　　)。

(A)提高供电的可靠性

(B)根据负载大小调整参与运行变压器台数以提高运行效率

(C)随用电量的增加,分批安装新的变压器

(D)减少储备容量

106. 变频调速性能较好主要表现在(　　)。

(A)调速范围较大

(B)调速范围窄

(C)调速平滑性好,特性硬度不变,保证系统稳定运行

(D)可改善起动性能

107. 三相交流电机绕组构成的原则是(　　)。

(A)对称　　　　　　　　　　　　　　　　(B)要使气隙中磁密按正弦分布

(C)要达到一定数据指标　　　　　　　　　(D)减少储备容量

108. 交流负反馈对放大电路性能的影响有(　　)。

(A)稳定放大倍数　　　　　　　　　　　　(B)扩展通频带

(C)减小非线性失真　　　　　　　　　　　(D)抑制放大器内部的噪声与干扰

109. 在 RC 桥式正弦波振荡电路中(　　)。

(A)一定存在正反馈　　　　　　　　　　　(B)一定存在负反馈

(C)可以不存在任何反馈　　　　　　　　　(D)一定同时存在正反馈与负反馈

110. 三相交流电路中,总功率为(　　)。

(A)$P=P_a+P_b+P_c$　　　　　　　　　　(B)$P=3U_pI_p\cos\phi$

(C)$P=3u_eI_e\cos\phi$　　　　　　　　　(D)$P=3U_eI_e\mathrm{Sin}\phi$

111. 变压器并联运行最理想的条件是(　　)。

(A)各变压器必须具有相同的联结组

(B)各变压器必须有相同的额定电压及电压比

(C)各变压器必须有相同的额定电流

(D)各变压器的相电压应相等

112. 差动放大器零漂大小与(　　)有关。

(A)电路的对称性　　　(B)恒流源的性能　　　(C)温度的高低　　　(D)负载的轻重

113. 如果两个同频率正弦交流电的初相角 $\phi_1-\phi_2>0°$,以下情况错误的为(　　)。

(A)两个正弦交流电同相　　　　　　　　　(B)第一个正弦交流电超前第二个

(C)两个正弦交流电反相　　　　　　　　　(D)第二个正弦交流电超前第一个

114. 当线圈中磁通减小时,感应电流的磁通方向以下说法错误的是(　　)。

(A)与原磁通方向相反　　　　　　　　　　(B)与原磁通方向相同

(C)与原磁通方向无关　　　　　　　　　　(D)与线圈尺寸大小有关

115. 下列不是电感元件的基本工作性能是(　　)。

(A)消耗电能　　　　(B)产生电能　　　　(C)储存能量　　　　(D)传输能量

116. 在正弦交流纯电容电路中,下列形式不正确的是(　　)。

(A)$I=U\omega C$　　　(B)$I=u/\omega C$　　　(C)$I=U/\Omega C$　　　(D)$I=U/C$

117. 交流电流表或交流电压表,指示的数值不是(　　)。

(A)平均值　　　　(B)有效值　　　　(C)最大值　　　　(D)瞬时值

118. 几个电容器串联连接时,其总电容量下列说法错误的是(　　)。

(A)各串联电容量的倒数和　　　　　　(B)各串联电容量之和

(C)各串联电容量之和的倒数　　　　　(D)各串联电容量之倒数和的倒数

119. 在一定的正弦交流电压 U 作用下,由理想元件 R、L、C 组成的并联电路谐振时,关于电路的总电流的说法错误的是(　　)。

(A)无穷大　　　　　　　　　　　　(B)等于零

(C)等于非谐振状态时的总电流　　　　(D)等于电源电压 U 与电阻 R 的比值

120. 单相半波整流电路中流过二极管的正向电流的平均值与流过负载的电流平均值的关系不正确的是(　　)。

(A)两者相等　　　　　　　　　　(B)前者小于后者

(C)前者大于后者　　　　　　　　(D)前者等于后者的 1/2

121. R、L、C 串联电路处于谐振状态时,以下不是电容 C 两端的电压的是(　　)。

(A)电源电压与电路品质因数 Q 的乘积　　(B)电容器额定电压的 Q 倍

(C)无穷大　　　　　　　　　　　　(D)电源电压

122. 正弦交流电路发生串联谐振时,电路中的电流与电源电压间的相位关系不是(　　)。

(A)同相位　　　(B)反相位　　　(C)电流超前　　　(D)电流滞后

123. 正弦交流电路发生并联谐振时,电路的总电流与电源电压间的相位关系不是(　　)。

(A)反相位　　　(B)同相位　　　(C)电流滞后　　　(D)电流超前

124. 在串联电路中每个电阻上流过的电流以下错误的是(　　)。

(A)相同　　　　　　　　　　(B)靠前的电阻电流大

(C)靠后的电阻电流大　　　　(D)靠后的电阻电流小

125. 正弦交流电的三要素是(　　)。

(A)最大值　　　(B)频率　　　(C)初相角　　　(D)瞬时值

126. 两根平行载流导体,在通过同方向电流时,两导体不会出现(　　)。

(A)互相吸引　　　　　　　　(B)相互排斥

(C)没反应　　　　　　　　　(D)有时吸引、有时排斥

127. 功率因数用 $\cos\phi$ 表示,下列公式错误的为(　　)。

(A)$\cos\phi=P/Q$　(B)$\cos\phi=Q/P$　(C)$\cos\phi=Q/S$　(D)$\cos\phi=P/S$

128. 电源作 Y 形连接时,线电压 U_L 与相电压 U_{ph} 的数值关系错误的为(　　)。

(A)$U_L=\sqrt{3}U_{ph}$　(B)$U_L=2U_{ph}$　(C)$U_L=U_{ph}$　(D)$U_L=3U_{ph}$

129. 两只阻值不等的电阻并联后接入电路,对于阻值大的电阻的发热量,下列说法错误的是(　　)。

(A)大　　　　　　　　　　　　　　(B)小

(C)等于阻值小的电阻发热量　　　　(D)与其阻值大小无关

130. 由 n 只不同阻值的纯电阻组成串联电路,则其电路的总电压以下说法错误的是(　　)。

(A)任一只电阻的电压降乘以 n　　(B)各电阻电压降之和

(C)各电阻电压降之差　　　　　　　(D)各电阻电压降的倒数和

131. 晶体管符号中,箭头朝内者,表示它不是(　　)。

(A)硅管　　　(B)锗管　　　(C)NPN 管　　　(D)PNP 管

132. 磁力线、电流和作用力三者的方向是(　　)。

(A)磁力线与电流垂直　　　　　　　(B)三者相互垂直

(C)三者互相平行　　　　　　　　　(D)磁力线与电流垂直与作用力平行。

133. 对电动系测量机构的仪表,下列说法错误的是(　　)。

(A)测量机构有一组线圈　　　　　　(B)测量机构有两组线圈组成

(C)电压线圈要与负载串联　　　　　(D)电流线圈要与负载并联

134. 低频信号发生器是所有发生器中用途最广的一种,下列选项中对其用途描述正确的是(　　)。

(A)测试或检修低频放大电路

(B)可用于测量扬声器、传声器等部件的频率特性

(C)可用作高频信号发生器的外部调制信号源

(D)脉冲调制

135. 下面选项中,(　　)是基本工艺文件所包含的内容的选项。

(A)工时消耗定额　　　　　　　　　(B)零件工艺工程

(C)装配工艺过程　　　　　　　　　(D)元器件工艺表、导线及加工表等

136. 在测量带电电路时,下述测量电阻的方法,(　　)不正确。

(A)可以带电测量　　(B)不能带电测量　　(C)采用串联测量　　(D)必须先断电源

137. 电阻器的主要参数是(　　)。

(A)电阻值　　　(B)额定功率　　　(C)频率　　　(D)相位

138. 电阻器的主要作用是(　　)。

(A)截流　　　(B)限流　　　(C)升压　　　(D)降压

139. 电容器按介质分类为(　　)。

(A)气体　　　(B)固体　　　(C)液体　　　(D)绝缘体

140. 电容器按形状和结构,可分为(　　)。

(A)管形　　　(B)圆片形　　　(C)方形　　　(D)三角形

141. 电源变压器的主要参数为(　　)。

(A)电阻 R　　(B)额定功率 P　　(C)次级电压 U_2　　(D)次级电流 I_2

142. 电子示波器由下列(　　)几部分组成。

(A)示波管　　(B)扫描信号发生器　　(C)X1Y 轴放大器　　(D)电源

143. 使继电器释放的方法有(　　)几种。

(A)直接切断电源法　　(B)分压法　　　(C)电阻并联法　　(D)电源并联法

144. 三相交流电机双层绕组的优点是（　　）。

(A)可以选用最有利的节距

(B)所有线圈具有同样的形状、同样尺寸、便于生产

(C)可以组成较多的串联支路

(D)端部整齐

145. 同步电动机的起动方法有（　　）。

(A)在转子上加笼型起动绕组，进行异步起动

(B)辅助起动

(C)调频起动

(D)自动启动

146. 三相三线制测量电路总功率可以用（　　）来测量。

(A)一表法　　　　(B)二表法　　　　(C)三表法　　　　(D)四表法

147. 理想的测速元件是（　　）测速发电机。

(A)空心杯转子　　(B)交流同步　　　(C)永磁式　　　　(D)光电编码器

148. 直流电动机的启动方法（　　）。

(A)星形、三角形启动　　　　　　　　(B)全压启动

(C)电枢回路串电阻启动　　　　　　　(D)晶闸管调压启动

149. 单结晶体管具有的重要特性有（　　）。

(A)单向导电性　　(B)反向阻断性　　(C)负阻特性　　　(D)正向阻断性

150. 晶体管时间继电器通常在下列情况下选用（　　）。

(A)当电磁式、电动式或空气阻尼式时间继电器不能满足电路控制要求时

(B)当控制电路要求适时精度较高时

(C)控制回路相互协调需无触点输出时

(D)当控制电路要求电流较大时

151. 中、小型电力变压器的常见故障有（　　）。

(A)过热现象　　　(B)绕组故障　　　(C)主绝缘击穿　　(D)铁芯故障

152. 直流电动机无法启动，可能引起该故障的原因有（　　）。

(A)电源电路不通　・(B)启动时空载　　(C)励磁回路断开　(D)启动电流太小

153. 三相交流对称绕组应符合的条件为（　　）。

(A)各相绕组的导体数相同

(B)绕组的并联支路数相等

(C)每相绕组的导体在定子内圆周上均匀分布

(D)三相绕组之间在定子内周上相对位置相差 180°电角度

154. 下面对于电气简图的描述正确的是（　　）。

(A)表示导线、信号通路和连接线等图线应该采用直线，尽量减少交叉和折弯

(B)电路图和逻辑图的布局顺序，应是从左至右，从上到下地排列

(C)简图是一种示意图，在绘制简图时，要求合理布局、排列均匀、图面清晰、便于看图

(D)简图中两条连接线交叉并相连接时，必须用连接点，即使 T 型交叉没用连接点也表示
　　他们之间没有连接关系

155. 下面选项中对整件装配注意事项叙述正确的是( )。

(A)进入整件装配的零件、部件应经过检验,并确定为要求的型号、品种、规格的合格产品,或调试合格的单元功能板

(B)安装原则一般是从里到外,从上到下,从大到小,从重到轻,前道工序不影响后道工序,后道工序不改变前道工序

(C)电源线或高压线一定要连接可靠,不可受力

(D)安装的元器件、零件、部件应端正牢固。紧固后的螺钉头部应用红色胶黏剂固定,铆接的铆钉不应有偏斜、开裂、毛刺或松动现象

156. 以下说法正确的是( )。

(A)劳动关系主体双方存在管理和被管理关系

(B)劳动关系双方在维护各自经济利益的过程中,双方的地位是平等的

(C)劳动关系主体双方各自具有独立的经济利益

(D)劳动关系主体双方有统一的经济利益

157. 劳动管理法的主要内容是( )。

(A)对劳动合同进行审查　　　　　　(B)劳动管理机构的设置

(C)对劳动争议进行仲裁　　　　　　(D)劳动管理机构的职权

158. 以下哪些社会关系不属于劳动法的调整范围( )。

(A)社会救济

(B)行政机关在执行行政职务时发生的各项社会关系

(C)军人优抚

(D)劳动争议

159. 劳动者个人的权益有( )。

(A)劳动就业权　　(B)报酬请求权　　(C)休息休假权　　(D)自主择业权

160. 由于劳动法基本原则具有( ),因而具有相对的灵活性,在缺乏具体法律规定的情况下,可以运用劳动法基本原则对某些劳动关系做出解释,从而解决实际存在的而法律又未明文规定的实际问题。

(A)细节性　　　　(B)微观性　　　　(C)抽象性　　　　(D)概括性

161. 国家法定计量检定机构的计量检定人员,必须经县级以上人民政府计量行政部门( )。

(A)任命　　　　　　　　　　　　　(B)考核合格

(C)颁发任命书　　　　　　　　　　(D)取得计量检定证件

162. 对于未取得《制造计量器具许可证》《修理计量器具许可证》制造或者修理计量器具的单位或个体经营者,可以采取的行政处罚包括( )。

(A)责令停止生产　　(B)停止营业　　(C)没收违法所得　　(D)罚款

163. 国家法定计量单位包括( )。

(A)常用的市制计量单位　　　　　　(B)国际单位制计量单位

(C)国际上通用的计量单位　　　　　(D)国家选定的其他计量单位

164. 计量检定工作应当按照的原则有( )。

(A)经济合理　　(B)就地进行　　(C)就近进行　　(D)高标准

165. 县级以上人民政府计量行政部门对以下哪些用途的工作计量器具,实行强制检定(　　)。

(A)社会公用计量标准器具

(B)部门和企业、事业单位使用的最高计量标准器具

(C)用于贸易结算方面的列入强制检定目录的工作计量器具

(D)用于环境监测方面的列入强制检定目录的工作计量器具

四、判 断 题

1. 在工作中我不伤害他人就是有职业道德。(　　　)

2. 企业职工应自觉执行本企业的定额管理,严格控制成本支出。(　　　)

3. 为人民服务是社会主义的基本职业道德的核心。(　　　)

4. 所谓职业道德,就是同人们的职业活动紧密联系的符合职业特点所要求的道德准则、道德情操与道德品质的总和。(　　　)

5. 铺张浪费与定额管理无关。(　　　)

6. 每一名劳动者,都应提倡公平竞争,形成相互促进、积极向上的人际关系。(　　　)

7. 劳动合同分为固定期限劳动合同、无固定期限劳动合同和以完成一定工作任务为期限的劳动合同。(　　　)

8. 掌握必要的职业技能是完成工作的基本手段。(　　　)

9. 每一名劳动者,都应坚决反对玩忽职守的渎职行为。(　　　)

10. 搞好自己的本职工作,不需要学习与自己生活工作有关的基本法律知识。(　　　)

11. 计量法是指国家用法律、法规等对计量活动进行制约和监督的强制管理。(　　　)

12. 在电子仪器的技术指标中,只有绝缘强度是重要的安全指标,是仪器是否合格的否决指标。(　　　)

13. GB/T 19000 标准系列是我国颁布的一套强制性标准。(　　　)

14. 工艺文件是指导工人操作和用于生产、工艺管理等的各种技术文件的总称。(　　　)

15. 公差总是正值。(　　　)

16. 狭义的测量是指为了确定被测对象的个数而进行的实验过程。(　　　)

17. 绝对误差就是误差的绝对值。(　　　)

18. 同一基本尺寸的零件,公差等级越高,其对应的标准公差数值就越大。(　　　)

19. 零件尺寸公差和形位公差是一回事。(　　　)

20. 在同一张图样上,每一表面只标注一次粗糙度符号。(　　　)

21. 测量仪表的准确度等级有 0.1,0.2,0.5,1.0,1.5 等,数字越大,准确度等级越高,误差越小。(　　　)

22. 为了减少测量误差,应使被测量的数值尽可能地在仪表满量程的 2/3 以上。(　　　)

23. 在测量不确定度的评定前,要对测量数据进行异常数据判别,一旦发现有异常数据应先剔除之。(　　　)

24. 通过多次测量取平均值的方法可减弱随机误差对测量结果的影响。(　　　)

25. 周期性信号是确定性信号,非周期信号(如瞬变冲激信号)是随机信号。(　　　)

26. 从广义上说,电子测量是泛指以电子科学技术为手段而进行的测量,即以电子科学技

术理论为依据,以电子测量仪器和设备为工具,对电量和非电量进行的测量。(　　)

27. 电气制图象机械制图一样,也需要按比例绘制。(　　)

28. 在直流电路中,电源输出功率大小由负载决定。(　　)

29. 晶体三极管三个电极均可作为输入、输出端使用,所以三极管有共发射极、共基极和共集电极三种组态。(　　)

30. 测试装置的灵敏度越高,其测量范围越大。(　　)

31. 在单相整流电路中,输出的直流电压的大小与负载大小无关。(　　)

32. 同一材料导体的电阻和它的截面积成反比。(　　)

33. 无论在任何情况下,三极管都具有电流放大能力。(　　)

34. 二极管只要工作在反向击穿区,一定会被击穿。(　　)

35. 双极型晶体管是电流控制器件,单极型晶体管是电压控制器件。(　　)

36. 放大电路的输入信号波形和输出信号的波形总是反向关系。(　　)

37. 放大电路中的所有电容,起的作用都是通交隔直。(　　)

38. 采用适当的静态起始电压,可达到消除功放电路中交越失真的目的。(　　)

39. 各种比较器的输出只有两种状态。(　　)

40. 将模拟信号转换成数字信号用 A/D 转换器,将数字信号转换成模拟信号用 D/A 转换器。(　　)

41. 稳压二极管稳压电路中,限流电流可以取消。(　　)

42. 三极管放大电路中,加入 R_E 一定可以稳定输出电流。(　　)

43. 凡是有三个极的晶体管都叫做三极管。(　　)

44. 具有三个电极的场效应管,其工作原理与普通三极管相同。(　　)

45. 用导线把电源和负载连接起来,形成回路,在回路中有电流流过,称做电路,在电路中任意两点的电位差,即等于这两点之间的电势。(　　)

46. 在 RC 电路中,充放电时间的长短不仅和 RC 的大小有关,也和电压有关。(　　)

47. 在 RC 回路中,当达到充电时间 T 时,则电容上的电压即达到输入电压。(　　)

48. 在电磁线圈中,当线圈中的电流变化速度为每秒 1 安,在线圈两端产生 1 伏的感应电动势时,则这个线圈的电感量为 1 亨。(　　)

49. 电感线圈的感抗是固定不变的,如要改变感抗,则需在线圈中插入可调铁芯进行调节。(　　)

50. 在直流放大器中,因为各级间采用直接耦合的方式,所以就不可避免的要产生零漂。(　　)

51. 对于保护二极管的阻容吸收回路上的阻容元件的参数是根据经验选定的。(　　)

52. 半导体就是其导电性能介于导体和绝缘体之间的物质。(　　)

53. 共集电极放大器的特点输入电阻高,输出电阻小。(　　)

54. 由支路构成的任一闭合路径称为回路。(　　)

55. 由一个或几个元件串联组成的无分支电路叫做支路。(　　)

56. 在电路中,大小不断变化,方向不断变化的电流不是直流电。(　　)

57. 对金属导体来说,温度升高,电阻会随之变大。(　　)

58. 二极管能起检波作用由二极管特性的非线性所决定的。(　　)

59. 在室温下,硅半导体的温度略为增高,其电阻也增大。（　　）

60. 稳压管是工作在饱和状态的二极管。（　　）

61. 当仪器中的三极管损坏后,可以用场效应管代换。（　　）

62. 仪器仪表产品的技术文件分为两大类:设计文件和工艺文件。（　　）

63. 静电对计算机硬件无影响。（　　）

64. 用高级语言编制的源程序必须要翻译成机器语言代码程序才能执行。（　　）

65. 计算机的加电顺序应遵循"开机时,先主机后外设;关机时,先外设后主机。"的原则。（　　）

66. 数字电压表的固有误差由两项组成,其中仅与被测电压大小有关的误差叫读数误差,与选用量程有关的误差叫满度误差。（　　）

67. 给线性系统输入一个正弦信号,系统的输出是一个与输入同频率的正弦信号。（　　）

68. 电子示波器是时域分析的最典型仪器。（　　）

69. 可以用测量示波器测量直流电源输出电压。（　　）

70. 在选用功率表时应同时考虑表的电压量程和电流量程都不小于负载的电压和电流。（　　）

71. 通常使用的频率变换方式中,检波是把直流电压变成交流电压。（　　）

72. 选用万用表时,电流挡的内阻要求小,电压挡的内阻要求高。（　　）

73. 某待测电流约为 100 mA。现有两个电流表,分别是甲表:0.5 级、量程为 0～400 mA;乙表 1.5 级,量程为 0～100 mA。则用甲表测量误差较小。（　　）

74. 用万用表测试晶体管时,选择欧姆挡 R×10 k 挡位。（　　）

75. 交流放大器也存在零点漂移,但它被限制在本级内部。（　　）

76. 误差在 ±0.5%～±2% 范围内的电阻器为精密型电阻器,误差在 ±5%～±20% 的电阻器为普通型电阻器。（　　）

77. 固定电阻器的额定功率一般都标在电阻器上。（　　）

78. 在线圈类电感器中包括空芯线圈、磁芯线圈、可调磁芯线圈、铁芯线圈 4 大类,它们分别用在无线电通讯和直流电源中,起调谐和滤波的作用。（　　）

79. 变压器的作用就是把高压低频交流电转换成各种低压交流电。（　　）

80. 用万用表测量可能控硅的阳极与阴极间的正反向电阻和控制极与阴极间的正反向电阻,如指针不动,则说明可控硅是好的。（　　）

81. 光可控硅是利用光照强度触发的新型可控元件,其伏安特性与普通可控硅相似。（　　）

82. 光可控硅只要用可见光照的强度就可触发了。（　　）

83. 使用万用表时,不论哪种型号,其测量精度都相同。（　　）

84. 电容三点式振荡器的优点是:(1)波形好;(2)频率稳定性好;(3)振荡频率可以做得较高。缺点是调节频率不便。（　　）

85. 电感三点式振荡器的优点是:(1)容易起振;(2)调整方便。缺点是振荡波形不好。（　　）

86. 一台仪器中 W/2 的电阻器损坏,换上一只同阻值 W/8 电阻器能照常工作。（　　）

87. 普通万用表的表头是一只灵敏电流计,指针偏转的角度大小与通过的电流强度成反比。(　　)

88. 变压器、互感器等都是根据互感,原理制造出来的。(　　)

89. 光敏电阻在光的照射下电阻值变小。(　　)

90. 电位差计的开关和触点在清洗完后,应涂上一层薄薄的松节油。(　　)

91. 仪表的轴尖应采用无磁性且不易锈蚀的线材制作。(　　)

92. 数字电压表的灵敏度与分辨力两者是一致的。(　　)

93. 数字电压表的输入方式有二种,一种是二端子输入,另一种是三端子输入。(　　)

94. 直流双臂电桥的常用计算公式 $R_X = \dfrac{R \cdot R_N}{R_1}$ 是一个经验公式。(　　)

95. 直流双臂电桥的常用计算公式 $R_X = \dfrac{R \cdot R_N}{R_1}$ 是一个近似公式。(　　)

96. 单相交流电能表旋转的转数是与电路中的电能成正比的。(　　)

97. 检流计最理想的工作状态是微欠阻尼状态。(　　)

98. 检流计的最合适工作状态是临界阻尼状态。(　　)

99. 在交流电桥中,只要有两个可变参数就可以使电桥实现平衡。(　　)

100. 交流电桥可以直接用于测量交流电阻、电容、电感、互感和频率等各种参数。(　　)

101. 电流互感器的次级电路中不允许安装保险丝。(　　)

102. 线圈和电容器一样都是储能元件。(　　)

103. 交变磁通在磁性材料中不会产生损耗。(　　)

104. 当万用表测量电阻 R 为无穷大时,表头电流为零。(　　)

105. 感应系单相电能表对外有四个接线端子,接线属于标准形式,不能随意改变。(　　)

106. 万用表因准确度等级低,可以在检定前不用将其置于检定环境条件中,放置足够的时间,可以直接检定。(　　)

107. 万用表欧姆挡的非全检量限应检定测量上限和可以判定为最大误差的分度线。(　　)

108. 用标准电能表法检定电能表基本误差时,其接线系数与标准电能表的接线无关。(　　)

109. 测定电能表基本误差的试验电路是与电能表在运行现场应用时的电路是不同的。(　　)

110. 用定转测时法测量电能表基本误差时,使用转数控制装置所选定的被检电能表的计算转数一般大于用手控方式时所选定的转数。(　　)

111. 用直流补偿法测量时,被测电压的测量准确度主要取决于标准电池和电阻元件的准确度。(　　)

112. 用直流补偿法检定电压表的测量上限时,对 0.5 级仪表电位差计的第二个测量盘要有大于零的示值。(　　)

113. 万用表中使用的转换开关是一种由固定触点和活动触点组成的扭转式切换开关。(　　)

114. 万用表满偏转电流增加时,表头灵敏度也随之增强。(　　)

115. 万用表闭路抽头式直流测量电路各量限具有独立的分流电阻,它们之间互不干扰,可以分别调整。（　　）

116. 万用表在进行交流电压测量时,仪表的偏转取决于被测交流电压的平均值的大小。（　　）

117. 电能表测量机构的转动力矩与转盘的转速与正比,其制动力矩与转盘转速成反比。（　　）

118. 电能表电流元件产生的电流非工作磁通是不穿过转盘的。（　　）

119. 电能表电流元件产生的磁通都是穿过转盘的。（　　）

120. 为减少电能表本身带来的误差,要求电能表转盘灵敏度高,质量轻、电阻大。（　　）

121. 采用欧姆表法测量晶体管的漏电时,若正反两向阻值读数相同或接近一致,则说明此晶体管是合格的。（　　）

122. 采用欧姆表法测量晶体管漏电时,若正向和反向阻值都很小或为零,则此晶体管是短路的。（　　）

123. 不均匀标度尺电流、电压表的工作部分都是从零分度线开始的。（　　）

124. 当电工仪表标度尺工作部分的始点及终点与标度尺的始点及终点不重合时,应用黑圆点标于工作部分始点分度线和终点分度线处。（　　）

125. 仪表指示器的作用,主要是通过它在刻度盘上指示出被测量的值。（　　）

126. 用直流补偿法检定 0.1 级功率表时,应选用 0.005 级的标准电池。（　　）

127. 用直接补偿法检定 0.5 级电压表时,应适当选择分压箱的分压系数,只要保证经过分压箱的电压值不超过分压箱的允许电压值即可。（　　）

128. 对任何结构的电流、电压表在做正常周期检定时,都应对其做外观检查、基本误差检定、升降变差检定及偏离零位检定。（　　）

129. 当对一块 0.2 级电流表的测量机构的绝缘情况进行调整之后,除对其应做正常周期检定项目的检查外,还应对其进行耐压试验。（　　）

130. 兆欧表做周期检定时,绝缘电阻测量是必检项目。（　　）

131. 电流表、电压表和功率表测量偏离零位误差的方法是相同的。（　　）

132. 万用表欧姆挡的全检量限可以只检中心值左右两边各 35％ 的弧长内带数字的分度线。（　　）

133. 将绝缘电阻表线路端钮和接地端钮短接时,指针应指在 ∞ 位置上。（　　）

134. 测量绝缘电阻表端钮电压可采用静电电压表,其准确度不得低于 1.5 级。（　　）

135. 2 级交直流两用电流表的最大变差是以绝对误差表示的。（　　）

136. 2 级电流表的最大变差,应保留小数末位数一位(去掉百分号后的小数部分),第二位修约。（　　）

137. 一块标度尺为 75 分格,量程为 750 V 的 0.2 级电压表,在该表 60 分格点的最大允许绝对误差为 ±1.5 格。（　　）

138. 一块标度尺为 150 分格,量程为 300 V 的 0.1 级电压表,在该表 20 分格点的最大允许引用误差为 ±0.02％。（　　）

139. 一块标度尺为 75 分格,量程为 100 A 的 0.5 级电流表,在该表 50 分格点的最大允许引用误差为 ±0.5％。（　　）

140. 有一块标度尺为 100 分格,量程为 10 A 的 0.2 级电流表,其检定结果的修正值应保留小数末位数二位。(　　)

141. 一块标度尺为 150 分格,量程为 75 V、5 A 的 0.2 级功率表,在该表 70 分格点的最大允许绝对误差为±0.35 W。(　　)

142. 一块 0.5 级的有功功率表,其量程为 100 V、5 A,该表标度尺长度为 140 mm,当对其电压线路加额定电压,电流回路断开时,其指示器对零分度线的允许偏离值为 0.7 mm。(　　)

143. 交流电能表和交流功率表都是用来测量交流功率大小的,它们的基本误差都是用引用误差来表示的。(　　)

144. 电能表检定装置的测量重复性可以用示值的分散性来定量地表示。(　　)

145. 电压表检定装置的测量重复性是在相同的测量程序,相同的观测者,相同的地点,相同的条件下,使用不同的仪器,在短时间内重复测量同一被测量而得到的。(　　)

146. 三相有功功率表的最大基本误差是以标尺长度的百分数表示的。(　　)

147. 兆欧表电流线圈断路会使仪表指针指不到∞位置。(　　)

148. 万用表交流电压测量电路中最小电压量程倍压电阻断路,会使整个交流电压测量的全部量程不工作。(　　)

149. 万用表欧姆挡调零电阻与表头回路都是串联的。(　　)

150. 仪表指针经过整形后,不须经老化处理。(　　)

151. C₄ 型电压表在调整轴承轴尖的间隙时,必须拆开可动部件进行操作。(　　)

152. C₄ 型电流电压表轴尖摩损或生锈时,必须将可动部分拆开,将其取出进行修理。(　　)

153. 对 C₄ 型多量限电压表而言,用调节磁分路的方法可提高仪表灵敏度,而且不会改变线路的温度补偿条件。(　　)

154. 测定修理后 0.5 级功率表的功率因素影响,应在滞后和超前两种状态下试验。(　　)

155. 从直流单臂电桥平衡方程式可知,电桥线路达到平衡状态时,各桥臂参数之间的关系是与电源电压的大小无关,所以电源电压的大小及质量与电桥测量的结果无关。(　　)

156. 在使用双电桥测量低值电阻时,应采用四端钮接线方式,允许将电位端钮与电流端钮的引线互相混用。(　　)

157. 直流电位差计可以用来精密测量电动势、电压、电流、电阻和功率。(　　)

158. 直流电位差计是用来测量小电压值的一种仪器,它不能用来精密测量电阻值。(　　)

159. 在纯电阻正弦交流电路中,电压与电流的相位关系是反相位关系。(　　)

160. 万用表主要是由表头和转换开关组成一种整流式仪表。(　　)

161. 万用表在进行交流电压测量时,其标度尺刻度是按正弦交流电压的平均值刻度的。(　　)

162. 零件图与装配图配合使用,可用于产品的装配、检验、安装及维修中。(　　)

163. 总装过程中,不损伤元器件和零、部件,保证安装件的正确,保证产品的电性能稳定,并有足够的机械强度和连接性。(　　)

164. 电器设备未经验电,应一律视为有电,不准用手触及电器设备。（　　）

165. 在电气设备的安装线路上使用熔断器或漏电开关是保证电气安全的常用措施。（　　）

166. 由于某种原因无法按工艺文件执行,可在保证质量的前提下,编制"临时工艺卡",或者经有关部门批准更改正式工艺文件,会签后生效。（　　）

167. 用人单位对从事有职业危害作业的劳动者不用定期进行健康检查。（　　）

168. 企业职工应自觉执行本企业的定额管理,严格控制成本支出。（　　）

169. 工艺纪律是说在生产过程中,有关人员应该遵守的工艺秩序。（　　）

170. 质量方针为质量目标的建立和评价提供了框架。（　　）

171. 检定具有法制性,其对象是法制管理范围内的计量器具。（　　）

172. 计量器具新产品定型鉴定由省级法定计量检定机构进行。（　　）

173. 计量检定人员有伪造检定数据的,给予行政处分;构成犯罪的依法追究刑事责任。（　　）

174. 计量检定不必按照国家计量检定系统表进行。（　　）

175. 计量确认这一定义来源于国际标准 ISO10012—1。（　　）

176. 1985 月 9 月 6 日,第六届全国人大常委会第十二次会议讨论通过了《中华人民共和国计量法》,国家主席李先念同日发布命令正式公布,规定从 1986 年 10 月 1 日起施行。（　　）

177. 非法定计量检定机构的计量检定人员,由县级以上人民政府计量行政部门考核发证。（　　）

178. 绝缘手套,绝缘靴是用于有触电危险的场合时穿戴的电工防护用具。（　　）

179.《劳动合同法》的立法宗旨是:完善劳动合同制度,明确劳动合同双方当事人的权利和义务,保护用人单位和劳动者的合法权益,构建和发展和谐稳定的劳动关系。（　　）

180.《劳动合同法》调整的劳动关系是一种人身关系和财产关系相结合的社会关系。（　　）

五、简答题

1. 如何使用检测仪器与仪表?

2. 仪器仪表的检修一般遵循的原则?

3. 在维修电子仪器过程中,如何判断电子元件的好坏?

4. 请简述使用电气设备的安全事项。

5. 简述欧姆定律的内容及表达式。

6. 电子测量中常用了哪些参量的比较技术?

7. 什么叫补偿测量法?

8. 简述补偿测量法的优缺点。

9. 接地线为什么一般不准采用铝线?

10. 常用电器说明书包括哪些内容?

11. 常用的维修用仪器仪表有哪些?

12. 测量直流电源输出的电压时能否用毫伏表测量?

13. 现有两只稳压管,它们的稳定电压分别为 6 V 和 8 V,正向导通电压为 0.7 V,试问:若将它们串联相接,则可得到哪几种稳压值? 若将他们并联相接,则又可得到哪几种稳压值?

14. 当用电压表测量一只接在电路中的稳压管 2CW13 时,其读数为 0.7 V 左右,是什么原因? 怎样恢复正常?

15. 如果稳定 0.7 V 左右的电压,又无这样的稳压管,试问如何解决?

16. 如何用万用表判断稳压管的好坏和极性?

17. 如果用电压表测量稳压电路中稳压二极管两端的电压只有 0.7 V 左右,试说明是什么原因? 如何使它恢复正常?

18. 将下列数据化为 4 位有效数字:3.141 59;14.005;0.023 151;1 000 501。

19. 简述数字电压表的特点是什么。

20. 什么是数字电压表的基本量程?

21. 简述交流电路功率有哪几种形式。

22. 何谓比较较法检定电能表?

23. 简述单相电能表是由哪些主要部分组成的。

24. 电能表转动元件的作用原理是什么?

25. 简述仪表调零器的结构及作用。

26. 仪表止动器的作用是什么?

27. 对于 0.5 级标准电压表在做周期检定时,应做哪些项目的检定?

28. 简述电流表、电压表进行绝缘电阻试验的方法。

29. 简述电流、电压表偏离零位的测量方法。

30. 如何检测绝缘电阻表的绝缘电阻?

31. 对绝缘电阻表的绝缘电阻有何要求?

32. 影响电能表误差的外界因素主要有哪些?

33. 携带式电能表周期检定的项目有哪些?

34. 影响仪表刻度特性的主要因素是什么? 举例说明。

35. 某万用表直流电压挡在检定时发现:250 V 以上电压量程误差大,并随量程额定电压的增高而增大,试分析造成此现象的可能原因是什么?

36. 试分析兆欧表指针指不到"∞"位置的主要原因是什么?

37. 试分析兆欧表指针超出∞位置的主要原因是什么?

38. 电能表驱动元件的作用是什么?

39. 电指示仪表刻度盘上的刻度线,根据仪表的不同,可分为哪几种?

40. 对公用一个标度尺的多量限电流表,应如何对其进行基本误差检定?

41. 安装式电能表同期检定项目有哪些?

42. 电能表的起动电流是如何定义的?

43. 电能表满载表快故障的主要原因有哪些?

44. 电能表轻载表慢故障的主要原因有哪些?

45. 兆欧表可动部分平衡不好的主要原因是什么?

46. 电测指示仪表的变差是否能用加修正值的方法对其进行修正?

47. 直流放大器能不能放大交流信号？

48. 数字信号和模拟信号的最大区别是什么？数字电路和模拟电路中，哪一种抗干扰能力较强？

49. 何谓转数控制法检定电能表？

50. 何谓脉冲比较法检定电能表？

51. 用直流补偿法检定电流表时，如何正确选择标准电阻？

52. 电能表满载表慢故障的主要原因有哪些？

53. 电能表轻载表快故障的主要原因有哪些？

54. 造成电能表正潜动太快的主要原因是什么？

55. 造成电能表反潜动很快且超一周的主要原因是什么？

56. 简述磁电系检流计在直流测量中的用途是什么？

57. 交流电有效值的含义是什么？

58. 整流电路有哪几种电路形式？

59. 何谓无感电阻？

60. 有人测量二极管反向电阻时，为使测试棒与管脚接触良好，用手去捏紧，测得反向阻值较小，认为不合格，但用在设备上却正常，什么原因？

61. 什么是 ISO9000 系列标准？

62. 我国计量立法的宗旨是什么？

63. 我国计量工作的基本方针是什么？

64. 计量标准的使用必须具备哪些条件？

65. 计量检定人员的职责是什么？

66. 请简述工艺卡片的定义和作用。

67. 简述人机工程学的定义。

68. 请简述生产工人在现场质量管理应特别强调执行的质量职责。

69. 请简述生产班组应作好的生产技术准备工作。

70. 请简述班组生产工人应遵守的工艺纪律。

六、综 合 题

1. 试画出有 4 个量限的闭路抽头式万用表直流电流测量电路的结构图，并注明符号的具体含义。

2. 试画出用单相电能表测量完全对称的三相四线制电能的接线图，并注明实际电能的计算公式。

3. 试画出功率表电压线圈前接的接线图，并分析说明该接线方法的误差的产生原因。

4. 试画出万用表附加电阻各自独立的直流电压测量线路图，（四个量限），并注明各符号意义。

5. 试画出单相交流电能表的电路及接线方式图，并注明图中符号意义。

6. 用直流补偿法检定电压表时应注意哪些事项？

7. 用直流补偿法检定电流表时应注意哪些问题？

8. 说明万用表如何检查变压器与晶体管的好坏？

9. 使用兆欧表进行绝缘测量工作时,应注意哪些安全事项?

10. 万用表的测量线路是由哪些部分组成的?

11. 试述万用表直流电压测量中表头灵敏度倒数的物理意义是什么?其单位是什么?举例说明。

12. 检定规程对检定 2 级交流电能表的各种影响量允许偏差是如何规定的?

13. 电能表调整与检定的差别是什么?为什么在各负载点要把电能表误差尽量调在 1/2 基本误差限内?

14. 试分析万用表交流电压测量全部量程不工作的主要原因是什么?

15. 试分析万用表欧姆挡全部量程不工作的原因是什么?

16. 试述用直流电位差计作标准检定 0.5 级功率表时,对与直流电位差计及相配合的标准器具的要求是什么?

17. 简述测量功率表偏离零位的方法。

18. 有一只 C4-V 直流毫伏表,量程为 44.84 mV,当应配以定值导线为 0.035 Ω,额定电压为 45 mV 的分流器测量大电流使用时,没有使用定值导线,而随意使用一阻值为 0.2 Ω 的导线与分流器连接,试分析会引起的测量误差是多少?(毫伏表内阻为 9.926 Ω)

19. 已知图 6 中二极管为理想器件,判断两个二极管是导通还是截止。

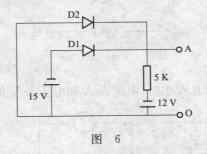

图 6

20. 如图 7 所示电路中,稳压管的稳定电压 $U_z=12$ V,图中电压表流过的电流忽略不计,试求:(1)当开关 S 闭合时,电压表 V 和电流表 A_1、A_2 的读数分别为多少?(2)当开关 S 断开时,电压表 V 和电流表 A_1、A_2 的读数分别为多少?

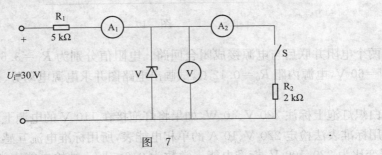

图 7

21. 已知某变压器的一次电压 $U_1=6\,000$ V,二次电流 $I_2=100$ A,电压比 $K=15$,求二次电压 U_2 和一次电流 I_1 各为多少?

22. 如图 8 所示电路,求 A、B 两点间的等效电阻 R_{ab} 为多少?已知 $R_1=10$ Ω,$R_2=7$ Ω,$R_3=R_4=R_8=6$ Ω,$R_5=5$ Ω,$R_6=2$ Ω,$R_7=8$ Ω。

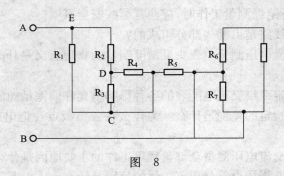

图　8

23. 如图 9 所示电路,其中 $R_1 = R_2 = R_3 = 5\ \Omega$,电路两端电压 $U = 6\ V$,求当 K 断开时,安培表和伏特表的读数各是多少? 当 K 闭合时,安培表和伏特表的读数又是多少?

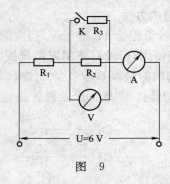

图　9

24. 如图 10 所示电路,当 R 变小时,电流表 A 和电压表 V 的读数将如何变化?

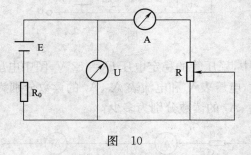

图　10

25. 两个电阻并联后与电源接成闭合回路。电阻值分别为 $R_1 = 3.6\ \Omega$, $R_2 = 4.7\ \Omega$,电源端电压 $U = 60\ V$,电源内阻 $R_0 = 0.12\ \Omega$,试画出电路图并求电源电动势、总电流 I 及 R_1、R_2 中的电流?

26. 白炽灯泡上标注 220 V、40 W,如果将灯泡接在 110 V 的电源上,其功率是多少?

27. 用标准表法检定 220 V、10 A 的单相电能表,所用标准电流互感器变比为 10/5 A,电压互感器变比为 220/100 V,标准电能表常数为 0.6 wh/r,被检电能表常数为 3 000 r/kWh,问:(1)计算被检表转 10 转时,标准表转数为多少? (2)如果标准表每转 1 转发出其 1 000 个脉冲,则此时标准表发出多少脉冲?

28. 某 0.5 级,其内阻为 4.465 Ω 的毫伏表,规定定值导线为 0.035 Ω,但在检定时,没有使用定值导线,而是使用了一付电阻为 0.15 Ω 的导线,求因此而引起的误差是多少?

29. 2 000 的电位器两边分别同 4 000 Ω 和 6 000 Ω 的电阻串联组成一分压电路,如图 11 所示,电路输入电压 $U = 36$ V,求输出电压 $U_{出}$ 的变化范围?

30. 如图 12 电路,已知 $E = 6$ V,$R_1 = 2$ Ω,$R_2 = 1$ Ω,电源内阻不计,求 A 点及 B 点的电位及 A、B 两点间的电压 U_{AB}。

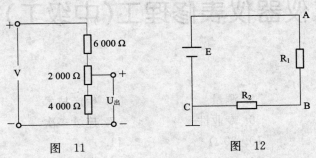

图　11　　　　　　　　　　图　12

31. 当需依法进行检定的计量器具没有计量检定规程时,应如何进行"检定"?

32. 论述"凡计量器具均应制定计量检定规程"这种说法是否正确?

33. 论述电工岗位职责

34. 劳动者可以随时通知用人单位解除劳动合同的情形有哪些?

35. 最低工资的概念及其要件。

36. 在对磁电系多量程电压表部分量程超差进行调整时,若需要增加某一量程的电阻,而使用权其他量程不受影响,应采取何种接线方法,试画出具体接线图。

电工仪器仪表修理工(中级工)答案

一、填 空 题

1. 一致程度	2. 测量	3. 生产技术	4. 职工
5. 人	6. 专业性	7. 连续多次	8. 互感
9. 间接测量	10. 30 Ω	11. r/n	12. 树脂型
13. 0.12	14. ϕ	15. 一组操作	16. 规定极限
17. 法定地位	18. SI	19. 不遗漏	20. 方法误差
21. 无限多次	22. 特定值	23. 被测量	24. 一致程度
25. 连续多次	26. 查明和确认	27. 申请检定	28. 省级以上
29. 磁性材料	30. 粗实线	31. 故障处理	32. 接线图
33. 电感	34. 模—数转换器	35. 电阻	36. 感应系
37. 电源内阻	38. 0.45	39. 反比	40. 直流
41. ⊣⊢	42. ⊣⊬	43. 单向导电性	44. 超过
45. 绝缘体	46. 共基极	47. 集电结反偏	48. LC
49. 变压器	50. 2 A	51. 10 倍	52. 五
53. USB 闪存存储器	54. 机电转换器	55. 固定电阻	56. 高频
57. 串联	58. 量具	59. 应力	60. 重力作用
61. 硬度	62. 绝缘层	63. 10^6	64. 额定功率
65. 10^6	66. 隔直通交	67. 10^3	68. 安培
69. 伏特	70. 交流电	71. 12 V、50 Hz	72. 正电荷
73. 流进	74. 滤波	75. 并联均压	76. 反向
77. 串	78. 相近的	79. 保险丝	80. 阻容
81. 小	82. 分流	83. 幅值	84. 反比
85. 脉冲直流	86. 滤波	87. 大	88. 图形
89. 内电阻	90. 并	91. 手摇发电机	92. 可变电阻值
93. 阻抗	94. 时间继电器	95. 测量电路	96. 高于
97. 三端子	98. 电阻	99. 隔镍	100. 高
101. 一半	102. 流入	103. 电流	104. 正态分布
105. 加工精度	106. 有效值	107. 松节	108. 数字编码
109. 无限大	110. 159 Hz	111. 0.9 倍	112. 降低
113. 中值电阻	114. 串联式	115. 大电阻	116. 交变磁场

117. 电压	118. 重合	119. 不共用一个	120. 1 转
121. 118～127 r/min	122. 恒定转速驱动	123. 已知电压	124. 丁字形
125. 交叉线圈式	126. 指针夹角	127. 经互感器	128. 测量上限
129. 越细	130. 3 W	131. 0.01	132. 功率因数影响
133. 多量限	134. 参考试验"地"	135. 垫一张白纸	136. 电烙铁加热
137. 动圈	138. 细调	139. 80	140. 表头灵敏度
141. 轴孔	142. 满载表快	143. 串联	144. 变小
145. 零点平衡	146. 平衡不好	147. 各次	148. ±0.15
149. 大	150. 工频耐压	151. 1°	152. 两
153. 粗实线	154. 基轴制	155. 最大开口宽度	156. 1 min
157. 深度尺寸	158. 36	159. 高压	160. 节拍
161. 工艺	162. 切断电源	163. 国际标准化	164. 质量管理体系
165. 第一投影法	166. 480	167. 法律关系	168. 计量检定证件
169. 法定计量检定机构	170. 工艺文件	171. 安全操作	172. 县级
173. 物理性危险	174. 2 000 元	175. 保护措施	

二、单项选择题

1. C	2. B	3. D	4. C	5. D	6. A	7. C	8. A	9. A
10. D	11. A	12. A	13. A	14. D	15. B	16. A	17. C	18. D
19. D	20. C	21. C	22. A	23. C	24. A	25. B	26. B	27. B
28. B	29. C	30. C	31. C	32. C	33. C	34. C	35. A	36. C
37. A	38. A	39. A	40. D	41. B	42. C	43. B	44. C	45. D
46. B	47. B	48. C	49. D	50. C	51. A	52. C	53. C	54. B
55. B	56. B	57. A	58. A	59. B	60. C	61. C	62. C	63. C
64. D	65. A	66. B	67. B	68. A	69. D	70. C	71. B	72. B
73. B	74. A	75. D	76. C	77. C	78. B	79. B	80. C	81. B
82. C	83. D	84. C	85. A	86. B	87. C	88. A	89. D	90. D
91. C	92. B	93. C	94. B	95. D	96. D	97. C	98. A	99. D
100. A	101. B	102. A	103. B	104. B	105. C	106. B	107. C	108. B
109. B	110. D	111. B	112. A	113. A	114. A	115. B	116. B	117. B
118. B	119. A	120. B	121. B	122. B	123. A	124. C	125. C	126. B
127. A	128. A	129. C	130. C	131. C	132. C	133. A	134. C	135. C
136. B	137. C	138. B	139. C	140. B	141. C	142. B	143. A	144. C
145. A	146. B	147. B	148. D	149. C	150. C	151. B	152. B	153. C
154. C	155. A	156. C	157. B	158. B	159. D	160. C	161. C	162. B
163. A	164. B	165. C	166. C	167. A	168. C	169. B	170. C	171. D
172. B	173. A	174. D	175. D	176. C	177. D	178. A	179. D	180. D

三、多项选择题

1. AB   2. ABCD   3. BCD   4. ABCD   5. ABCD   6. ABC   7. ABC
8. ABCD   9. ABCD   10. ABC   11. ABCD   12. ABCD   13. ABC   14. ABCD
15. ABCD   16. ACD   17. ABD   18. ACD   19. ABD   20. ABC   21. ABC
22. ABC   23. ABCD   24. ABC   25. ABCD   26. ABCD   27. AB   28. AB
29. ABC   30. AC   31. ABCD   32. AB   33. AB   34. ABCD   35. ABC
36. ABC   37. ABC   38. ABC   39. AB   40. ABC   41. CD   42. AB
43. ABCD   44. ABD   45. ABCD   46. AD   47. BCD   48. ABC   49. ABC
50. ABC   51. ABCD   52. ACD   53. BCD   54. ABCD   55. ABD   56. BD
57. ABC   58. ABD   59. ABCD   60. BC   61. BCD   62. ABD   63. BD
64. ABCD   65. BCD   66. ACD   67. CD   68. ABD   69. AB   70. AC
71. AD   72. BCD   73. ABC   74. ACD   75. ABC   76. ABC   77. ABD
78. ACD   79. BCD   80. ABC   81. BC   82. ABD   83. BCD   84. AB
85. ABCD   86. BCD   87. ABC   88. ABD   89. ABD   90. ABCD   91. BCD
92. ACD   93. BCD   94. ABCD   95. ABD   96. ABCD   97. AC   98. ABC
99. ABC   100. BCD   101. AC   102. AC   103. ABCD   104. ABCD   105. ABCD
106. ACD   107. ABC   108. ABCD   109. ABD   110. AB   111. ABD   112. ABC
113. ACD   114. ACD   115. ABD   116. BCD   117. ACD   118. ABC   119. ABC
120. BCD   121. BCD   122. BCD   123. ACD   124. BCD   125. ABC   126. BCD
127. ABC   128. BCD   129. ACD   130. ACD   131. ABC   132. AB   133. ACD
134. ABC   135. BCD   136. AC   137. AB   138. BD   139. AC   140. ABC
141. BCD   142. ABCD   143. ACD   144. ABD   145. ABC   146. BC   147. AD
148. BCD   149. ABC   150. ABC   151. ABC   152. ACD   153. ABC   154. ABC
155. ACD   156. ABC   157. BD   158. ABC   159. ABCD   160. CD   161. BD
162. ACD   163. ABCD   164. ABC   165. ABCD

四、判断题

1. ×   2. √   3. √   4. √   5. ×   6. √   7. √   8. √   9. √
10. ×   11. √   12. √   13. ×   14. √   15. √   16. ×   17. ×   18. ×
19. ×   20. √   21. ×   22. √   23. √   24. √   25. ×   26. √   27. ×
28. ×   29. ×   30. ×   31. ×   32. √   33. ×   34. √   35. √   36. ×
37. √   38. √   39. √   40. √   41. ×   42. ×   43. ×   44. ×   45. ×
46. ×   47. ×   48. √   49. √   50. ×   51. √   52. √   53. √   54. √
55. √   56. ×   57. √   58. √   59. √   60. ×   61. ×   62. √   63. ×
64. √   65. ×   66. √   67. √   68. √   69. √   70. √   71. ×   72. √
73. ×   74. ×   75. ×   76. √   77. √   78. √   79. √   80. ×   81. √
82. ×   83. ×   84. ×   85. ×   86. ×   87. ×   88. √   89. √   90. ×
91. √   92. √   93. √   94. ×   95. √   96. √   97. ×   98. ×   99. ×

100. √	101. √	102. √	103. ×	104. ×	105. √	106. ×	107. ×	108. ×
109. √	110. ×	111. √	112. √	113. √	114. √	115. √	116. √	117. √
118. √	119. ×	120. ×	121. √	122. √	123. √	124. √	125. √	126. √
127. √	128. ×	129. √	130. √	131. √	132. √	133. √	134. √	135. √
136. ×	137. √	138. √	139. √	140. √	141. √	142. √	143. √	144. √
145. √	146. ×	147. ×	148. √	149. √	150. √	151. √	152. √	153. √
154. √	155. √	156. √	157. √	158. √	159. √	160. √	161. √	162. ×
163. ×	164. √	165. √	166. √	167. √	168. √	169. √	170. √	171. √
172. ×	173. √	174. ×	175. √	176. ×	177. ×	178. √	179. √	180. √

五、简 答 题

1. 答:首先要详细阅读使用说明书,掌握仪器仪表的特性,测量范围,使用方法,使用条件(2.5分);使用仪器仪表前先要进行检查,包括零点是否正确,动作是否灵敏,仪器是否正常,测量项目与量程是否与被测项目一致(2.5分)。

2. 答:先思索后动手(0.5分)、先电源后部件(1分)、先外后内(1分)、先静后动(1分)、先简后繁(1分)、先通病后其他等(0.5分)。

3. 答:在线检查法(2分)、仪器检查法(2分)、代替法(1分)。

4. 答:要有电工上岗证或有带电操作实践经验的人员监护(2分);电气部分要有必要的防护,导线与导线间要采取绝缘措施,带电作业应采取防止相间短路、相地短路的隔离防护措施(2分);高压电气设备应采取防止误碰触高压带电部位的措施(1分)。

5. 答:通常流过电阻 R 的电流与电阻两端的电压成正比,与电阻 R 成反比,这就是欧姆定律(2.5分);用公式 $I=U/R$ 或 $U=IR$ 表示(2.5分)。

6. 答:电压比较(1分)、阻抗比较(1分)、频率(时间)比较(1分)、相位比较(1分)、数字比较等(1分)。

7. 答:被测量电势与测量回路的电压降极性对顶,测量回路可以不从被测回路中分出电流,这种测量方法称为补偿测量法(5分)。

8. 答:补偿法的优点是不从被测电势吸取电流(1分)、不歪曲被测量的真实状态(1分)、引线电阻对测量误差影响极小(1分);缺点是对电源稳定性要求较高(2分)。

9. 答:因为铝线有三大缺点:熔点低(2分)、易腐蚀(2分)、机械强度差(1分)。

10. 答:常用说明书包括有型号、规格(0.5分)、额定电压、消耗功率(0.5分)、电源频率(0.5分)、环境温度与湿度范围(0.5分)、测量项目(0.5分)、测量范围(0.5分)、使用方法(0.5分)、维修保养须知(0.5分)、线路图或电原理图(0.5分)、仪器仪表的校正(0.5分)。

11. 答:常用的维修用仪器仪表有万用表(0.5分)、数字式电压表(0.5分)、兆欧表(0.5分)、示波器(0.5分)、计数器(0.5分)、频率计(0.5分)、高低频信号发生器(0.5分)、晶体管特性图示仪(0.5分)、集成电路特性测试仪(0.5分)、精密电桥等(0.5分)。

12. 答:不能(1分);因为交流毫伏表只能用来测量正弦交流信号有效值,若测量非正弦交流信号则要经过换算(4分)。

13. 答:两只稳压管串联时可得到 1.4 V、6.7 V、8.7 V、14 V 四种稳压值(3分);两只二极管并联可得到 0.7 V、6 V 两种稳压值(2分)。

14. 答:因为这只稳压管接反了,是处在正向工作状态(3分);应该反过来(2分)。

15. 答:可使用一只硅二极管(2分);电流满足要求(2分);作正向连接(1分)。

16. 答:根据二极管和稳压管在一定范围内都具有单向导电性的共性,可以用测量二极管正反向电阻的办法来判断稳压管的好坏和极性(5分)。

17. 答:硅稳压管的正向特性和二极管基本相同,其稳压作用是使它工作在反向击穿区(2.5分);如果用电压表测量稳压二极管两端只有0.7左右,证明稳压管接反需把它反过来(2.5分)。

18. 答:3.142(1分);14.00(1分);2.315×10^{-2}(1分);1.001×10^3(2分)。

19. 答:数字电压表的特点是:准确度高(1分)、灵敏度高(1分)、测量速度快(0.5分)、读数准确无视差(1分)、输入阻抗高(0.5分)、使用方便和用途广泛(0.5分)、线路复杂,维修较困难(0.5分)。

20. 答:在数字电压表的输入电路中,不加分压器和量程放大器的量程称为基本量程(5分)。

21. 答:交流电路的功率有四种形式:瞬时功率(2分)、平均功率(1分)、视在功率(1分)、无功功率(1分)。

22. 答:所谓比较法是用标准电能表与被检电能表相比较的方法,来确定电能表的相对误差(5分)。

23. 答:单相电能表主要由下列部分组成:驱动元件(1分)、转动元件(1分)、制动元件(0.5分)、轴承(0.5分)、计数器(0.5分)、支架(0.5分)、端钮盒(0.5分)、外壳(0.5分)。

24. 答:电能表的转动元件是由铝质圆盘固定在转轴上组成(2分),其转轴上固定有蜗杆(1分),通过和蜗轮的咬合,使铝盘的转动带动计数器,指示出转盘的转数(2分)。

25. 答:调零器它是一个带有螺丝刀口的偏心杆调节轴,螺丝刀口部分露在表壳外部,供调零时用(2.5分);调节它可带动游丝使转轴在一定角度内转动,达到调整机械零点的作用(2.5分)。

26. 答:止动器是为了避免仪表在运输和移动过程中受机械振动造成损坏,而可以使活动部分锁住不动的装置(2.5分)。

27. 答:外观检查(1分);基本误差检定(2分);升降变差的检定(1分);偏离零位(1分)。

28. 答:在将仪表已经接在一起的所有线路与参考试验"地"之间测量绝缘电阻,试验时施加约500 V的直流电压,历时1 min读取绝缘电阻值(5分)。

29. 答:应在全检量限检定基本误差之后进行,调节被测量至测量上限,停30 s后,缓慢地减小被测量至零并切断电源,15 s内读取指示器对零分度线的偏离值(5分)。

30. 答:将被检绝缘电阻表"L、E、G"三端短路,用一已检定的绝缘电阻表测量被检绝缘电阻表"L、E、G"短路处与外壳金属部位之间的绝缘电阻值。

31. 答:绝缘电阻表的所有线路与外壳之间的绝缘电阻在标准条件下,当额定电压小于或等于1 kV时,应高于20 MΩ(2.5分);当额定电压大于1 kV时,应高于30 MΩ(2.5分)。

32. 答:温度的变化(1分);电压、频率的波动(1分);电压和电流波形的失真(1分);电能表位置倾斜度(1分);外界磁场及铁磁物质或邻近表等(1分)。

33. 答:直观检查(1分)、潜动试验(1分)、起动试验(1分)、测定基本误差(2分)。

34. 答:是仪表可动部分零件改变了原来的相对位置(2.5分);例如:动圈变形偏离中心位

置(2.5分)。

35. 答:高压量程转换开关绝缘不好(2分);高压电阻板绝缘不良(2分);高压倍压电阻变质,或表面不清洁(1分)。

36. 答:导流丝变形附加力矩变大(2分);电源电压不足(1分);电压回路电阻变质,数值增高(1分);电压线圈局部短路或断路(1分)。

37. 答:有无穷大平衡线圈的仪表可能该线圈短路或断路(2分);电压回路电阻变小(2分);导流丝变形(1分)。

38. 答:电能表驱动元件的作用是当电流及电压部件的线圈接到交流电路时,产生多变磁通,从而产生转动力矩使电能表的转盘转动(5分)。

39. 答:均匀刻度和不均匀刻度(2分);单向刻度和双向刻度(2分);正向刻度和反向刻度(1分)。

40. 答:可以只对其中某个量限(全检量限)的有效范围内带数字的分度线进行检定(3分);而对其余量限只检测量上限和可以判定为最大误差的带数字分度线(2分)。

41. 答:工频耐压试验(1分)、直观检查(0.5分)、核对常数(0.5分)、潜动试验(1分)、起动试验(1分)、测定基本误差(1分)。

42. 答:在额定电压,额定频率及因数 $\cos\phi=1.0$ 条件下,能使电能表的转盘连续不停转动的最小电流,称为起动电流(5分)。

43. 答:永久磁钢磁性减弱(1分);电压线圈匝间短路(1分);电压铁芯与电流铁芯的间隙太小(2分);满载调整器失灵(1分)。

44. 答:计度器齿轮咬合太紧(1分);磁铁间隙有铁屑或杂物摩擦轮盘(1分);上下轴承损坏或有灰尘(0.5分);铁芯里有剩磁(0.5分);电压铁芯右边间隙太小(1分);轻载调整器失灵(1分)。

45. 答:指针打弯或向上翘起(2分);平衡锤上螺丝松动,使位置改变(1分);轴承松动,轴间距离大,中心偏移(2分)。

46. 答:由于变差属随机系统误差,故不能同系统误差一样采用加修正值的方法加以消除(5分)。

47. 答:直流放大器作为一个放大器,既然能放大直流成分的变化,也自然能放大交流信号(5分)。

48. 答:数字信号是离散的,模拟信号是连续的,这是它们的最大区别(2.5分);数字电路的抗干扰能力较强(2.5分)。

49. 答:所谓转数控制法,是由被检电能表经脉冲发生电路发送出与转数 N 成成正比的低频脉冲,由这低频脉冲来控制标准电能表的电能累计数值的方法(5分)。

50. 答:脉冲比较法是将被检电能表发出的高频脉冲与标准电能表发出的高频脉冲相比较的方法(5分)。

51. 答:选择标准电阻的原则是:当检定仪表上限时,电流在标准电阻上产生的电压不高于所用直流电位差计的测量上限(2分),并保证直流电位差计第一个十进盘有大于零的示值(1分),同时在标准电阻上消耗的功率不应超过允许值(2分)。

52. 答:电流线圈匝间短路(2分);电压铁芯与电流铁芯间的间隙太大(1分);永久磁钢磁性太强(1分);满载调整器失灵(1分)。

53. 答:电流线圈满载匝间短路轻载不短路(2分);电压铁芯右边间隙太大(1分);满载特快(1分);轻载调整器失灵(1分)。

54. 答:上下轴承、计度器磨擦过大,磨擦补偿过度(2分);电压铁芯和电流铁芯左边间隙太小(2分);电压铁芯老化生锈,而使左边柱上磁通过多(1分)。

55. 答:电压铁芯和电流铁芯右边间隙太小(2.5分);电压铁芯老化生锈,而使右边柱上磁通过多(2.5分)。

56. 答:用来测量小电流,如测量大电阻(2分);测量小电压和小电势,如测热电势(1分);用来决定电路上任何一段内没有电流通过或决定测量电路上任何两点间电位相等(1分);用来决定两个电流相等(1分)。

57. 答:交流电的有效值是指与它的热效应相等的直流值(5分)。

58. 答:半波整流(1分);全波整流(1分);桥式整流(1分);倍压整流(2分)。

59. 答:将电阻线对折后,双线并绕,便可得到没有电感的纯电阻,称为无感电阻(5分)。

60. 答:因为用手捏住测试棒后测试的是人体电阻与二极管反向电阻的并联值,所以较小(5分)。

61. 答:ISO9000是指有关质量管理方面正式的国家标准、技术规范、手册和网站上文件一个系列文件的总称(5分)。

62. 答:我国计量立法的宗旨是为了加强计量监督管理(1分);保障国家计量单位制的统一和量值的准确可靠(1分);有利于生产、贸易和科学技术的发展(1分);适应社会主义现代化建设的需要(1分);维护国家、人民的利益(1分)。

63. 答:国家有计划地发展计量事业,用现代计量技术、装备各级计量检定机构,为社会主义现代化建设服务(2分),为工农业生产、国防建设、科学实验、国内外贸易以及人民健康、安全提供计量保证(3分)。

64. 答:经计量检定合格(2分);具有正常工作所需要的环境条件(1分);具有称职的保存、维护、使用人员(1分);具有完善的管理制度(1分)。

65. 答:正确使用计量基准或计量标准并负责维护、保养,使其保持良好的技术状况(2分);执行计量技术法规,进行计量检定工作(1分);保证计量检定的原始数据和有关技术资料的完整(1分);承办政府计量部门委托的有关任务(1分)。

66. 答:工艺卡片是根据工艺过程卡片来制订的,以工序为单位来说明整个工艺过程的工艺文件(3分);可用来指导操作者进行生产和帮助管理人员掌握整个零件的加工过程(2分)。

67. 答:人机工程学是从人的生理和心理特性出发,研究人、机、环境的相互关系和相互作用的规律,以优化人-机-环境的一门学科(5分)。

68. 答:应特别强调执行的质量职责是:严格"三按"(0.5分),做好"三自"(0.5分)和"一控"(0.5分)。

"三按":严格按图纸(0.5分)、按工艺(0.5分)、按标准生产(0.5分);

"三自":对自己的产品进行检查(0.5分)、区分(0.5分)和做好质量标记(0.5分);

"一控":自己控制一次交检合格率并力争达到100%(0.5分)。

69. 答:掌握生产产品图纸以及工艺文件,制定实施措施(2分);做好本组范围内的工、卡、量具、原材料和辅助材料的准备工作(1.5分);制定本班组的月、旬、日作业计划及经济考核指标(1.5 分)。

70. 答:严格按产品图纸技术要求、工艺文件等进行生产,不得擅自改动(1.5 分);

生产工人须持技能合格证上岗操作(1.5 分);按规定要求对设备、工装和检测器具作好维护保养、定期检修(1 分);遵守安全操作规程(1 分)。

六、综 合 题

1. 答:如图 13 所示,I_0——表头满偏转电流(0.5 分);r_0——表头内阻(0.5 分);$I_1 \sim I_4$——分流器各量限(0.5 分);$r_1 \sim r_总$——分流电阻(0.5 分);$R_{S1} \sim R_{S4}$——回路电阻(0.5 分);K——转换开关(0.5 分);图形(7 分)。

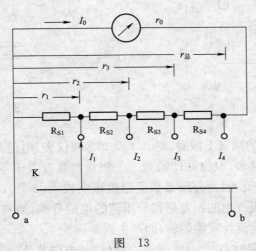

图 13

2. 答:如图 14 所示,若单相电能表的指示值为 W_A,则三相四线制电路的实际消耗电能 $W = 3 W_A$(3 分);图形(7 分)。

3. 答:如图 15 所示,该接线方法功率表串联绕组的电流等于负载电流,功率表并联电路由于在电压线圈上所加的电压包括了电流线圈的压降和负载电阻的压降之和,因此所测得的功率将比实际功率大,当负载电阻比功率表电流线圈内阻大很多时,即 $R_L \gg r_1$ 时,电流线圈上的功耗可忽略(5 分);图形(5 分)。

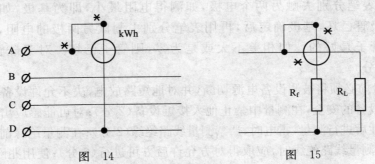

图 14　　　　图 15

4. 答:如图 16 所示,r_0——表头内阻(0.5 分);I_0——表头满偏转电流(1 分);$R_1 \sim R_4$——附加电阻(0.5 分);$V_1 \sim V_4$——电压各量限(0.5 分);K——转换开关(0.5 分);图形

（7分）。

5. 答：如图 17 所示，kWh——单相电能表（1.5分）；R_L——负载电阻（1.5分）；图形（7分）。

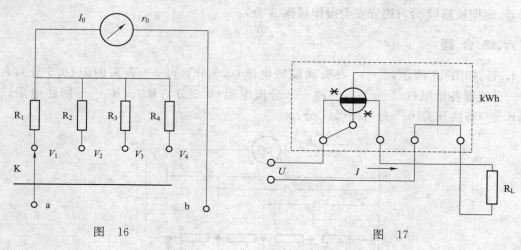

图 16   图 17

6. 答：在检定电压表的测量上限时，对0.1及0.2级仪表，电位差计的第一个测量盘要有大于零的示值，而0.5级仪表，电位差计的第二个测量盘要有大于零的示值（4分）；加到分压箱的电压不应超过其允许值，因为分压系数受温度影响较大（2分）；检定电压表时，要注意泄漏电流的影响，由泄漏电流产生的误差是和分压箱的电阻有关，当被测的电压高时，泄漏电流也有可能通过检流计，使检流计发生偏转，而产生误差（4分）。

7. 答：检定电流表上限时，对于0.1及0.2级仪表，电位差计的第一个测量盘要有大于零的示值，而对于0.5级仪表，电位差计第二个测量盘要有大于零的示值（4分）；通过标准电阻的电流不能超过允许值（3分）；检定微安表时，要注意泄漏影响（3分）。

8. 答：测量变压器时，可测量初次级电阻，然后与同规格的变压器进行对比，以判断好坏（3分）；测量晶体管二极管时，用R×1k挡，如测得正向电阻为1～5 kΩ反向电阻大于几百 kΩ，则管子是好的。如正反向电阻相差不大，或者同为∞，或者同为0 Ω，都说明管子已坏（3分）；测量三极管时，用R×1k挡先判断基极，用红表笔接在假设的基极上，然后用另一支表笔分别去触另两个电极，如测得电阻最小，即为基极，如表笔不动或短路，则说明三极管已坏，基极确定后，再用表笔分别去测试另两极的电阻，如正反向电阻相差较大，则管子是好的。如相差不大或是为零，则管子已坏。对于硅管，测量时应用R×10 k挡（4分）。

9. 答：测量前必须将被测设备电源切断，并对地短路放电，决不允许设备带电进行测量，以保证人身和设备的安全，在测量中禁止他人接近设备（2分）；对可能感应出高压的设备，必须消除其可能性后进行测量，雷电时，严禁测量线路绝缘（2分）；在测量绝缘前后，必须将被测设备对地放电，测量线路绝缘时，应取得对方允许后方可进行（2分）；使用兆欧表测量高压设备绝缘，应由两人担任（2分）；在兆欧表没有停止转动和被测物没有放电前，不可用手触及被测物的测量部分和进行拆线（2分）。

10. 答：万用表的形式多种多样，其功能也各有不同，但它的基本原理相同的，都是采用磁电系测量机构,配合转换开关和测量线路实现不同功能和不同量限的选择(2分);它的测量线路是由磁电系多量限直流电流表(2分)、多量限直流电压表(2分)、多量限整流式交流电压表(2分)和多量限欧姆表的线路组合而成(2分)。

11. 答:表头灵敏度的倒数,其物理意义是:为在表头满偏转电路中产生1伏压降的电阻值(4分);其单位是:Ω/V(2分);如果表头灵敏度 $I_0=50$ mA,则其倒数为 20 kΩ/V,即说明了在电路加1伏电压时,要想使表头满偏转需要内阻为 20 kΩ,如表头内阻不够 20 kΩ 则应串联一电阻补足之(4分)。

12. 答:标准温度允许偏差:$\leqslant\pm2$ ℃(2分);额定电压允许偏差:$\leqslant\pm1.5\%$(2分);额定频率允许偏差:$\leqslant\pm0.5\%$(1分);电压和电流正弦波失真度:$\leqslant5\%$(1分);垂直位置的倾斜角度:$\leqslant1°$(1分);$\cos\phi(\sin\phi)$规定值偏差$\leqslant\pm0.02$(1分);外磁场影响:$\leqslant\pm0.3\%$(1分);铁磁物质或邻近表影响:$\leqslant\pm0.1\%$(1分)。

13. 答:电能表的检定是为了检查电能表的计量性能是否合格,而调整是为了使电能表的准确度和性能达到规定要求,考虑到调整方便和经济效益以及尽可能把误差降低到较小情况,某些条件可以不象检定条件限定得那样严格,例如:在调试过程中可不盖表盖和减少预热时间,环境温度偏差要求放宽等(5分);为确保调试后的电能表能够按规程规定检定合格,考虑到调试装置误差,被检表变差和各种环境因素的影响等,要求把电能表误差尽量调在基本误差限 1/2 范围内这样才能使调试结果有足够的可靠性(5分)。

14. 答:单独用来改变测量电路灵敏度的公共电路中,交流电压专用的与表头串联的电阻断路,或与表头并联的分流电路短路(2.5分);在公共电路中或在仪表正负端电路中的测量项目转换开关或其联线没接通(2.5分);接通交流电压的凸轮开关接触其接线不通(2.5分);最小电压量程倍压电阻断路(2.5分)。

15. 答:电池老化(2.5分);欧姆调零电阻可变头没有接触上或可变头电路不通,与调零电阻串联的电阻阻值过大或过小(2.5分);与表头串联或并联的电阻阻值有大范围变化(2.5分);扩展量程的分流电路不通或短路(2.5分)。

16. 答:标准电阻的年稳定度应$\leqslant0.01\%$(1.5分);标准电池的年稳定度应$\leqslant0.01\%$(1.5分);分压箱级别应$\leqslant0.03\%$(1.5分);直流电位差计的级别应$\leqslant0.05\%$(1.5分);装置的相对灵敏度$\leqslant2.5\times10^{-4}$(1.5分);直流电位差计工作电流变化$\leqslant2.5\times10^{-4}$(1.5分);检定被检表上限时,直流电位差计读数位数为 5 位(1分)。

17. 答:在检定全检量限基本误差之后,将调节被测量至测量上限,停 30 s 后,缓慢地减小被测量至零,并切断电源,15 s 内读数取指示器对零分度线的偏离值(5分);在检定全检量限误差之前,测定功率表当电压线路加额定电压,电流回路断开时,指示器对零分度线的偏离值(5分)。

18. 答:设采用定值导线时,通过毫伏表的电流为 I_0。则

$$I_0=\frac{U_X}{R_0+r_0}=\frac{U_X}{9.926+0.035}=\frac{U_X}{9.961}(2分);$$

(U_X——毫伏表指示值)

若采用非定值导线时,毫伏表的指示值仍为 U_X 时,则通过毫伏表的电流 I 则为:

$$I=\frac{U_X}{R_0+r}=\frac{U_X}{9.926+0.2}=\frac{U_X}{10.126}(2分);$$

故引起的误差 $r = \dfrac{I-I_0}{I_0} = \dfrac{\dfrac{U_X}{10.126} - \dfrac{U_X}{9.961}}{\dfrac{U_X}{9.961}} = \dfrac{9.961}{10.126} - 1 \approx -1.6\%$（6 分）。

19. 答：D1 截止（3 分）；D2 导通（3 分）；$U_{AO} = 0$（4 分）。

20. 答：(1)当开关 S 闭合时，$U_{DZ} = 30 \times \dfrac{2}{5+2}$ V ≈ 8.57 V $< U_Z$，稳压管截止，$I_{A1} = I_{A2} =$

$\dfrac{30\ \text{V}}{(5+2)\ \text{k}\Omega} = 4.29$ mA，所以 $U_V = 8.57$ V（2 分），$I_{A1} = I_{A2} = 4.29$ mA（3 分）。

(2)当开关 S 断开时，$I_{A2} = 0$，稳压管能工作于稳压区，故得电压表读数 $U_V = 12$ V，A_1 读数为

$$I_{A1} = \dfrac{(30-12)V}{5\ \text{k}\Omega} = 3.6\ \text{mA}, I_{A2} = 0\ \text{mA};$$

所以 $U_V = 12$ V（2 分），$I_{A1} = 3.6$ mA（1.5 分），$I_{A2} = 0$ mA（1.5 分）。

21. 答：$U_2 = U_i/K = 400$ V（5 分）；$I_1 = I_2/K = 6.67$ A（5 分）。

22. 答：$R_3 \parallel R_4 = 3\ \Omega$（2 分）；$(R_2 + R_3 \parallel R_4) = 7+3 = 10\ \Omega$（2 分）；$R_1 \parallel (R_2 + R_3 \parallel R_4) = 5\ \Omega$（2 分）；$R_{ab} = R_5 + [R_1 \parallel (R_2 + R_3 \parallel R_4)] = 5+5 = 10\ \Omega$（4 分）。

23. 答：K 断开时：$I = U/(R_1 + R_2) = 6/10 = 0.6$ A（2.5 分）；$U = I \cdot R = 0.6 \times 5 = 3$ V（2.5 分）；

K 闭合时：$I = U/(R_1 + R_2 \parallel R_3) = 6/(5 + 2.50) = 0.8$ A（2.5 分）；$U = 0.8 \times 2.5 = 2$ V（2.5 分）。

24. 答：$I = E/(R + R_o)$（2.5 分）；即 R 由大变小时，电流表读数增大（2.5 分）；

$V = E - E/(R + R_o) \cdot R_o$（2.5 分）；即 R 由大变小时，电压表读数变小（2.5 分）。

25. 答：根据题意画图 18（2 分）；$I_1 = U/R_1 = 60/3.6 = 16.67$ A（2 分）；$I_2 = U/R_2 = 60/4.7 = 12.77$ A（2 分）；$I_{总} = I_1 + I_2 = 16.67 + 12.77 = 29.44$ A（2 分）；

$E = I_{总} \cdot [R_0 + (R_1 \parallel R_2)] = 29.44 \times 2.16 = 63.59$ V（2 分）。

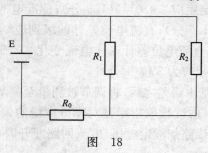

图 18

26. 答：$R = U^2/P = 220^2/40 = 1\ 210\ \Omega$（5 分）；$P = U^2/R = 110^2/1\ 210 = 10$ W（5 分）。

27. 答：(1)$n_0 = \dfrac{C_0 N}{C \cdot K_I} \cdot K_V, C_0 = \dfrac{1\ 000}{0.6} = 1\ 666.67\left(\dfrac{\text{r}}{\text{kWh}}\right)$（2 分）；

$$n_0 = \dfrac{1\ 666.67 \times 10}{3\ 000 \times \dfrac{220}{100} \times \dfrac{10}{5}} \approx 1.263(\text{r})$$（3 分）；

(2)标准表发出的脉冲数：$m_0 = n_0 \cdot s = 1.263 \times 1\ 000 = 1\ 263$（个）（5 分）。

28. 答:设采用定值导线时,通过仪表的电流为 I_d

$$I_d = \frac{U}{R_0 + R_d} = \frac{U}{0.035 + 4.465} = \frac{U}{4.5}(2.5 \text{分});$$

仪表检定时,采用电阻为的导线时,通过仪表的电流 I'_d 为

$$I'_d = \frac{U}{R_0 + R'_d} = \frac{U}{4.465 + 0.15} = \frac{U}{4.615}(2.5 \text{分});$$

由于未采用定值导线而引起的误差 r_d 为:$r_d = \frac{I'_d - I_d}{I_d} = \frac{R_0 + R_d}{R_0 + R'_d} - 1$(2.5 分);

$$r = \left(\frac{4.5}{4.615} - 1\right) \times 100\% = -2.5\%$$

采用电阻为 0.15 Ω 的导线时,会引起约 -2.5% 的误差(2.5 分)。

29. 答:当电位器下滑,其电阻全部同 6 000 串联,输出电压为

$U_{出} = U \times 4\,000/(6\,000 + 2\,000 + 4\,000) = 12$ V(5 分);当电位器上滑,其电阻全部同 4 000 Ω 串联,输出电压主为

$U_{出} = U \times (4\,000 + 2\,000)/(6\,000 + 2\,000 + 4\,000) = 18$ V(5 分)。

30. 答:$I = U/(R_1 + R_2) = 6/(2 + 1) = 2$ A(2.5 分);$U_A = 6$ V(2.5 分);$U_B = I \cdot R_2 = 2 \times 1 = 2$ V(2.5 分);$U_{AB} = 6 - 2 = 4$ V(2.5 分)。

31. 答:我国《计量法》规定,"计量检定必须执行计量检定规程",凡没有检定规程的,则不能依法进行"检定",不能颁发检定证书(4 分);若为确定计量器具的示值误差或确定有关其他计量特性,以实现溯源性,可以依据计量校准规范进行校准,出具校准报告(3 分);如果按一般技术规范等对计量器具计量性能进行分项测试,可出具测试报告(3 分)。

32. 答:这种说法是不正确的(2 分);按《计量法》规定,计量检定必须执行计量检定规程,是指必须依法进行计量检定的计量器具,应制定计量检定规程,并不是指凡是计量器具就必须制定计量检定规程,不属于依法进行计量检定的计量器具,可不制定计量检定规程(4 分);从目前情况看,对依法实施强制检定的计量器具应制定计量检定规程,其他计量器具可制定计量校准规范,通过校准进行量值溯源(4 分)。

33. 答:遵守各项规章制度,执行本岗位的安全操作规程,对本岗位的安全生产负责(1 分);现场操作必须按规定着装,戴好安全帽(1 分);操作前,工作负责人应将操作目的、停电范围向操作人员交代清楚,一定要仔细核对设备铭牌,铭牌不清或无铭牌应拒绝操作(1 分);在操作中一定要严格执行监护制度和复诵制度(1 分);熟悉设备的结构性能,技术规范和有关操作规章(1 分);掌握设备的运行情况、技术状况和缺陷情况(1 分);做好所辖电气设备的运行维护,巡回检查和监视调整工作(1 分);按时准确地做好各种报表记录,核算电量(1 分);保管好所辖备品、工具、表计,做好所辖区地清洁卫生工作(1 分);拒绝违章作业的指令,对他人违章行为要加以劝告和制止(1 分)。

34. 答:《劳动法》第三十二条规定(1 分),有下列情形之一的,劳动者可以随时通知用人单位解除劳动合同:在试用期内(3 分);用人单位以暴力、威胁或者非法限制人身自由的手段强迫劳动的(3 分);用人单位未按照劳动合同约定支付劳动报酬或者提供劳动条件的(3 分)。

35. 答:最低工资是指用人单位对单位时间劳动必须按法定最低标准支付给劳动者的工资(4 分);最低工资应具备三个要件:劳动者在单位时间内提供了正常劳动(2 分);最低工资标

准是由政府直接确定的,而不是劳动关系双方自愿协商的(2分);只要劳动者提供了单位时间的正常劳动,用人单位支付的劳动报酬不得低于政府规定的标准(2分)。

36. 答:可在此量程的专用输入线路内串入部分电阻,例如图 19 中 U_2 量程中串入电阻 r_2' 即为增加的专用电阻(4分)。

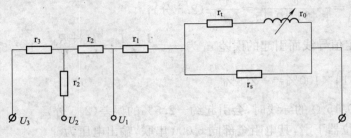

图 19(6 分)

电工仪器仪表修理工(高级工)习题

一、填空题

1. 计量的基本特征是:准确性、一致性、( )和法制性。

2. 重复性是指在相同测量条件下,对同一被测量进行( )测量所得结果之间的一致性。

3. 复现性是指在改变了的测量条件下,同一被测量的( )的一致性。

4. 合成标准不确定度是当测量结果由若干个其他量的值求得,按其他量的方差和( )算得的标准不确定度。

5. 扩展不确定度是确定测量结果区间的量,合理( )被测量之值分布的大部分可望含于此区间。

6. 包含因子是为求得扩展不确定度与合成标准确定度( )之数字因子。

7. 由于测量结果的不确定往往由许多原因引起,对每个不确定度来源评定的标准偏差,称为标准不确定度分量,对这些标准不确定分量有两类评定方法即( )和 B 类评定。

8. 用对观测列进行( )的方法,来评定标准不确定度称为 A 类不确定度评定。

9. 一个测量结果具有溯源性,说明它的值具有与国家基准乃至国际基准联系的特性,是( ),是可信的。

10. 校准不具法制性,是企业( )的行为。

11. 校准主要用以确定测量器具的( )。

12. 计量强制检定是由县级以上人民政府计量行政部门指定的( )或授权的计量检定机构对强制检定的计量器具实行的定点定期检定。

13. 《计量法》是国家管理计量工作,实施计量法制监督的( )。

14. 我国《计量法实施细则》规定,企业、事业单位建立本单位各项最高计量标准,须向当地政府计量行政部门或( )申请考核。

15. 计量检定人员是指经考核合格,持有( ),从事计量检定工作的人员。

16. 计量检定印包括:錾印、喷印、钳印、漆封印、( )印。

17. 计量检定证包括:检定证书、( )、检定合格证。

18. 法定计量单位就是由国家以( )形式规定强制使用或允许使用的计量单位。

19. 国际单位制是在米制基础上发展起来的单位制。其国际简称为( )。

20. 国际上规定的表示倍数和分数单位的 16 个词头,称为( )。

21. 国际单位制的基本单位单位符号是:( )。

22. 国际单位制的辅助单位名称是( )球面度。

23. 弧度(rad)是园内两条半径之间的平面角,这两条半径在园周上所截取的( )相等。

24. 误差按其来源可分为：设备误差、环境误差、人员误差、（　　　）、测量对象。

25. 误差按其性质可分为：随机误差、（　　　）、粗大误差。

26. 在重复性条件下，对同一被测量进行（　　　）测量所得结果的平均值与被测量的真值之差称为系统误差。

27. 计量保证是用于保证计量可靠和适当的测量准确度的全部法规、技术手段及（　　　）的各种动作。

28. 为实施计量保证所需的组织结构、（　　　）、过程和资源，称为计量保证体系。

29. 计量控制通过计量器具控制、（　　　）和计量评审予以实施。

30. 计量器具控制是计量控制的重要组成部分，它包括对计量器具的形式批准、（　　　）和检验。

31. 计量监督是为核查计量器具是否依照法律、法规正确使用和诚实使用，而对计量器具制造、安装、修理或使用（　　　）的程序。

32. 计量确认是指为确保测量设备处于满足预期使用要求的所需要的（　　　）。

33. 校准能力是提供给用户的最高校准测量水平，它用包含因子（　　　）的扩展不确定度表示。

34. 电气图一般按用途进行分类，常见的电气图有系统图、框图、（　　　）、接线图和接线表等。

35. 系统图和框图是为了进一步编制详细的技术文件提供依据，供（　　　）时参考用的一种电气图。

36. 电路图可以将同一电气元器件（　　　），画在不同的回路中，但必须以同一文字符号标注。

37. 在矢量图法分析正弦交流电时，应选择适当的比例，用失量的（　　　）表示正弦交流电的最大值或有效值。

38. 矢量按（　　　）方向旋转，角速度等于正弦交流电的角频率。

39. 图形符号 ⟱ 表示（　　　）。

40. 具有交流分量的整流电流的图形符号是（　　　）。

41. 图形符号 ⏚ 表示（　　　）。

42. 硬磁材料一旦被磁化，就永久性存在对外的磁场，它的对外磁场（　　　）难以改变。

43. 零电流对直流数字电压表所产生的相对误差不仅与信号源的（　　　）有关，而且与被测电压的大小有关。

44. 静电系测量机构一般都是做成静电系电压表，因为它不必采用庞大的附加电阻而可直接测量（　　　）。

45. 热电比较仪是采用（　　　）作为交直流转换元件的。

46. 交流电桥的平衡条件是幅值平衡和（　　　）。

47. 交流电桥是用来测量电容、电感和交流电阻的，其供电电源是采用（　　　）。

48. 示波器的主要功能是显示（　　　），它可以直接观察其变化的全过程。

49. 三相二元件有功功率表对于三相对称电路，简单不对称电路及（　　　）电路中的三相三线制电能测量都是适用的。

50. 相位表是用来测量交流电路中（　　　）之间的相位角的一种仪表。

51. 电动系功率因数表是采用电功系（　　　）结构,来测量交流电路中相位差角或功率因数的。

52. 三相交流电是三个频率相同,最大值相同、相位上依次互相差（　　　）的交流电。

53. 在正弦交流电路中,电容器电流的大小是由（　　　）来决定的。

54. 感抗是用来表示电感线圈对（　　　）作用的一个物理量。

55. 如图1所示,设电流 i 由端子3流进线圈 b,并且电流正在增大,这时端子（　　　）为正级。

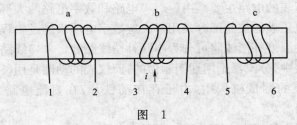

图　1

56. 如图2所示,设电流 i 由端子3流进线圈 b,并且电流正在增大,这时端子1、4、5为（　　　）极。

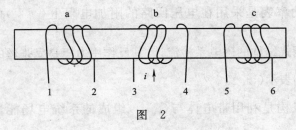

图　2

57. 在低频时,大多数铁芯不是使用整块铁芯,而且用表面带有绝缘层的矽钢片拼叠成铁芯,这么做的目的是为了（　　　）。

58. 半导体三极管有三种工作状态,即放大状态、饱和状态和（　　　）。

59. 在模拟电子电路中,基本放大电路的三种基本接法是共发射集电路,共集电极电路和（　　　）。

60. 分析放大电路的基本方法有图解法、（　　　）和微变等效电路法。

61. 基本逻辑门电路有"与"门,"或门"和（　　　）。

62. 十进制数31转换为2进制数是（　　　）。

63. 在稳压电路中引起输出电压不稳的原因要是交流电源电压的波动和（　　　）的变化。

64. 稳压管工作在（　　　）的情况下,管子两端才能保持稳定的电压。

65. 稳压二极管的图形符号为（　　　）。

66. 计算机系统是由中央处理器,主存贮器,外围设备、电源和（　　　）组成。

67. 电脑软件通常分为系统软件和（　　　）两大类。

68. 全面质量的概念是产品质量和（　　　）两部分的组合。

69. 产品的设计和制造质量,取决于人、原料、设备、(　　　)和环境五大因素。

70. 因果图又称鱼刺图,是表示质量特性与(　　　)的关系的一种质量分析图。

71. 三次平衡电桥线路,从理论上讲它完全能够消除连接导线电阻,电压引线电阻和(　　　)的影响。

72. 电桥线路中的两对对角线是电源对角线和(　　　)对角线。

73. 直流双臂电桥比例系数的转换一般是采用插头式开关或轻压力式(　　　)开关。

74. 三相四线制交流电能表在结构上可分为三元件双盘式、三元件单盘式和(　　　)。

75. 铁磁电动系三相功率表因采用了(　　　)做导磁体,所以功率消耗较大、误差也较大。

76. 直流数字电压表的电路主要是由(　　　)电路和数字电路两大部分组成。

77. 比较式数字电压表的控制部分是用于决定数字电压表的逻辑程序和(　　　)。

78. 磁电系仪表的温度补偿线路可分为串联补偿线路和(　　　)线路。

79. 在磁电系仪表中,分流器是用锰铜制做的,而仪表的动圈是用(　　　)绕制成的。

80. 在电磁系仪表的测量机构中,由于存在动铁片,在直流电路工作时将产生(　　　)误差。

81. 电动系多量限电压表在一部分附加电阻上并联一个电容 C,它的目的是为了(　　　)。

82. 在采用补偿线圈的低功率因数功率表中,其补偿线圈是与电流线圈绕向(　　　)的绕在电流线圈上的。

83. 低功率因数功率表是采用在电压回路的附加电阻上(　　　)的方法进行角误差补偿的。

84. 采用可动线圈式结构的磁电系检流计,其反作用力矩是靠张丝的(　　　)产生的。

85. 图形符号 $\boxed{\times}$ 表示(　　　)。

86. 静电系测量机构是利用带电体与(　　　)组成的系统电场能量来驱动活动部分的偏转。

87. 整流系仪表不论是半波还是全波整流,只能是在测量(　　　)电路才是准确的。

88. 整流系电压表,由于整流元件(　　　)的存在,所以仪表受温度影响较大。

89. 直流是位差计检定装置中,电流回路内开关的接触电阻变差与回路(　　　)之比不得大于 $\frac{1}{20}a\%$(a 为被检电位差计准确度等级)。

90. 由准确度等级为 0.01 的标准直流电位差计构成的直流电位差计检定装置,其标准电位差计和检流计相互不连接时,两部件之间的绝缘电阻应不低于(　　　)MΩ。

91. 测量直流电位差计检定装置的绝缘电阻时,绝缘电阻表的直流电压应为(　　　)。

92. 检定直流电位差计时,标准电位差计应具有与被检电位差计相应的量限,其测量盘的最小步进值应(　　　)被检电位差计的最小步进值。

93. 直流电位差计检定装置中,直流电源应保证(　　　)的相对变化引起的误差不超过被检电位差计允许基本误差的 $\frac{1}{10}$。

94. 检定 0.05 级直流电位差计时,要求标准电池的准确度等级应小于或等于(　　　)。

95. 检定 0.05 级直流电位差计时,要求检定的温度应为(　　　)。

96. 直流电位差计的检定方法可分为(　　　),按元件自检法和按元件检定三种。

97. 检定携带型直流电位差计,一般都采用(   )法。

98. 检定直流电桥时,由标准器,辅助设备及环境条件所引起的检定总不确定度不应超过被检电桥(   )的 1/3。

99. 直流电桥的检定方法可分为(   )检定,半整体检定和元件检定三种。

100. 半整体检定直流电桥的方法是整体检定(   ),元件检定平滑调节臂电阻的实际值,然后通过计算,确定被检电桥的误差。

101. 0.1 级直流电桥应在温度为(   ),相对温度为 40%~75% 条件下检定。

102. 直流电阻箱检定装置重复测量的标准偏差,应不大于相应范围最高等级被检电阻箱等级指数的(   )。

103. 直流电阻箱检定装置中电阻相对变化常数应小等于被检电阻箱等级指数的(   )。

104. 直流电阻箱示值基本误差的检定方法可分为按元件检定和(   )两种。

105. 整体检定直流电阻箱示值基本误差的方法可分为直接测量法和(   )。

106. 当被检电阻箱阻值小于 100 Ω 时,应选(   )灵敏度高的低阻检流计。

107. 在检定直流数字电压表时,要求整个标准装置的总不确定度应小于被检直流数字电压表允许误差的(   )。

108. 直流数字电压表误差的检定方法可分为(   ),直流标准电压发生器法和直流标准仪器法。

109. 检定直流数字电压表时,要求整个测量电路系统应有良好的屏蔽和接地措施,主要目的是为了避免(   )。

110. 检定 2 级三相有功电能表时,每相电流对各相电流的(   )相差不应超过 ±2.0%。

111. 采用轴尖支承的仪表,可动组件在宝石轴承中运转,轴尖磨损后,必然产生(   )误差。

112. 用手工修磨仪表轴尖时,应左手拿稳油后,右手握住钟表拿子,使轴尖在油石上作(   )摩擦转动。

113. 水平位置使用的电工仪表,下轴承承受的重量较大,易于摩损,所以一般采用硬度较高的(   )轴承。

114. 在更换电工仪表轴承时,为了保护螺丝螺纹不被砸坏,应根据轴承组件的结构式样,采取(   )方法,防止损坏变形。

115. 修理后张丝仪表的表头灵敏度和张丝张力的调整,是靠调节六角螺钉的位置,使(   )来改变张力的。

116. 对于直流电位差计低阻值电阻的焊接,焊料应采用(   )。

117. 为保证精密电桥,电阻箱的稳定性,在调修过程中应尽量不要轻易调修电阻元件,对有些误差大元件,可采用(   )的方法,调整误差。

118. 电能表的下轴尖,大部分是用小钢珠嵌在柱形套筒上组装而成,更换新钢珠后,必须用专用铳子(   )。

119. 电动系功率表在拆装过程中,可动线圈与固定线圈起始角的(   )应保持不变。

120. 音频功率电源的振荡器部分通常采用文氏电桥振荡器作为主振荡器,主要是为了提高振荡输出的(   )。

121. 稳压电源的作用是在电网电压波动和(   )变化的情况下保持输出电压不变。

122. 稳压电源的稳压系数越小,其电源的稳定性(　　)。

123. 示波器是由(　　)Y 轴偏转系统,X 轴偏转系统及电源四个基本部分组成。

124. 晶体管特性图示仪是用来在萤光屏上直接观察晶体管的各种(　　),然后通过标尺刻度直接读出晶体管各项参数的专用仪器。

125. 使用晶体管特性图示仪时"峰值电压范围"应根据被测对象最大允许电流和(　　)工作电压正确选择。

126. 二极管的单向导电能力,可以通过欧姆表测量二极管的(　　)来得到。

127. 绝缘电阻表"屏"(G)端的作用是防止被测物表面的(　　)流过仪表动圈而引起的测量误差。

128. 电动系仪表的测量机构因工作磁场很弱,所以必须置于完善的(　　)材料制成的磁屏蔽罩内。以减少对测量机构的干扰。

129. 直流电位差计内附检流计应具有机械调零装置,无机械锁定装置的检流计,应具有可以使检流计(　　)的装置。

130. 对于未知端输出电阻≥10 000 Ω/V 的直流电位差计,称为(　　)电位差计。

131. 对直流电位差计内部线路的检查,主要是对工作电源回路、(　　)回路和测量回路进行定性的检查。

132. 对直流电桥的线路检查,是用(　　)检查电桥内部电阻元件,不应有断路或短路的现象。

133. 具有内附检流计的直流电位差计,其检流计在测量回路处,当测量盘电压变化 $a\%$ 时,引起检流计偏转应不小于(　　)。

134. 直流电位差计的阻尼时间是指,开关断开时,检流计从满度至离开零线小于(　　)时的时间.

135. 直流电桥内附指零仪阻尼时间的试验,应在被检电桥(　　)量程的电阻测量上、下限上进行。

136. 对具有内附电子放大式指零仪的电桥,还应对其指零仪进行漂移及(　　)试验。

137. 直流数字电压表在对其进行外观检查后,应(　　)进行功能检查。

138. 安装式电能表在做内部检查时,如发现各部紧固螺丝松动或缺少必要的垫圈时,该批电能表应(　　)。

139. 用"二表法"检定三相二元有功功率表时,被检表示值的实际值等于两个单相有功功率表的指示值的(　　)。

140. 三相无功率表的检定方法有两种,一种是"人工中性点"检定法,另一种是(　　)。

141. 为了使单相功率表的额定功率因数 $\cos\phi=1$,必须使加到仪表上的电压和电流等于其额定值,然后调节电压和电流之间的电位差角,使仪表的指示器的(　　)。

142. 当被测电流大于功率表电流线圈的额定值时可以用(　　)来扩大电流量程。

143. 用跨相对 90°二表法检定三相二元无功率表额定功率因数 $\sin\phi=1$ 的调整是在额定电压,额定电流和(　　)的条件下进行的。

144. 用人工中性点法检定具有人工中性点的三相无功功率表,当调整移相器使 $\sin\phi=1$ 时,两只标准单相有功功率表的指示值(　　),并且为正值。

145. 对检法检定直流电位差计示值误差的方法又可分为直接比较法、(　　)和电流比较仪电位差计法。

146. 测定直流电位差计各测量盘示值的实际值是从测量盘中的（　　）盘开始,倒进上去,逐一用标准电位差计测定的。

147. 对多量限电位差计示值误差的检定,只需对全检量程作全部示值的测量,而对其他量程只需测定（　　）。

148. 在整体检定双桥时,如果标准电阻箱的调节细度不够,允许调节（　　）最后一、二个测量盘,使电桥平衡,此时,电桥测得读数与标准电阻箱之差就是被检电桥示值的误差。

149. 直流电桥其他量程的检定是通过检定求出该量程与全检量程的（　　）。

150. 检定直流数字电压表的非基本量程时,一般应选取（　　）个检定点。

151. 检定 1 级三相有功电能表时,三相电压的不对称度不应超过（　　）。

152. 直流电位差计示值变差的测量,是在电位差计（　　）内各自任选一点,重复测量三次得到的。

153. 直流电位差计允许基本误差公式中,包括（　　）和热电势。

154. 直流电位差计在任何一个测量盘任意两个相邻度盘示值间的误差的差值,不应超过两个相邻度盘示值的允许基本误差(符号相同)（　　）的 1/2。

155. 直流电位差计的绝缘电阻测量是在直流（　　）的电压下进行的。

156. 开关式电阻箱的变差是由切换开关时（　　）的变化引起的。

157. 对安装式三相电能表进行潜动试验时,应在电流线路无负载电流,而电压线路加 80%～110% 的（　　）额定电压时,转盘转动不得超过 1 转。

158. 直流数字电压表分辨力的测试一般只在（　　）测被检表的最高分辨力。

159. 直流数字电压表显示能力测试一般只测（　　）量程。

160. 对磁电系张丝仪表,拉紧张丝,增大张力,会使表头灵敏度（　　）。

161. 当仪表轴尖磨损后,应更换新轴尖,并清洁（　　）。

162. 电动系仪表指针抖动的主要原因是,可动机构的（　　）与所测量量的频率谐振。

163. 电动系仪表游丝焊片与可动机构的轴杆短路会造成仪表（　　）。

164. 电动系仪表通电后指针向反向偏转,是由于可动线圈与固定线圈（　　）造成的。

165. 电磁系 T_{24} 型仪表负温度系数的补偿电路断路或虚焊会使仪表（　　）。

166. 电磁系 T_{24} 型仪表的固定线圈短路或断路会使仪表通电后（　　）。

167. 电磁系 T_{24} 型仪表补偿线圈断路或短路会造成仪表（　　）误差大。

168. 如图 3 所示,由水平工作位置,将兆欧表前面向上抬高 5°,若指针超出"∞"位置时,应增大（　　）的力矩。

169. 如图 4 所示,由水平工作位置,将兆欧表左面向上抬高 5°,若指针超出"∞"位置时,应增大（　　）的力矩。

170. 绝缘电阻表无穷大平衡线圈短路,会使仪表在额定电压下断开"E"、"L"端时,指针（　　）"∞"位置。

171. 兆欧表的轴尖、轴座偏斜,造成动圈在磁极间的相对位置改变时,会造成仪表可动部分（　　）。

172. 直流电位差计步进盘各挡超差趋势普遍有比例的偏正或偏负时,主要是由于（　　）阻值变化引起的。

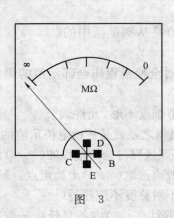

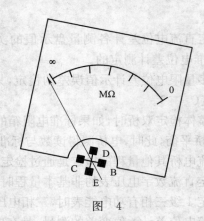

图 3   图 4

173. 直流电位差计滑线盘中某一测量点超差,是由于滑线本身单位长度电阻值不均匀或( )所致。

174. 如果直流电位差计某一盘第 1 个示值超差,而其余不超差,可以采取( )的方法,使正负误差得到相互抵消。

175. 检定与修理电阻仪表时,应对所有影响性能的开关触点,以及使用中经常处于旋转状态的刷形开关进行( )。

176. 直流电阻箱零位电阻大的主要原因是其活动部分( )造成的。

177. 交流电能表电压铁芯老化生锈,而使左边柱磁通过多,出现正潜动超过一周且很快时,可适当在电压铁芯左边柱上加( )。

178. 交流电能表因计度器齿轮咬合太紧,出现轻载时表慢故障,应调修计度齿轮,使其齿牙咬合在( )处。

179. 电能表防潜针与轴杆固定不牢时,会出现表( )。

180. PZ8 型直流数字电压表正基准源没有输出会造成其开机显示( )故障。

181. 直流数字电压表产生跳字现象,一般需观测( )放大器和基准放大器输出波形。

182. 因一般数字仪表计数部分除首位外,各位线路基本相同,如出现某位置显示数字不正确时,可以通过( ),进一步判断故障区域。

183. 直流电位差计的数据化整应以 1、2、5 原则,采用四舍五入及( )。

184. 某直流电位差计第Ⅲ盘第 3 点的修正值为 $-1.18\ \mu V$,第 4 点修正值为 $-3.24\ \mu V$,对其任何一个测量盘任意两个相邻度盘示值间的误差的差值的增量线性为( )μV。

185. 直流电位差计的量限系数是非全检限相对于( )的比例系数。

186. 电位差计温度补偿盘各示值相对于参考值( )V 的误差,不应超过被检电位差计准确度的 $\frac{1}{10}$。

187. 直流电位差计检定数据化整时,一般是化整到每个测量盘( )点的允许误差的 $\frac{1}{10}$。

188. 直流电桥测量盘的综合误差是从( )个测量盘中求得的。

189. 当直流电桥第Ⅰ个测量盘的最大相对误差大等于第Ⅱ个测量盘的最大相对误差时,

其第Ⅰ、Ⅱ个测量盘的综合相对误差则等于(　　)的最大相对误差。

190. 对十进盘电阻器检定数据化整时,第2~第5点应与第1点末位对齐,第6点以上(　　)。

191. 直流数字电压表进行数据化整时,由于化整带来的误差一般应不超过允许误差的(　　)。

192. 一台 DVM,其基本误差公式为 $\Delta=(0.01\%V_x+0.01\%V_m)$,当 $V_m=1$ V;$V_x=0.2$ V 时,其允许相对误差为(　　)。

193. 一块准确度为 0.2 级,10 分格刻度,10 A 电流表,其在 8 分格处的实际值为 8.012 6 A,该点的修正值为(　　)格。

194. 数据修约间隔为 0.02 的电工仪表,在数据化整后,其保留位数应为小数点后(　　)。

195. 某仪表数据修约间隔为 0.05,则化整后的数据小数点后保留二位,是(　　)倍。

196. 准确度等级为 0.2,标度尺刻度为 30 分格的电流表,其实际值数据修约间隔应为(　　)。

197. 一块三相有功功率表,该表的测量上限为 80 MW,仪表上注明 $\frac{V_1}{V_2}=\frac{110\text{ kV}}{100\text{ V}}$,$\frac{I_1}{I_2}=\frac{400\text{ A}}{5\text{ A}}$,当采用两只量程为 120 V、5 A,满刻度 150 分格的 0.2 级单相功率表检定时,在 $\cos\phi=1$ 时,检定 80 MW 刻度时,两只单相功率表的读数之和的示值为(　　)W。

198. 一块 1.5 级二元件三相无功功率表,表上注明 $\frac{V_1}{V_2}=\frac{60\text{ kV}}{100\text{ V}}$,$\frac{I_1}{I_2}=\frac{100\text{ A}}{5\text{ A}}$,测量上限为 8 MW,现用两块 150 V、5 A,150 分格的单相有功功率表做标准,按"人工中性点"法检定,当三相无功功率表示值为 8 MW 时,两只单相有功功率表的读数之和为(　　)W。

199. 1.0 级交流电能表检定结果处理时,相对误差的末位数,应化整为化整间距为 0.1 的(　　)。

200. 用"瓦秒法"检定 2.0 级电能表时,如检定装置在 $\cos\phi=1$ 时,测量误差为 0.4%,必须考虑标准功率表或检定装置的已定(　　)。

二、单项选择题

1. 计量工作的基本任务是保证量值的准确、一致和测量器具的正确使用,确保国家计量法规和(　　)的贯彻实施。

(A)计量单位统一　　(B)法定单位　　　(C)计量检定规程　　(D)计量保证

2. 用对观测列进行统计分析的方法,来(　　)标准不确定度称为不确定度的 A 类评定。

(A)评定　　　　　(B)确定　　　　　(C)确认　　　　　(D)选择

3. 属于强制检定工作计量器具的范围包括(　　)。

(A)用于重要场所方面的计量器具

(B)用于贸易结算、安全防护、医疗卫生、环境监测四方面的计量器具

(C)列入国家公布的强制检定目录的计量器具

(D)用于贸易结算、安全防护、医疗卫生、环境监测方面列入国家强制检定目录的工作计量器具

4. 强制检定的计量器具是指(　　　　)。

(A)强制检定的计量标准

(B)强制检定的计量标准和强制检定的工作计量器具

(C)强制检定的社会公用计量标准

(D)强制检定的工作计量器具

5. 我国《计量法实施细则》规定,(　　　　)计量行政部门依法设置的计量检定机构,为国家法定计量检定机构。

(A)国务院　　　　　　　　　　　　(B)省级以上人民政府

(C)有关人民政府　　　　　　　　　(D)县级以上人民政府

6. 企业、事业单位建立本单位各项最高计量标准,须向(　　　　)申请考核。

(A)省级人民政府计量行政部门

(B)县级人民政府计量行政部门

(C)有关人民政府计量行政部门

(D)与其主管部门同级的人民政府计量行政部门

7. 非法定计量检定机构的计量检定人员,由(　　　　)考核发证。

(A)国务院计量行政部门　　　　　　(B)省级以上人民政府计量行政部门

(C)县级以上人民政府计量行政部门　(D)其主管部门

8. 计量器具在检定周期内抽检不合格的,(　　　　)。

(A)由检定单位出具检定结果通知书　(B)由检定单位出具测试结果通知书

(C)由检定单位出具计量器具封存单　(D)应注销原检定证书或检定合格印、证

9. 伪造、盗用、倒卖强制检定印、证的,没收其非法检定印、证和全部非法所得,可并处(　　　　)以下的罚款;构成犯罪的,依法追究刑事责任。

(A)3 000 元　　　(B)2 000 元　　　(C)1 000 元　　　(D)500 元

10. 1984 年 2 月,国务院颁布《关于在我国统一实行(　　　　)》的命令。

(A)计量制度　　　(B)计量管理条例　(C)法定计量单位　(D)计量法

11. 法定计量单位中,国家选定的非国际单位制的质量单位名称是(　　　　)。

(A)公斤　　　　　(B)公吨　　　　　(C)米制吨　　　　(D)吨

12. 在国家选定的非国际单位制单位中,能的计量单位是电子伏,它的计量单位符号是(　　　　)。

(A)EV　　　　　　(B)V　　　　　　(C)eV　　　　　　(D)Ve

13. 国际单位制中,下列计量单位名称属于有专门名称的导出单位是(　　　　)。

(A)摩(尔)　　　　(B)焦(耳)　　　　(C)开(尔文)　　　(D)坎(德拉)

14. 按我国法定计量单位使用方法规定,3 cm^2 应读成(　　　　)。

(A)3 平方厘米　　(B)3 厘米平方　　(C)平方 3 厘米　　(D)3 个平方厘米

15. 按我国法定计量单位的使用规则,15 ℃应读成(　　　　)。

(A)15 度　　　　　(B)15 度摄氏　　　(C)摄氏 15 度　　　(D)15 摄氏度

16. 国际单位制中,下列计量单位名称属于基本单位名称的是(　　　　)。

(A)欧(姆)　　　　(B)伏(特)　　　　(C)瓦(特)　　　　(D)坎(德拉)

17. 测量结果与被测量真值之间的差是(　　　　)。

(A)偏差　　　　　(B)测量误差　　　　(C)系统误差　　　　(D)粗大误差

18. 测量结果与被测量真值之间的差是(　　)。

(A)偏差　　　　　(B)测量误差　　　　(C)系统误差　　　　(D)粗大误差

19. 计量保证体系的定义是:为实施计量保证所需的组织结构(　　)、过程和资源。

(A)文件　　　　　(B)程序　　　　　(C)方法　　　　　(D)条件

20. 按照 ISO10012—1 标准的要求:(　　)

(A)企业必须实行测量设备的统一编写管理办法

(B)必须分析计算所有测量的不确定度

(C)必须对所有的测量设备进行标识管理

(D)必须对所有的测量设备进行封缄管理

21. 计量检测体系要求对所有的测量设备都要进行(　　)。

(A)检定　　　　　(B)校准　　　　　(C)比对　　　　　(D)确认

22. 用图形符号绘制,并按工作顺序排列,详细表示电路,设备或成套装置的全部基本组成部分和连接关系,而不考虑其实际位置的一种简图称为(　　)。

(A)系统图　　　　(B)框图　　　　　(C)电路图　　　　(D)接线图

23. 可以将同一电气元器件分解成为几部分,画在不同的回路中,但必须以同一文字符号标注的图是(　　)。

(A)接线图　　　　(B)系统图　　　　(C)电路图　　　　(D)印刷板零件图

24. 并联电路的特点是(　　)。

(A)加在各并联支路两端的电压相等

(B)电路内的总电流等于各分支电路的电流之和

(C)并联电阻越多,则总电阻越小,且其值小于任一支路的电阻值

(D)电流处处相等

25. 如图 5 所示矢量图中,表明(　　)。

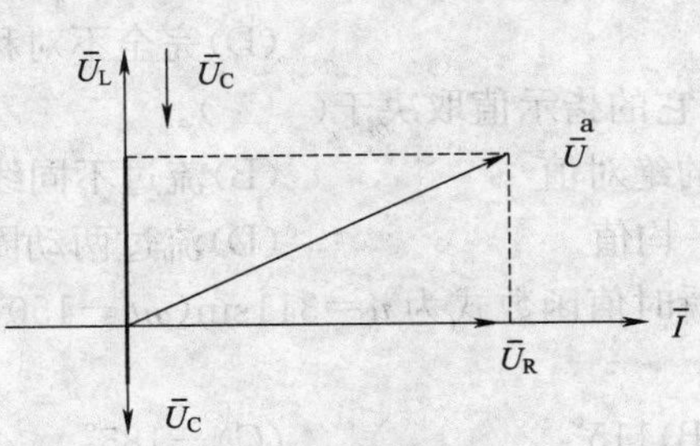

图　5

(A)$V_L < V_C$　　　(B)$V_L > V_C$　　　(C)$V_L = V_C$　　　(D)$V_C = V_R$

26. 图形符号 ▭ 表示(　　)

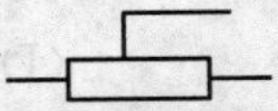

(A)带滑动触点的电阻器　　　　　(B)带滑动触点的电位器

(C)带固定抽头的电阻器　　　　　(D)带分压端子的电阻器

27. 图形符号中的符号 c 代表的是(　　)

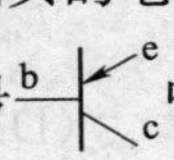

(A)NPN 型三极管的发射极　　　　　　　(B)NPN 型三极管的集电极
(C)PNP 型三极管的基极　　　　　　　　(D)PNP 型三极管的集电级

28. 检定绝缘电阻表基本误差时,连接导应有良好的绝缘,应采用硬导线悬空连接或采用高压(　　)导线连接。
(A)聚氯乙烯绝缘双根平行　　　　　　　(B)棉纱纺织橡皮绝缘双根绞合
(C)聚四氟乙烯　　　　　　　　　　　　(D)聚氯乙烯绝缘双绞合

29. 电工仪表的轴尖允许采用(　　)线材制造,但应采取防锈措施,并不应有剩磁存在。
(A)硅钢　　　　　(B)铁氧体　　　　　(C)高碳钢　　　　　(D)玻莫合金

30. 电工仪表分流器附加电阻用料一般是采用(　　)制做的。
(A)高强度漆包锰铜线　　　　　　　　　(B)无磁性漆包铜线
(C)高强度漆包圆铝线　　　　　　　　　(D)高强度漆包圆铜线

31. 数字电压表前面板上的保护端 G 是接到 DVM (　　)的引出端。
(A)外屏蔽　　　　(B)内屏蔽　　　　(C)模拟地　　　　(D)保护接地

32. 逐次逼近式 DVM 是表征对被测电压的(　　)测量。
(A)平均值　　　　(B)有效值　　　　(C)最大值　　　　(D)瞬时值

33. 影响静电系电压表误差的最主要因素是(　　)的变化。
(A)外界温度　　　　(B)外磁场　　　　(C)被测电压频率　　　　(D)外电场

34. 热电比较仪是采用功率大,时间常数小的(　　)去扩展电压量限的。
(A)附加电阻　　　　(B)附加电容　　　　(C)附加电感　　　　(D)分流器

35. 交流电桥的指零仪不是采用(　　)来实现的。
(A)振动式检流计　　　　　　　　　　　(B)光电放大式检流计
(C)电话、耳机　　　　　　　　　　　　(D)电子线路放大器式检流计

36. 两元件跨相元功电能表仅适用于(　　)系统的无功功率测量。
(A)简单不对称的三相三线制　　　　　　(B)简单的不对称三相四线制
(C)完全对称的三相　　　　　　　　　　(D)完全不对称的三相三线制

37. 电动系功率因数表,它的指示值取决于(　　)。
(A)线圈中通过的电流的绝对值　　　　　(B)流过不同线圈的两组电流的比值
(C)流过动圈中电流的平均值　　　　　　(D)流过两动圈中电流的乘积

38. 已知电流与电压的瞬时值函数式为 $u=311\sin(\omega t-150°)$,$i=6.7\sin(\omega t-35°)$,电流超前电压的相位差为(　　)
(A)185°　　　　(B)115°　　　　(C)−185°　　　　(D)−115°

39. 我国工频电源电压的(　　)为 220 V。
(A)最大值　　　　(B)有效值　　　　(C)平均值　　　　(D)瞬时值

40. 电容器的容抗是随频率的增加而(　　)。
(A)增加　　　　(B)不变　　　　(C)减小　　　　(D)增加一半

41. 在纯电容电路中,电路的无功功率因素,$\sin\phi$ 为(　　)。
(A)0　　　　(B)1　　　　(C)0.8　　　　(D)0.5

42. 图 6 中线圈中同名端是(　　)。
(A)1 与 3　　　　(B)2 与 5　　　　(C)2 与 3　　　　(D)3 与 5

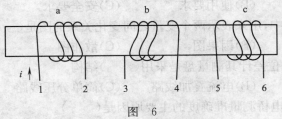

图 6

43. 半导体三极管的两大应用场合是放大电路和( )电路。

(A)触发　　　　(B)开关　　　　(C)可控整流　　　　(D)三相半控整流

44. 三极管集电极—基极反向截止电流 I_{cb0} 是( )时,基极和集电极间加规定反向电压时的集电极电流。

(A)$I_e=0$　　　　(B)$I_b=0$　　　　(C)$I_c=0$　　　　(D)$I_b=1$

45. 用万用表 R×100 Ω 挡测量一只三极管各极间正、反向电阻时,如果都呈现很小的阻值时,则该三极管( )。

(A)两个 PN 结都被烧坏　　　　　　　(B)两个 PN 结都被击穿

(C)发射极被击穿　　　　　　　　　　(D)集电极被击穿

46. 共发射极放大电路的功率放大倍数大,输入电阻较小,常用于( )。

(A)高频放大　　　(B)恒流源电路　　　(C)低频放大　　　(D)输入级电路

47. "异或"门电路的逻辑功能表达式是( )。

(A)$P=\overline{A \cdot B \cdot C}$　　　　　　　　(B)$P=\overline{A+B+C}$

(C)$P=\overline{A \cdot B+C \cdot D}$　　　　　　(D)$P=\overline{A} \cdot B+\overline{B} \cdot A$

48. 二进制数 1011101 等于十进制数的( )。

(A)92　　　　(B)93　　　　(C)94　　　　(D)95

49. 稳压二极管的反向特性曲线越陡,则其( )。

(A)稳压效果越差　　　　　　　　　　(B)稳压效果越好

(C)稳定的电压值越高　　　　　　　　(D)稳定的电流值越高

50. 符号
```
A ─┐
B ─┤ ≥1 ├─ Q
C ─┘
```
所表示的是( )。

(A)"非门"　　　(B)"或"门　　　(C)"与"门　　　(D)"与非"门

51. 一般在低压系统中,保护接地电阻应( )。

(A)≤2 Ω　　　　(B)≤4 Ω　　　　(C)≤5 Ω　　　　(D)≤10 Ω

52. 当电气设备起火时,因某种原因,必须带电灭火时,应选择( )进行灭火。

(A)四氯化碳灭火机　　(B)泡沫灭火机　　(C)黄沙　　　　(D)水

53. 计算机键盘( )键是回车换行键,表示键入的命令或信息行的结束。

(A)Space　　　(B)shift　　　(C)Enter　　　(D)Tab

54. 操作系统是一台计算机中必不可少的软件,在 PC 机中常用的操作系统是 DOS 和( )系统。

(A)WPS　　　(B)Word　　　(C)Windows　　　(D)Excel

55. 产品质量是指产品满足( ),所具备的特性。

(A)用户要求　　　(B)使用要求　　　(C)安全要求　　　(D)可靠要求

56. 在质量分析图中,用来表示两个变量之间变化关系的图是(　　)。

(A)控制图　　　(B)因果图　　　(C)散布图　　　(D)排列图

57. UJ36 型直流电位差计其测量盘是采用(　　)结构。

(A)并联分路线路　　　(B)电流叠加线路　　　(C)简单分压线路　　　(D)串联代换线路

58. 影响直流双臂电桥测量准确度的主要原因是(　　)。

(A)跨线电阻的影响　　　　　　(B)电位端导线电阻的影响

(C)桥路灵敏度影响　　　　　　(D)电源电压影响

59. 感应系交流电能表在工作时,其反作用力矩是由(　　)产生的。

(A)电流线圈　　　(B)电压线圈　　　(C)永久磁铁　　　(D)蜗杆

60. 电动系三相有功功率表中有(　　)测量元件系统,它们共同作用在一个公共的可动部分上。

(A)一个　　　(B)二个　　　(C)三个　　　(D)四个

61. 电动系三相二元件有功功率表的标度尺是按(　　)总功率分度的。

(A)单相　　　　　　(B)三相三线系统

(C)三相四线系统　　　(D)三相四线不对称系统

62. 双积分式数电压表,有良好的工作特性,但它有一个较突出的缺点是(　　)。

(A)准确度低　　　(B)抗干扰能力差　　　(C)采样速度较慢　　　(D)电路结构复杂

63. 比较式数字电压表的比较器部分的作用是比较和鉴别被测电压和标准反馈电压的差值和极性,它基本上决定了数字电压表的(　　)。

(A)测量速度　　　(B)灵敏度　　　(C)逻辑程序　　　(D)测量速度

64. 磁电系仪表一般是采用(　　)进行温度补偿的。

(A)热磁补偿　　　　　　(B)双金属片调节张丝张力

(C)热补偿器　　　　　　(D)线路补偿

65. 在电磁系仪表的测量机构中,由于存在动铁片,在交流电路工作时,将产生(　　)误差。

(A)磁滞　　　(B)阻尼　　　(C)涡流　　　(D)摩擦

66. 当个人计算机以拨号方式接入 Internet 网时,必须使用的设备是(　　)。

(A)网卡　　　　　　(B)调制解调器(Modem)

(C)电话机　　　　　　(D)浏览器软件

67. 有补偿线圈的低功率数功率表宜采用(　　)的接线方法。

(A)电压线圈前接　　　(B)电压线圈后接　　　(C)电压线圈反接　　　(D)电流线圈反接

68. 振动式检流计是用(　　)改变反作用力矩,来改变活动部分的自由振荡周期的。

(A)铁芯　　　(B)线圈　　　(C)永久磁铁　　　(D)张丝

69. 绝缘电阻表是用(　　)取代游丝的。

(A)永久磁铁　　　(B)线圈　　　(C)张丝　　　(D)铁芯

70. 静电系测量机构的固定部分和可动部分一般是由(　　)构成的。

(A)线圈　　　(B)磁芯和线圈　　　(C)电极　　　(D)永久磁铁

71. 量限整流系电压表,在整流器两端并联一个铜和锰铜的分流电阻,其作用是补偿(　　　)。

　　(A)温度增加时整流系数的降低　　　　(B)温度增加时整流系数的增高

　　(C)波形影响带来的误差　　　　(D)频率变化带来的误差

　　72. 检定直流电位差计时,由标准器、辅助设备及环境条件等所引起的检定总不确定度应不超过被检电位差度允许基本误差的(　　　)。

　　(A)$\frac{1}{2}$　　　　(B)$\frac{1}{3}$　　　　(C)$\frac{1}{4}$　　　　(D)$\frac{1}{5}$

　　73. 直流电位差计检定装置中,电流回路内开关的接触电阻的变差与回路总电阻之比不得大于(　　　)$a\%$。(a 为准确度等级)

　　(A)$\frac{1}{5}$　　　　(B)$\frac{1}{10}$　　　　(C)$\frac{1}{3}$　　　　(D)$\frac{1}{20}$

　　74. 检定直流电位差计时,标准电位差计的年稳定度,应不低于被检电位差计允许基本误差的(　　　)。

　　(A)$\frac{1}{3}$　　　　(B)$\frac{1}{5}$　　　　(C)$\frac{1}{7}$　　　　(D)$\frac{1}{10}$

　　75. 直流电位差计检定装置中检流计灵敏度不够引起的误差应不超过被检电位差计允许基本误差的(　　　)。

　　(A)$\frac{1}{3}$　　　　(B)$\frac{1}{4}$　　　　(C)$\frac{1}{5}$　　　　(D)$\frac{1}{10}$

　　76. 直流电位差计检定装置中,标准电池的准确度等级应为被检电位差计准确度等级的(　　　)。

　　(A)$\frac{1}{3}$　　　　(B)$\frac{1}{4}$　　　　(C)$\frac{1}{5}$　　　　(D)$\frac{1}{10}$

　　77. 检定直流电桥时,由标准器、辅助设备及环境条件所引起的检定总不确定度应不超过被检电桥准确度等级的(　　　)。

　　(A)$\frac{1}{3}$　　　　(B)$\frac{1}{4}$　　　　(C)$\frac{1}{5}$　　　　(D)$\frac{1}{10}$

　　78. 用整体法检定0.1级直流电桥时,标准电阻箱的准确度等级不得低于(　　　)。

　　(A)0.005　　　　(B)0.01　　　　(C)0.02　　　　(D)0.05

　　79. 按元件检定直流电桥,采用替代法或置换法检定时,测量仪器所引起的误差不应超过被检电阻元件允许误差的(　　　)。

　　(A)$\frac{1}{3}$　　　　(B)$\frac{1}{4}$　　　　(C)$\frac{1}{5}$　　　　(D)$\frac{1}{10}$

　　80. 检定直流电桥时,检流计灵敏度阈引进的误差应不超过允许误差的(　　　)。

　　(A)$\frac{1}{3}$　　　　(B)$\frac{1}{4}$　　　　(C)$\frac{1}{5}$　　　　(D)$\frac{1}{10}$

　　81. 在检定电桥的整个过程中,流过标准器的电流在以此无规定时,最大不得大于(　　　)。

　　(A)0.1 A　　　　(B)0.2 A　　　　(C)0.5 A　　　　(D)1 A

　　82. 检定0.2级直流电桥时,要求其检定环境温度为(　　　)。

　　(A)(20±2)℃　　　　(B)(20±1)℃　　　　(C)(20±5)℃　　　　(D)(20±2)℃

83. 检定直流电阻箱时,由标准检定装置及环境条件所引起的总不确度度应小于或等于被检电阻箱等级指数(　　)。

(A)$\frac{1}{3}$　　　　　(B)$\frac{1}{4}$　　　　　(C)$\frac{1}{5}$　　　　　(D)$\frac{1}{10}$

84. 检定 0.1 级直流电阻箱时,要求检定装置的灵敏度不低于(　　)。

(A)1 格/10^{-6}　　(B)1 格/10^{-5}　　(C)1 格/10^{-4}　　(D)1 格/10^{-3}

85. 直流电阻箱检定装置中,装置灵敏度引起的误差应不大于被检电阻箱等级指数的(　　)。

(A)$\frac{1}{3}$　　　　　(B)$\frac{1}{4}$　　　　　(C)$\frac{1}{5}$　　　　　(D)$\frac{1}{10}$

86. 检定直流数字电压表时,直流信号源电压的稳定度应小于被检数字表允许误差的(　　)。

(A)$\frac{1}{5}\sim\frac{1}{10}$　　(B)$\frac{1}{3}\sim\frac{1}{5}$　　(C)$\frac{1}{2}\sim\frac{1}{3}$　　(D)$\frac{1}{3}\sim\frac{1}{7}$

87. 定级检定的直流数字电压表必须做(　　)的短时稳定误差和 1 年的长期稳定误差测量。

(A)6 h　　　　　(B)12 h　　　　　(C)24 h　　　　　(D)36 h

88. DC-DVM 共模干扰抑制比的测试,选择不平衡电阻一般取(　　)Ω。

(A)100　　　　　(B)1 000　　　　　(C)10 000　　　　　(D)300

89. 直流数字电压表应在恒温室内放置(　　)小时以上,再对其主要技术指标进行检定。

(A)8　　　　　(B)12　　　　　(C)24　　　　　(D)48

90. 检定 2 级三相有功电能表时,每一相(线)电压对三相(线)电压平均值相差不得超过(　　)。

(A)±0.5%　　(B)±1.0%　　(C)±1.5%　　(D)±2.0%

91. 组合轴是在由非磁性材料制成的轴尖座中压入钢质轴尖组成,这种结构一般用于(　　)仪表。

(A)电磁系　　　　(B)电动系　　　　(C)磁电系　　　　(D)静电系

92. 仪表轴尖在更换时,若轴尖很牢固,拔出前先用钳子沿轴颈圆周部分轻夹几次,再滴入少量(　　),即可较易拔出。

(A)机油　　　　(B)变压器油　　　　(C)煤油　　　　(D)酒精

93. 电工仪表游丝铜带的宽度与厚度之比应在(　　)范围内。

(A)2~3　　　　　(B)3~5　　　　　(C)5~8　　　　　(D)8~10

94. 外半径为 4 mm 的游丝,其允许扭紧扭松的工作角度为(　　)。

(A)90°　　　　　(B)180°　　　　　(C)270°　　　　　(D)360°

95. 电工仪表的上下两只游丝,安装时,其螺旋方向是相反的,其目的是为了在仪表运动时(　　)。

(A)保持力矩均衡　　　　　　　　(B)减少摩擦力矩
(C)保持指针平衡　　　　　　　　(D)保持可动部分平衡

96. C_{41} 型仪表的可动部分,是由固定在减振弹片上的两根高强度的(　　)张丝组成的。

(A)铂银合金　　(B)锡锌青铜　　(C)铍青铜　　(D)钴 40

97. 焊接仪表张丝时,给张丝施加的张力,不应超过张丝拉断力的(　　)。

(A)$\frac{1}{2}\sim\frac{1}{3}$　　　　(B)$\frac{1}{3}\sim\frac{1}{5}$　　　　(C)$\frac{1}{4}\sim\frac{1}{3}$　　　　(D)$\frac{1}{5}\sim\frac{1}{10}$

98. 在绕制直流电位差计精密线绕锰铜电阻时,应选用(　　)。

(A)硬线　　　　　(B)软线　　　　　(C)纱包线　　　　　(D)丝包线

99. 在绕制阻值为 $1\ \Omega$ 的直流电位差计线绕电阻时,应采用(　　)绕制方法。

(A)反向分段绕　　　(B)双线并绕　　　(C)单线顺绕　　　(D)双线并绕脱胎

100. 在直流电阻仪器清洗后,对于轻压力银铜复合材料制成的开关,可涂上一层薄薄的(　　)。

(A)中性凡士林油　　　　　　　　　(B)3 号中性仪表润滑油

(C)12 号机油　　　　　　　　　　(D)30 号机油

101. 绝缘电阻表发电机整流环与电刷之间应全面接触,在修理时,应使用(　　),清洁整流环。

(A)汽油　　　　　(B)酒精　　　　　(C)煤油　　　　　(D)机油

102. JWL-30 型晶体管稳流源开机后,还未动粗调电位器,就有输出,此故障产生原因可能是(　　)造成的。

(A)辅助电源板±25 V 电源输出低于 25 V　　(B)差放板上的调整管被击穿

(C)差放管配对不好　　　　　　　　　　(D)粗调电位器的中间抽头接触不良

103. 示波器的微调旋钮是用来与其他旋钮配合使用时,使其(　　)。

(A)波形稳定　　　　　　　　　　(B)波形左右移动

(C)波形上下移动　　　　　　　　(D)荧光屏上迹点聚焦

104. 使用晶体管特性图示仪测量时,若发现输出特性曲线有漂移现象,应立即将(　　)开关扳至"关"位。

(A)阶梯作用　　　(B)扫描作用　　　(C)X 轴作用　　　(D)Y 轴作用

105. 做二极管正反电阻测量时,其重要因素是(　　)。

(A)正向电阻的大小　　　　　　　(B)反向电阻的大小

(C)正反向电阻之比　　　　　　　(D)正反向电阻之和

106. 电动系仪表的防磁罩一般均与动圈相连,并使两者之间的电位差为零,其作用是(　　)。

(A)消除附加静电误差　　　　　　(B)消除附加磁场误差

(C)消除分布电容影响　　　　　　(D)消除感生电流影响

107. 用万用表欧姆挡对低阻直流电位差计三个基本回路进行内部线路检查时,应使用(　　)挡。

(A)×1 Ω　　　　(B)×10 Ω　　　　(C)×100 Ω　　　　(D)×1000 Ω

108. 用万用表欧姆挡对高阻直流电位差计三个基本回路进行内部线路检查时,应使用(　　)挡。

(A)×1 Ω　　　　(B)×10 Ω　　　　(C)×100 Ω　　　　(D)×1000 Ω

109. 直流电桥内附指零仪灵敏度的试验,应在被检电桥总有效量程的测量电阻的(　　)进行。

(A)上限　　　　　　(B)下限　　　　　　(C)上、下限　　　　　　(D)中值和上限

110. 直流电位差计中内附检流计的阻尼时间应不超过（　　　）。

(A)1 s　　　　　　(B)2 s　　　　　　(C)3 s　　　　　　(D)5 s

111. 当直流电位差计内附检流计为电子放大式检流计时,预热后应将检流计调至零线,检流计在（　　　）后离开零线的偏转不得大于 1 mm。

(A)10 min　　　　　　(B)5 min　　　　　　(C)1 min　　　　　　(D)3 min

112. 只有内附检流计采用（　　　）的直流电位差计,才应做零位漂移和抖动检查。

(A)光点式　　　　　　(B)光电放大式　　　　　　(C)电子放大式　　　　　　(D)振动式

113. 对准确度等级为 0.1 的具有内附电子放大式指零仪的直流电桥,其指零仪的预热时间应不超过（　　　）。

(A)5 min　　　　　　(B)10 min　　　　　　(C)15 min　　　　　　(D)20 min

114. DVW 的零电流测试是将检流计接在数字电压表的（　　　）进行的。

(A)输出端　　　　　　(B)输入端　　　　　　(C)电源端　　　　　　(D)接地端

115. 用一块标准有功功率表检定一块二元件三相功率表时,当被检表的示值为 100 分度线时,标准表的读数为 500.5 W,则被检功率表在 100 分度线的实际值为（　　　）。

(A)500.5 W　　　　　　(B)1 501.5 W　　　　　　(C)1 001 W　　　　　　(D)866.6 W

116. 用"二表法"测量三相三线电路功率时,当出现一块表的指示值为零时,说明负载的相位角为（　　　）。

(A)$\phi=0$　　　(B)$\phi\pm90°$　　　(C)$\phi=\pm60°$　　　(D)$|\phi|>60°$

117. 当用两只单相有功功率表按人工中性点法接线,测量三相三线无功功率时,设两只功率表的读数分别为 W_1 和 W_2,则三相无功功率等于（　　　）。

(A)W_1+W_2　　　(B)$0.866(W_1+W_2)$　　　(C)$\sqrt{3}(W_1+W_2)$　　　(D)$3(W_1+W_2)$

118. 用两表跨相对 90°法检定二元件无功功率表时,A 相上标准有功功率表的读数为 W_1,C 相上标准有功功率表的读数为 W_2,假设三相完全对称,则其三相元功功率为（　　　）。

(A)W_1+W_2　　　(B)$\sqrt{3}(W_1+W_2)$　　　(C)$0.866(W_1+W_2)$　　　(D)$2\sqrt{3}(W_1+W_2)$

119. 在额定电压,额定电流和三相系统完全对称的条件下,用"二表法"检定三相二元件功率表时,当 $\cos\phi=1$ 时,两只标准单相有功功率表的指示值 P_1 和 P_2 之间的关系为（　　　）。

(A)$P_1>P_2$　　　(B)$P_1<P_2$　　　(C)$P_1=P_2$　　　(D)$P_1=\dfrac{P_2}{2}$

120. 用跨相 90°二表法,检定三相二元无功功率表,其额定功率因数 $\sin\phi=1$ 的调整是在额定电压、额定电流和三相系统完全对称的条件下,向（　　　）方向调节移相器的相位,使其达到最大值。

(A)滞后　　　　　　(B)超前　　　　　　(C)容性　　　　　　(D)$\sin\phi=0.5$

121. 在额定电压、电流和三相系统完全对称的情况下,当用人工中性点法检定三相无功功率表时,若两只标准单相功率表的指示值相等、并且为正值时,则其系统的（　　　）。

(A)$\cos\phi=1$　　　(B)$\cos\phi=0$　　　(C)$\sin\phi=1$　　　(D)$\sin\phi=0.5$

122. 对测量盘内有滑线电阻的直流电位差计示值进行周期检定时,可每隔（　　　）点测定。

(A)2　　　　　　(B)4　　　　　　(C)5　　　　　　(D)10

123. 对直流电位差计基本误差小于 $1\ \mu V$ 的各示值,检定时分别在工作电流正向和反向下进行两次测量,取其平均值做为测量实际值的目的是为了消除(　　)影响。

(A)零电势　　　　(B)热电势　　　　(C)漏电流　　　　(D)静电

124. 在整体检定直流双桥时,在制造厂无明确规定情况下,跨线电阻最大不得大于(　　)Ω。

(A)0.001　　　　(B)0.005　　　　(C)0.01　　　　(D)0.015

125. 直流电桥量程系数比中三个比值互相之差是用(　　)表示时,不应超过 $\frac{1}{3}a\%$(a 为电桥准确度等级)。

(A)绝对误差　　　　(B)引用误差　　　　(C)相对误差　　　　(D)平均值

126. DVM 检定点的选取原则,在基本量程一般取不小于(　　)检定点。

(A)3 个　　　　(B)5 个　　　　(C)10 个　　　　(D)15 个

127. 确定交流电能表的三相不平衡负载基本误差时,应在电源的(　　)情况下进行。

(A)三相电压不对称,三相电流也不对称

(B)三相电压不对称,三相电流对称

(C)三相电压对称,任一相电流回路有电流,其他两回路无电流

(D)三相电压对称,三相电流不对称

128. 检定三相有功和元功电能表时,对检定装置输出电量的对称度有严格的要求,对称度要求是(　　)的对称应符合规程要求。

(A)三相电流、电压的幅值

(B)三相电流与电压间的相位差

(C)三相电流、电压的幅值及电流与电压间的相位差

(D)三相电流的幅值

129. 在直流电位差计示值变差测量中,每次测量前,将该盘从头到尾转动一次,要求转动与测量之间应要隔若干分钟,目的是为了消除(　　)影响。

(A)可变热电势　　　　(B)可变零电势　　　　(C)泄漏电流　　　　(D)静电

130. 直流电位差计示值变差应小于被检电位差计允许基本误差的(　　)

(A)$\frac{1}{3}$　　　　(B)$\frac{1}{4}$　　　　(C)$\frac{1}{5}$　　　　(D)$\frac{1}{10}$

131. 对直流电位差计同一被测量值所获得的任意两个测量盘示值之误差的差值不应超过允许基本误差的(　　)

(A)$\frac{1}{5}$　　　　(B)$\frac{1}{2}$　　　　(C)$\frac{1}{3}$　　　　(D)$\frac{1}{4}$

132. 当测量一个具有高达 $10\ k\Omega$ 的源电阻或具有 $10\ k\Omega$ 或更大的对地电阻的电压时,因电位差计的内部泄漏而引起的误差应不超过(　　)。(a 为电位差计准确度等级)

(A)$\frac{1}{3}a\%$　　　　(B)$\frac{1}{5}a\%$　　　　(C)$\frac{1}{10}a\%$　　　　(D)$\frac{1}{15}a\%$

133. 一个准确度等级为 0.05 直流电位差计,在直流 $500\ V\pm10\%$ 的电压下,电位差计线路对线路无电气连接的任意点导电部件之间的绝缘电阻,不应低于(　　)MΩ。

(A)20　　　　(B)50　　　　(C)100　　　　(D)200

134. 直流电桥线路对与线路无电气连接的任意点之间的绝缘电阻应≥( )MΩ。
(A)20 　　　　(B)50 　　　　(C)100 　　　　(D)200

135. 在电桥总有效量程内,当电桥平衡时,电桥上的任意一个端钮与外壳连接时,引起检流计偏转而产生的误差应不大于电桥允许基本误差的( )。
(A)$\frac{1}{3}$ 　　　(B)$\frac{1}{4}$ 　　　(C)$\frac{1}{5}$ 　　　(D)$\frac{1}{10}$

136. 直流电阻箱接触电阻变差的测量应用分辨率不大于( )mΩ 的毫欧计或双桥测量。
(A)0.05 　　　(B)0.1 　　　(C)0.15 　　　(D)0.2

137. 交流电能表在允许使用温度范围内,相对温度 85% 以下其电流线路与电压线路间,不同相别电流线路间,应能承受 50 Hz 或 60 Hz 的( )有效值,实际正弦交流电压历时 1 min 的工频压试验。
(A)220 V 　　(B)380 V 　　(C)600 V 　　(D)1 000 V

138. 电能表做工频耐压试验时,其试验装置,高压侧的容量应不少于( )VA。
(A)100 　　　(B)200 　　　(C)300 　　　(D)500

139. 在额定电压、额定频率和功率因数为 1.0 的条件下,1.0 级有止逆器的电能表的起动电流值不应超过( )。(I_b标定电流)
(A)0.005I_b 　　(B)0.002I_b 　　(C)0.008I_b 　　(D)0.009I_b

140. 对三相三线电能表,其起动功率应为( ),其中 U_x 为线电压,U_{xg} 为相电压,I_Q 为允许起动电流。
(A)$U_{xg}I_Q$ 　(B)$3U_{xg}I_Q$ 　(C)$\sqrt{3}U_{xg}I_Q$ 　(D)$\frac{\sqrt{3}}{2}U_{xg}I_Q$

141. 在对额定电压>(100~660)V 的直流数字电压表做绝缘电阻测试时,兆欧表所加试验电压应大于( )V。
(A)100 　　　(B)200 　　　(C)500 　　　(D)1 000

142. 在磁电式张丝仪表的调修中,张丝松驰会使仪表灵敏度( )
(A)降低 　　(B)提高 　　(C)不变 　　(D)不一定

143. 电动系轴尖支承仪表零位变位故障原因是由( )引起的。
(A)游丝弹性失效 　　　　(B)屏蔽罩有剩磁
(C)轴承松动 　　　　(D)游丝焊点焊锡过多

144. 当电动系仪表出现指针抖动故障时,应增减可动部分的重量或( )
(A)更换游丝 　(B)清洗轴尖 　(C)清洗轴承 　(D)更换轴尖

145. 电动系仪表倾斜误差大的原因可能是由于( )造成的。
(A)轴尖曲率半径过大 　　　(B)轴承曲率半径过小
(C)轴尖曲率半径过小 　　　(D)轴尖与轴承间隙过紧

146. 电动系仪表游丝焊片与动圈引出头之间脱焊,会使仪表产生( )故障。
(A)通以额定电流后,偏转角很小 　(B)通电后不偏转
(C)通电后指针向反向偏转 　　(D)指示值不稳定

147. 电动系仪表固定线圈或可动线圈有部分短路,会造成仪表( )。

(A)通电后不偏转　　　　　　　　　　　(B)通电后指针向反方向偏转

(C)指示值不稳定　　　　　　　　　　　(D)通以额定电流后,偏转角很小

148. 电磁式 T_{24} 型仪表的张丝张力或弹片弹性变化,会使仪表(　　)

(A)不平衡误差大　　(B)示值误差大　　(C)直流变差大　　(D)交流误差大

149. 电磁系 T_{24} 型仪表的铁片脱胶松动位移时,会造成仪表(　　)。

(A)不平衡误差大　　　　　　　　　　　(B)示值误差大

(C)通电后示值不稳定或无指示　　　　　(D)交流误差大

150. 电磁系 T_{24} 型仪表的电容击穿会使仪表产生(　　)故障。

(A)不平衡误差增大　　　　　　　　　　(B)示值误差增大

(C)交流误差增大　　　　　　　　　　　(D)直流变差增大

151. 在对绝缘电阻表进行通电平衡调整时,应当在其电流及电压线圈回路内通入一定电流,使其指针指在(　　)处,进行平衡调整。

(A)0 刻度　　　　(B)∞刻度　　　　(C)中间刻度　　　　(D)Ⅲ区段任意示值

152. 若绝缘电阻表电压线圈接入 1 mA 左右电流后,指针指不到"∞"位置,只能指到中间刻度,其原因是(　　)。

(A)两线圈夹角改变　　　　　　　　　　(B)指针与线圈间夹角改变

(C)电压线圈断路　　　　　　　　　　　(D)电流回路电阻变小

153. 兆欧表两线圈的夹角改变时,会使仪表(　　)。

(A)指针超出"∞"位置　　　　　　　　　(B)指针指不到"0"位置

(C)可动部分平衡不好　　　　　　　　　(D)指针转动时有卡针现象

154. 当直流电位差计桥形滑线盘的桥形顶点有虚焊、氧化或桥臂阻值变动时,会使直流电位差计的(　　)。

(A)零电势变大　　　　　　　　　　　　(B)步进盘无输出

(C)工作电流不可调　　　　　　　　　　(D)检流计出现跳跃

155. 一台 VJ23 型直流电位差计,在检定时,滑线盘及零电势均合格,而步进盘大部分示值误差趋势偏正,应将(　　)。

(A)调定电阻增大　　　　　　　　　　　(B)调定电阻减小

(C)减小最大超差点的电阻　　　　　　　(D)滑线盘电刷触点稍微移动

156. 直流双臂电桥在检定中,如比较臂电阻在任何范围时,滑线盘示值都有比例地普遍增大,误差大小趋势大致相同,则说明(　　)是好的。

(A)比例臂电阻　　　　　　　　　　　　(B)比较臂电阻

(C)比例臂滑线电阻　　　　　　　　　　(D)比例臂固定电阻

157. Pz8 型直流数字电压表出现显示不稳定,有数十字跳字现象,其故障一般是出现在(　　)部分。

(A)鉴别放大器　　(B)电源　　　　(C)仪器零线　　　　(D)起动电路

158. 直流电位差计对检定数据的化整原则是要求化整位数为(　　)允许基本误差。

(A)$\frac{1}{3}$　　　　　(B)$\frac{1}{4}$　　　　　(C)$\frac{1}{10}$　　　　　(D)$\frac{1}{20}$

159. 某直流电位差计第Ⅰ盘第 1 点示值的修正值为 $+3.5\ \mu V$,第 2 点的修正值为

+5.5 μV,第 II 盘第 10 点的修正值为+1.7 mV,对同一被测量值所获得的任意两个测量盘示值之误差的差值的增量线性为( )。

(A)2 μV　　　　　(B)3.8 μV　　　　　(C)0.3 μV　　　　　(D)1.8 μV

160. 直流电位差计测量盘增量线性误差的计算应按测量盘每点的( )来计算。

(A)测量值　　　　(B)绝对误差值　　　　(C)修正值　　　　(D)平均值

161. 直流电位差计做量程系数比检定时,当全检量程的基准值乘以量程系数比得到的值小于标准电位差计测量盘的上限时,必须选取被检电位差计( )示值,测量其在其他量限上的实际值。

(A)任意值附近有一定间隔的三个　　　(B)中间值附近三个

(C)最大值附近三个　　　　　　　　　(D)基准值邻近相互有一定间隔的任意三个

162. 测量直流电位差计量程系数比时,如标准电位差计的误差小于被检电位差计允许基本误差的( )。

(A)$\dfrac{1}{3}$　　　　　(B)$\dfrac{1}{4}$　　　　　(C)$\dfrac{1}{5}$　　　　　(D)$\dfrac{1}{10}$

163. 电位差计温度补偿盘中某一示值( )的误差,不应超过被检电位差计的$\dfrac{1}{10}a\%$(a为电位差计准确度等级)。

(A)绝对值　　　　　　　　　　(B)相对值

(C)相对于 1.018 60 V　　　　　(D)相对于测量盘示值

164. 如果被检电位差计没有零位示值,则对各示值检定时,其检定结果( )。

(A)不包括零位值　　(B)包括零位值　　(C)不包括初始值　　(D)包括初始值

165. 直流电桥检定数据化整时,一般应化整到允许误差的( )。

(A)$\dfrac{1}{3}$　　　　　(B)$\dfrac{1}{4}$　　　　　(C)$\dfrac{1}{5}$　　　　　(D)$\dfrac{1}{10}$

166. 对于十进电阻器和第一点,给出数据的末位应于允许基本误差的( )。

(A)$\dfrac{1}{3}$　　　　　(B)$\dfrac{1}{4}$　　　　　(C)$\dfrac{1}{10}$　　　　　(D)$\dfrac{1}{20}$

167. 一台 DVM,零电流 $I_0=1\times10^{-9}$ A,被测信号源内阻 $R_x=5\ 000\ \Omega$,测量电压为 0.2 V,则 I_0 对 DVM 所引起的相对误差为( )

(A)0.005%　　　　(B)0.002 5%　　　　(C)0.025%　　　　(D)0.05%

168. 一块准确度等级为 0.1 级标度尺为 30 分格刻度,60 V 电压表,其在 20 分格处的实际值为 39.997 5 V,该点的修正值为( )格。

(A)+0.002 5　　(B)−0.002 5　　(C)0　　(D)−0.002 5

169. 数据修约间隔为 0.02 的仪表,化整后的数据末位不会出现( )。

(A)2　　　　　(B)4　　　　　(C)0　　　　　(D)1

170. 数据修约间隔为 0.05 的仪表,化整后的数据末位只会出现( )。

(A)0 和 2　　　　(B)1 和 5　　　　(C)0 和 5　　　　(D)2 和 4

171. 准确度等级为 0.1,标尺刻度为 50 分格的电压表,其数据修约的间隔应为( )。

(A)0.02　　　　(B)0.002　　　　(C)0.005　　　　(D)0.01

172. 一块三相有功功率表,该表的测量上限为 80 MW,仪表上注明 $\dfrac{V_1}{V_2}=\dfrac{110\ kV}{100\ V}$,$\dfrac{I_1}{I_2}=\dfrac{400\ A}{5\ A}$,当采用两只量程为 120 V、5 A,标度尺刻度为 150 分格的 0.2 级单相功率表检定时,在 $\cos\phi=1$,检定 80 MW 刻度时,两只单相功率表的读数之和的示值为( )分格。

(A)113.6　　　　　　(B)242.3　　　　　　(C)227.3　　　　　　(D)133.3

173. 一块 1.5 级二元件三相无功功率表,表上注明 $\dfrac{V_1}{V_2}=\dfrac{60\ kV}{100\ V}$,$\dfrac{I_1}{I_2}=\dfrac{100\ A}{5\ A}$,测量上限为 8 MW,现用两块 150 V、5 A 满刻度为 150 分格的单相有功功率表做标准按"人工中性点法"检定,当三相无功功率表示值为 8 MW 时,两只单相有功功率表的读数之和为( )格。

(A)153.96　　　　　　(B)76.98　　　　　　(C)150　　　　　　(D)75

174. 0.5 级交流电能表检定结果的相对误差的末位数,应化整为化整间距为( )的整数倍。

(A)0.01　　　　　　(B)0.02　　　　　　(C)0.05　　　　　　(D)0.005

175. 对一绝缘电阻电阻表检定装置 500 MΩ 示值点进行等精度测量 10 次后,通过计算,得到其单次测量值的标准差为 0.48 MΩ,则其平均值的标准差为( )MΩ。

(A)0.48　　　　　　(B)0.152　　　　　　(C)0.24　　　　　　(D)0.048

176. 一标准数字电压有测量 150 V 时的最大允许误差为 2.55×10^{-2} V,覆盖因子 $K=\sqrt{3}$,则其标准不确定度为( )V。

(A)1.7×10^{-4}　　(B)9.8×10^{-5}　　(C)1.47×10^{-2}　　(D)2.55×10^{-2}

177. 在 B 类标准不确定度计算中,正态分布的覆盖因子 K 为( )。

(A)3　　　　　　(B)$\sqrt{3}$　　　　　　(C)$\sqrt{6}$　　　　　　(D)$\sqrt{2}$

178. 一标准装置的不确定度分量互不相关,分别为 $V_1=0.002\%$、$V_2=0.003\%$、$V_4=0.004$,$V_A=0.001\%$,则其合成标准不确定度为( )。

(A)0.002 5%　　(B)0.003 4%　　(C)0.005 5%　　(D)0.004 1%

179. 当标准装置各输入量彼此独立不相关情况下,其合成标准不确定度可用( )计算。

(A)相对误差　　(B)残差　　　　(C)均方根误差　　(D)标准偏差

180. 一被测量的合成不确定度为 0.25 V,属于正态分布,置信水平为 99%,$k=3$,则其扩展不确定度为( )。

(A)0.75 V　　　　(B)0.24 V　　　　(C)0.083 V　　　　(D)0.5 V

181. 一测量结果的表达式为 $Y=3.00-0.17\pm0.03(V)$,$(K=3)$时,实际值若按 2.83 V 使用,则其扩展不确定度为( )V。

(A)0.17　　　　　　(B)0.20　　　　　　(C)0.03　　　　　　(D)0.14

182. 电工仪表轴尖圆柱体部分的不直度,在 5 mm 的长度内不应大于( )mm。

(A)0.01　　　　　　(B)0.02　　　　　　(C)0.03　　　　　　(D)0.05

183. 电能表的元件拆修安装后,如果位置与原来有差异,磁路各部分气隙的大小有变更,就会出现( )调整困难。

(A)制动力矩　　(B)相位角　　　　(C)补偿力矩　　(D)各元件平衡

184. 直流电阻仪器在大修后做绝缘电压试验时,应将试验电压平稳上升到规定的电压值,历时( )min,若无击穿和飞弧现象为合格。

(A)0.5　　　　(B)1　　　　(C)1.5　　　　(D)2

185. 出具数据的直流电桥,基本误差合格,其年稳定性大于允许基本误差的$\frac{1}{2}$,但小于允许基本误差时,应出具( )。

(A)检定证书并定级　　　　(B)检定证书、不定级

(C)检定结果通知书　　　　(D)检定证书并定级,检定周期为半年

186. 修理后经检定结果合格的直流电桥应出具( )。

(A)检定证书并定级　　　　(B)检定证书、不定级

(C)检定合格证　　　　(D)检定结果通知书

187. 对安装式电能表,周期检定合格的,应( )。

(A)发给检定证书　　　　(B)发给检定合格证

(C)发给检定结果通知书　　　　(D)在铭牌上加注检定标记

188. 变电所中月平均积算电量为 50 000 kWh 以上的电能表其检定周期最长不得超过( )年。

(A)1　　　　(B)2　　　　(C)3　　　　(D)4

189. 在管道中安装热电组敏感元件插入深度应为总长的( )。

(A)1/2　　　　(B)1/3　　　　(C)1/4　　　　(D)1/5

190. 在仪表校验中,通常要做上、下行程校验,其目的是校验该表的( )。

(A)绝对误差　　　　(B)变差　　　　(C)相对误差　　　　(D)精度

191. 接触式测温仪表有压力式温度计、热电偶和( )。

(A)动圈式仪表　　　　(B)光学高温计　　　　(C)比色高温计　　　　(D)热电阻

192. 仪表输出为 4～20 m(A)信号,需配置( )的标准电阻,才能转换成1～5 V DC 的信号。

(A)100 Ω　　　　(B)150 Ω　　　　(C)250 Ω　　　　(D)500 Ω

193. 在集散系统中,模拟输入通道的 A/D 模板多采用( )。

(A)12 位 A/D 转换器,转换时间约为 100 μs

(B)10 位 A/D 转换器,转换时间约为 100 μs

(C)8 位 A/D 转换器,转换时间约为 1/4 s

(D)16 位 A/D 转换器,转换时间约为 1/4 ns

194. 集散系统中的模拟量输入通道一般由以下几个部分构成( )。

(A)端子板,A/D 模板、D/A 模板、连接电缆

(B)信号放大器、A/D 模板、D/A 模板、端子板

(C)信号放大器、A/D 模板、端子板、连接电缆

(D)端子板、信号调理器、A/D 模板、连接电缆

195. 一般模拟量输入通道的输入信号有( )。

(A)毫伏级电压信号和 4～20 mA 电流信号

(B)毫伏级电压信号、4～20 mA 电流信号和1～5 V 电压信号

(C)毫伏级电压信号、4~20 mA 电流信号和 0~5 V 或 0~10 V 电压信号

(D)4~20 mA 电流信号和 1~5 V 电压信号

196. 仪表的精度级别指的是仪表的(　　)。

(A)基本误差

(B)最大误差

(C)允许误差

(D)基本误差的最大允许值

197. 下列关于电阻温度计的叙述中,内容是不恰当的是(　　)。

(A)电阻温度计的工作原理,是利用金属线的电阻随温度作几乎线性的变化

(B)电阻温度计在温度检测时,有时间延迟的缺点

(C)与电阻温度计相比,热电偶温度计能测更高的温度

(D)因为电阻体的电阻丝是用较粗的线做成的,所以有较强的耐振性能

198. 为了提高水银温度计的测量上限,通常在毛细管内感温液上部充以一定压力的(　　)。

(A)空气　　　　　(B)惰性气体　　　　(C)氧气　　　　　(D)二氧化碳

199. 用万用表欧姆挡测量晶体二极管极性和好坏时应把欧姆挡拔在(　　)处。

(A)R×100 Ω 或 R×10 Ω

(B)R×1 Ω

(C)R×1 kΩ

(D)R×10 kΩ

200. 工作于放大状态的晶体三极管三个电极中,(　　)电流最大。

(A)集电极　　　　(B)基极　　　　　(C)发射极　　　　(D)一样大

三、多项选择题

1. 分析放大电路的基本方法有(　　)。

(A)图解法

(B)估算法

(C)微变等效电路法

(D)变量法

2. 通常根据矫顽力的大小把铁磁材料分成(　　)。

(A)软磁材料　　　(B)硬磁材料　　　(C)矩磁材料　　　(D)中性材料

3. 下列属于磁路基本定律有(　　)。

(A)欧姆定律　　　(B)基尔霍夫定律　　(C)叠加定律　　　(D)楞次定律

4. 电磁铁的形式很多,但基本组成部分相同,一般由(　　)组成。

(A)励磁线圈　　　(B)铁芯　　　　　(C)衔铁　　　　　(D)绕组

5. 集成电路按照功能可分为(　　)。

(A)模拟集成电路

(B)数字集成电路

(C)半导体集成电路

(D)双极型集成电路

6. 集成电路按照导电类型可分为(　　)。

(A)单极型　　　　(B)双极型　　　　(C)兼容型　　　　(D)半导体集成电路

7. 集成电路按照制造工艺可分为(　　)。

(A)半导体集成电路

(B)薄膜集成电路

(C)数字集成电路

(D)厚膜集成电路

8. 下列是集成电路封装类型的有(　　)。

(A)塑料扁平　　　　　(B)陶瓷双列直插　　　　　(C)陶瓷扁平

(D)金属圆形　　　　　　　　(E)塑料双列直插

9. 集成运算放大器可分为(　　　)。

(A)普通型　　　(B)特殊型　　　(C)通用型　　　(D)兼容型

10. 特殊型集成运算放大器可分为(　　　)等。

(A)高输入阻抗型　　　(B)高精度型　　　(C)宽带型

(D)低功耗型　　　(E)高速型

11. 集成运算放大器由(　　　)组成。

(A)输入级　　　(B)中间级　　　(C)输出级　　　(D)偏置电路

12. 下列指标中属于集成运算放大器主要技术指标的有(　　　)。

(A)输入失调电压　　　(B)差模输入电阻　　　(C)最大输出电压　　　(D)输入失调电流

13. 下列属于晶闸管主要参数的有(　　　)。

(A)正向重复峰值电压　　　(B)正向平均电流　　　(C)维持电流

(D)正向平均管压降　　　(E)反向重复峰值电压

14. 高压电动机一般应装设哪些保护(　　　)。

(A)电流速断保护　　　(B)纵联差动保护　　　(C)过负荷保护

(D)单相接地保护　　　(E)低电压保护

15. 下列参数中属于 TTL 与非门电路的主要技术参数的有(　　　)。

(A)输出高电平　　　(B)开门电平　　　(C)空载损耗

(D)输入短路电流　　　(E)差模输入电阻

16. 由(　　　)组成的集成电路简称 CMOS 电路。

(A)金属　　　　　　　(B)氧化物

(C)半导体场效应管　　　(D)磁性物

17. 下列属于集成触发器类型的有(　　　)。

(A)T 触发器　　　(B)JK 触发器　　　(C)D 触发器　　　(D)RS 触发器

18. 电动机的机械特性按硬度分类可分为(　　　)。

(A)绝对硬特性　　　(B)硬特性　　　(C)软特性　　　(D)绝对软特性

19. 电动机的机械特性按运行条件分类可分为(　　　)。

(A)固有特性　　　(B)人为特性　　　(C)一般特性　　　(D)双向特性

20. 电动机的运行状态可分为(　　　)。

(A)静态　　　(B)动态　　　(C)调速状态　　　(D)过渡过程

21. 直流电动机的调速方法有(　　　)。

(A)降低电源电压调速　　　(B)电枢串电阻调速

(C)减弱磁调速　　　(D)加大磁调速

22. 三项异步电动机的调速方法有(　　　)。

(A)改变供电电源的频率　　　(B)改变定子极对数

(C)改变电动机的转差率　　　(D)降低电源电压

23. 电动机的制动方法有(　　　)。

(A)机械制动　　　(B)电气制动　　　(C)自由停车　　　(D)人为制动

24. 立井提升速度图分为(　　　)。

(A)罐笼提升　　　　　(B)箕斗提升　　　　(C)双钩串车　　　　(D)单购串车

25. 可编程控制器一般采用的编程语言有(　　)。

(A)梯形图　　　　　(B)语句表　　　　(C)功能图编程　　　(D)高级编程语言

26. 可编程控制器中存储器有(　　)。

(A)系统程序存储器　　　　　　　　(B)用户程序存储器

(C)备用存储器　　　　　　　　　　(D)读写存储器

27. PLC机在循环扫描工作中每一扫描周期的工作阶段是(　　)。

(A)输入采样阶段　　(B)程序监控阶段　　(C)程序执行阶段　　(D)输出刷新阶段

28. 状态转移的组成部分是(　　)。

(A)初始步　　　　　(B)中间工作步　　　　　　　(C)终止工作步

(D)有向连线　　　　(E)转换和转换条件

29. 状态转移图的基本结构有(　　)。

(A)语句表　　　　　(B)单流程　　　　　　　(C)步进梯形图

(D)选择性和并行性流程　　(E)跳转与循环流程

30. 在PLC的顺序控制中采用步进指令方式变成有何优点(　　)。

(A)方法简单、规律性强　　　　　　(B)提高编程工作效率、修改程序方便

(C)程序不能修改　　　　　　　　　(D)功能性强、专用指令多

31. 基本逻辑门电路有(　　)。

(A)与门　　　　　　(B)或门　　　　　　(C)非门　　　　　(D)与非门

32. 串联稳压电路包括的环节有(　　)。

(A)整流滤波　　　　(B)取样　　　　　　　　　　(C)基准

(D)放大　　　　　　(E)调整

33. 常用的脉冲信号波形有(　　)。

(A)矩形波　　　　　(B)三角波　　　　　(C)锯齿波　　　　(D)菱形波

34. 触发电路必须具备的基本环节有(　　)。

(A)同步电压形成　　(B)移相　　　　　　(C)脉冲形成　　　(D)脉冲输出

35. 直流电机改善换向常用方法有(　　)。

(A)选用适当的电刷　　　　　　　　(B)移动电刷的位置

(C)加装换向磁极　　　　　　　　　(D)改变电枢回路电阻

36. 直流电动机的制动常采用(　　)。

(A)能耗制动　　　　(B)反接制动　　　　(C)回馈制动　　　(D)机械制动

37. 电弧炉主要用于(　　)等的冶炼和制取。

(A)特种钢　　　　　(B)普通钢　　　　　(C)活泼金属　　　(D)铝合金

38. 变压器绝缘油中的(　　)含量高,说明设备中有电弧放电缺陷。

(A)总烃　　　　　　(B)乙炔　　　　　　(C)氢　　　　　　(D)氧

39. 所谓系统总线,指的是(　　)。

(A)数据总线　　　　　　　(B)地址总线　　　　　　　(C)内部总线

(D)外部总线　　　　　　　(E)控制总线

40. 下述条件中,能封锁主机对中断的响应的条件是(　　)。

(A)一个同级或高一级的中断为正在处理中

(B)当前周期不是执行当前指令的最后一个周期

(C)当前执行的指令是 RETI 指令或对 IE 或 IP 寄存器进行读/写指令

(D)当前执行的指令是长跳转指令

(E)一个低级的中断正在处理中

41. 中断请求的撤除有(　　　)。

(A)定时/计数中断硬件自动撤除　　　　　(B)脉冲方式外部中断自动撤除

(C)电平方式外部中断强制撤除　　　　　(D)串行中断软件撤除

(E)串行中断硬件自动撤除

42. 电流互感器的接线方式最常用的有(　　　)。

(A)单相接线　　　　　　　(B)星形接线　　　　　　　(C)不完全星形接线

(D)V 型接线　　　　　　　(E)三角形接线

43. TTL 数字集成电路来说在使用中应注意到(　　　)。

(A)电源电压极性不得接反,其额定值为 5 V

(B)与非门不使用的输入端接"1"

(C)与非门输入端可以串有电阻器,但其值不应大于该门电阻

(D)三态门的输出端可以并接,但三态门的控制端所加的控制信号电平只能使其中一个
门处于工作状态,而其他所有相并联的三态门均处于高阻状态

(E)或非门不使用的输入端接"0"

44. 用(　　　)组成的变频器,主电路简单。

(A)大功率晶闸管　　　　　(B)大功率晶体管　　　　　(C)可关断晶闸管

(D)普通晶闸管　　　　　　(E)高电压晶闸管

45. 脉宽调制型 PWM 变频器主要由(　　　)部分组成。

(A)交-直流交换的整流器　　(B)直-交变换的逆变器　　　(C)大功率晶闸管

(D)高电压可关断晶闸管　　(E)正弦脉宽调制器

46. 数控机床中,通常采用插补方法有(　　　)。

(A)数字微分法　　　　　　(B)数字积分法　　　　　　(C)逐点比较法

(D)逐点积分法　　　　　　(E)脉冲数字乘法器

47. 造成逆变失败的主要原因是(　　　)。

(A)控制角太小　　　　　　(B)逆变角太小　　　　　　(C)逆变角太大

(D)触发脉冲太宽　　　　　(E)触发脉冲丢失

48. 逐点比较法中主要步骤是(　　　)。

(A)确定偏差　　　　　　　(B)偏差判别　　　　　　　(C)坐标给进

(D)偏差计算　　　　　　　(E)终点判别

49. 电力系统是由(　　　)构成的。

(A)发电厂　　　　　　　　(B)变压器　　　　　　　　(C)输电网

(D)配电网　　　　　　　　(E)用电设备

50. 工厂供电电压等级是确定(　　　)。

(A)电压变化　　　　(B)供电距离　　　　(C)负荷大小　　　　(D)供电容量

51. 正常工作线路杆塔属于起承力作用的杆塔有(　　　)。
(A)直线杆　　　　　　　(B)分枝杆　　　　　　　(C)转角杆
(D)耐张杆　　　　　　　(E)终端杆

52. 变压器在运行时,外部检查的项目有(　　　)。
(A)油面高低　　　　　　(B)上层油面温度　　　　(C)外壳接地是否良好
(D)检查套管是否清洁　　(E)声音是否正常　　　　(F)冷却装置运行情况
(G)绝缘电阻测量

53. 在变压器继电保护中,轻瓦斯动作原因有(　　　)。
(A)变压器外部接地　　　　　　(B)加油时将空气进入
(C)水冷却系统重新投入使用　　(D)变压器漏油缓慢
(E)变压器内部故障产生少量气体　(F)变压器内部短路
(G)保护装置二次回路故障

54. 变压器空载试验目的是(　　　)。
(A)确定电压比　　　　　(B)判断铁芯质量　　　　(C)测量励磁电流
(D)确定线圈有无匝间短路故障　(E)测量空载损耗

55. 变压器短路试验目的是(　　　)。
(A)测定阻抗电压　　(B)负载损耗　　(C)计算短路参数　　(D)确定绕组损耗

56. 工厂变配电所对电气主接线要求是(　　　)。
(A)可靠性　　　　　　　(B)灵活性　　　　　　　(C)操作方便
(D)经济性　　　　　　　(E)有扩建可能性

57. 电流互感器产生误差有变比误差、角误差,其原因是与(　　　)。
(A)一次电流大小有关　　　　　(B)铁芯质量有关
(C)结构尺寸有关　　　　　　　(D)二次负载阻抗有关

58. 电压互感器的误差主要是变比误差和角误差,其产生原因是(　　　)。
(A)原副绕组电阻及漏抗　　　　(B)空载电流
(C)二次负载电流大小　　　　　(D)功率因数 $\cos\phi$

59. 供电系统对保护装置要求是(　　　)。
(A)选择性　　　　　　　(B)速动性　　　　　　　(C)可靠性
(D)扩展性　　　　　　　(E)灵敏性　　　　　　　(F)经济性

60. 厂区(6~10) kV 架空线路常用的继电保护方式是(　　　)。
(A)差动保护　　　　　　(B)过流保护　　　　　　(C)过负荷
(D)低电压保护　　　　　(E)电流速断保护

61. (3~10) kV 高压电动机常用继电保护方式是(　　　)。
(A)过流保护　　　　　　(B)过负荷保护　　　　　(C)电流速断保护
(D)纵联差动保护　　　　(E)低电压保护

62. 内部过电压分为(　　　)。
(A)操作过电压　　　　　(B)切合空长线路　　　　(C)弧光接地过电压
(D)工频过电压　　　　　(E)工频稳态升高　　　　(F)谐振过电压
(G)参数谐振过电压

63. 输入端的 TTL 或非门,在逻辑电路中使用时,其中有 5 个输入端是多余的,对多余的输入端应作如下处理,正确的方法有(　　)。

(A)将多余端与使用端连接在一起 　　　　(B)将多余端悬空

(C)将多余端通过一个电阻接工作电源 　　　　(D)将多余端接地

(E)将多余端直接接电源

64. 北车生产的高速动车组型号有(　　)。

(A)CRH_1 型 　　　　(B)CRH_2 型 　　　　(C)CRH_3 型 　　　　(D)CRH_5 型

65. 下列说法正确的为(　　)。

(A)TTL 与非门输入端可以接任意电阻

(B)TTL 与非门输出端不能关联使用

(C)译码器、计数器、全加器、寄存器都是组合逻辑电路

(D)N 进制计数器可以实现 N 分频

(E)某一时刻编码器只能对一个输入信号进行编码

66. 将尖顶波变换成与之对应的等宽的脉冲应采用(　　)。

(A)单稳态触发器 　　　　(B)双稳态触发器

(C)施密特触发器 　　　　(D)RS 触发器

67. 555 集成定时器由(　　)等部分组成。

(A)电压比较器 　　　　(B)电压分压器 　　　　(C)三极管开关输出缓冲器

(D)JK 触发器 　　　　(E)基本 RS 触发器

68. 一个十位二进制加法计数器,在 0.002 秒内选通,假定初始状态为 0,若计数脉冲频率为 250 kHz,在选通脉冲终止时,计数器的输入脉冲为(　　)个,计数终止时,计数器的输出状态为(　　)。

(A)250 个 　　　　(B)500 个 　　　　(C)750 个

(D)0111110100 　　　　(E)111110100

69. 下列触发器中,哪些触发器具有翻转的逻辑功能(　　)。

(A)JK 触发器 　　　　(B)RS 触发器 　　　　(C)T'触发器

(D)D 触发器 　　　　(E)T 触发器

70. 荧光数码管的特点是(　　)。

(A)工作电压低,电流小 　　　　(B)字形清晰悦目

(C)运行稳定可靠,视距较大 　　　　(D)寿命长

(E)响应速度快

71. 半导体数码显示器的特点是(　　)。

(A)运行稳定可靠,视距较大 　　　　(B)数字清晰悦目

(C)工作电压低,体积小 　　　　(D)寿命长

(E)响应速度快,运行可靠

72. 在异步计数器中,计数从 0 计到 144 时,需要(　　)个触发器。

(A)4 个 　　　　(B)5 个 　　　　(C)6 个

(D)23 个 　　　　(E)2×4 个

73. 具有 12 个触发器个数的二进制异步计数器,它们具有以下哪几种状态(　　)。

(A)256 种　　　　　　(B)4 096 种　　　　　　(C)1 024×4 种
(D)6 536 种　　　　　　(E)212 种

74. 与非门其逻辑功能的特点是(　　)。
(A)当输入全为 1,输出为 0　　　　(B)只要输入有 0,输出为 1
(C)只有输入全为 O,输出为 1　　　(D)只要输入有 1,输出为 0

75. 或非门其逻辑功能的特点是(　　)。
(A)当输入全为 1,输出为 0　　　　(B)只要输入有 0,输出为 1
(C)只有输入全为 0,输出为 1　　　(D)只要输入有 1,输出为 0

76. KC04 集成移相触发器由(　　)等环节组成。
(A)同步信号　　　　(B)锯齿波形成　　　　(C)移相控制
(D)脉冲形成　　　　(E)功率放大

77. 目前较大功率晶闸管的触发电路有以下(　　)形式。
(A)单结晶体管触发器　　　　(B)程控单结晶闸管触发器
(C)同步信号为正弦波触发器　　(D)同步信号为锯齿波触发器
(E)KC 系列集成触发器

78. 造成晶闸管误触发的主要原因有(　　)。
(A)触发器信号不同步　　　　(B)触发信号过强
(C)控制极与阴极间存在磁场干扰　(D)触发器含有干扰信号
(E)阳极电压上升率过大

79. 常见大功率可控整流电路接线形式有(　　)。
(A)带平衡电抗器的双反星形　　(B)不带平衡电抗器的双反星形
(C)大功率三相星形整流　　　(D)大功率三相半控整流
(E)十二相整流电路

80. 电容器的电容决定于(　　)三个要素。
(A)电压　　　　(B)极板的正对面积　　　　(C)极间距离
(D)电介质材料　　(E)电流

81. 整流电路最大导通角为 $2\pi/3$ 的有(　　)电路。
(A)三相全控桥　　　　(B)单相全控桥　　　　(C)三相半控桥
(D)单相半控桥　　　　(E)三相半波

82. 可以逆变的整流电路有(　　)。
(A)三相全控桥　　　　(B)单相全控桥　　　　(C)三相半控桥
(D)单相半控桥　　　　(E)三相半波

83. 通常用的电阻性负载有(　　)。
(A)电炉　　(B)电焊　　(C)电解　　(D)电镀

84. 晶闸管可控整流电路通常接有三种不同电性负载,它们是(　　)。
(A)电阻性　　(B)电感性　　(C)反电势　　(D)电容性

85. 三相可控整流电路的基本类型有(　　)。
(A)三相全控桥　　　　(B)单相全控桥　　　　(C)三相半控桥
(D)单相半控桥　　　　(E)三相半波

86. 集成电压跟随器的条件是( )。

(A)AF=1　　　　　　　(B)AF=－1　　　　　　　(C)RF=0

(D)RF=∞　　　　　　　(E)RF=R

87. 运算放大器目前应用很广泛的实例有( )。

(A)恒压源和恒流源　　　　(B)逆变　　　　　　　(C)电压比较器

(D)锯齿波发生器　　　　　(E)自动检测电路

88. 集成运放的保护有( )。

(A)电源接反　　　　　　(B)输入过压　　　　　(C)输出短路

(D)输出漂移　　　　　　(E)自激振荡

89. 一个理想运放应具备的条件是( )。

(A)RI→∞　　　　　　　(B)AVOD→∞　　　　　　(C)KCMC→∞

(D)RO→0　　　　　　　(E)VIO→0,IIO→0

90. 集成反相器的条件是( )。

(A)AF=－1　　　　　　　(B)AF=1　　　　　　　(C)RF=0

(D)RF=∞　　　　　　　(E)RF=R

91. 集成运算放大器若输入电压过高,会对输入级( )。

(A)造成损坏

(B)造成输入管的不平稳,使运放的各项性能变差

(C)影响很小

(D)没有影响

92. 判断理想运放是否工作在线性区方法是( )。

(A)看是否引入负反馈　　　　　　(B)看是否引入正反馈

(C)看是否开环　　　　　　　　　(D)看是否闭环

93. 反相比例运算电路的重要特点是( )。

(A)虚断　　　(B)虚断、虚短、虚地　　(C)虚断、虚短　　　(D)虚地

94. 理想运放工作在线性区时的特点是( )。

(A)差模输入电压 $U_+ - U_- = 0$　　　　　(B)$U_+ - U_- = \infty$

(C)$U_+ - U_- = UI$　　　　　　　　　　(D)$U_+ = U_-$

95. 用集成运算放大器组成模拟信号运算电路时,通常工作在( )。

(A)线性区　　　(B)非线性区　　　(C)饱和区　　　(D)放大状态

96. 在正弦交流电路中,下列公式正确的是( )。

(A)$I_C = \mathrm{d}u_C / \mathrm{d}t$　　　　(B)$I_C = j\omega CU$　　　(C)$U_C = -j\omega Ct$

(D)$X_C = 1/\omega C$　　　　　(E)$Q_C = UI\sin\phi$

97. 基本逻辑运算电路有三种,即为( )电路。

(A)与非门　　　　　　(B)与门　　　　　　　(C)非门

(D)或非门　　　　　　(E)或门

98. 对于三相对称交流电路,不论星形或三角形接法,下列结论正确的有( )。

(A)$P = 3U_m I_m \cos\phi$　　(B)$S = 3U_m I_m$　　(C)$Q = U_1 I_1 \sin\phi$　　(D)$S = E \quad S = 3UI$

99. 多级放大器极间耦合形式是( )。

(A)二极管 　　　　(B)电阻 　　　　(C)阻容

(D)变压器 　　　　(E)直接

100. 集成电路封装种类有很多种，下列属于集成电路封装形式的有(　　)。

(A)陶瓷双列直插 　　　　(B)塑料双列直插 　　　　(C)陶瓷扁平

(D)塑料扁平 　　　　(E)金属圆形

101. 物质材料中不属于晶体材料的有(　　)。

(A)硅 　　　　(B)硼 　　　　(C)锗 　　　　(D)磷

102. 结合二极管和稳压管的结构特点，下列说法中，错误的有(　　)。

(A)二极管和稳压管都可工作在反向击穿区

(B)二极管和稳压管都是由 PN 结构成的

(C)只要电压不超过稳压值，稳压管可作二极管使用

(D)因稳压管工作在反向击穿区，通过的电流可以任意大

103. 结合三极管的工作特点下列说法正确的有(　　)。

(A)三极管工作在放大状态中，两个 PN 结均正偏

(B)三极管工作在截止状态时，发射结正偏，集电结反偏

(C)三极管工作在饱和状态时，两个 PN 结均正偏

(D)三极管工作在截止状态时，两个 PN 结均反偏

104. 在正弦交流的 R、L 串联电路中，下列公式错误的有：(　　)。

(A)$U=U_R+U_L$ 　　(B)$u=u_R+u_L$ 　　(C)$\cos\phi=P/S$ 　　(D)$\cos\phi=R/L$

105. 在三相供电系统中，结论错误的是(　　)。

(A)凡负载做星形连接时，只要有中线，其线电压都等于相电压的$\sqrt{3}$倍

(B)凡负载做三角形连接时，其线电流都等于相电流的$\sqrt{3}$倍

(C)对称三相三线制和不对称三相四线制的负载电流均可按单相电路的方法计算

(D)任何三相负载，无论是星接还是角接，三相有功功率均为$P=\sqrt{3}U_LI_L\cos\phi$

106. 在三相四线制供电电源中，下列说法错误的有(　　)。

(A)线电压等于相电压的$\sqrt{2}$倍 　　　　(B)线电压超前对应相电压 30°

(C)相电压对称，线电压也对称 　　　　(D)相电压对称，线电压也对称

107. 绘制机械图样时，可以选用的放大的绘图比例有(　　)。

(A)1.5∶1 　　　　(B)2∶1 　　　　(C)3∶1

(D)4∶1 　　　　(E)7∶1

108. 国标 GB/T 17450—1993 的规定，图样中表示形体的轮廓的线型有(　　)。

(A)粗实线 　　(B)细实线 　　(C)点划线 　　(D)虚线

109. 零件图的技术要求包括(　　)内容。

(A)文字说明 　　(B)尺寸公差 　　(C)形位公差 　　(D)表面粗糙度

110. 在 Word 的编辑状态下，被编辑文档中的文字有"四号"、"五号"、"16"磅、"18"磅四种，下列关于所设定字号大小的比较中，正确的是(　　)。

(A)"四号"大于"五号" 　　　　(B)"四号"小于"五号"

(C)"16"磅小于"18"磅 　　　　(D)字的大小一样，字体不同

111. 下列四条叙述中,不正确的是(　　　)。

(A)字节通常用英文单词"Bit"来表示

(B)目前广泛使用的 Pentium 机其字长为 5 个字节

(C)计算机存储器中将 8 个相邻的二进制位作为一个单位,这种单位称为字节

(D)微型计算机的字长并不一定是字节的倍数

112. 在 Winodows 9x 中,当已选定文件夹后,下列操作中能删除该文件夹的是(　　　)。

(A)在键盘上按 Del 键

(B)用鼠标右键单击该文件夹,打开快捷菜单,然后选择"删除"命令

(C)在文件菜单中选择"删除"命令

(D)用鼠标左键双击该文件夹

113. 微机的基本硬件配置包括(　　　)。

(A)CPU　　　　　　(B)内存　　　　　　(C)主机板　　　　　　(D)操作系统

114. 下面哪些是计算机的外部设备(　　　)。

(A)ROM　　　　　　(B)显示器　　　　　　(C)CPU　　　　　　(D)键盘

115. 在 Word 中对文档进行排版操作,包括下列哪些内容(　　　)。

(A)页面设置　　　　　　　　　　　(B)改变窗口大小

(C)文字、段落格式设置　　　　　　(D)图文混排

116. 在 Word 中,关于打印文档操作说法正确的是(　　　)。

(A)在打印预览状态下不可以直接打印　　　(B)在打印预览状态下可以直接打印

(C)只能在打印预览状态下才能打印　　　　(D)可以打印文档属性或批注

117. 在 Excel 中,对工作表中的一行数据,您可执行下列哪些操作(　　　)。

(A)求和　　　　　　(B)求平均值　　　　　　(C)设置字体、字号　　(D)从大到小排序

118. 对于 Excel 工作表中的单元格,下列说法正确的是(　　　)。

(A)不能输入字符串　　　　　　　　(B)可以输入数值

(C)可以输入时间　　　　　　　　　(D)可以输入日期

119. 表示计算机存储信息的单位有(　　　)。

(A)Byte　　　　　　(B)Kb　　　　　　(C)Mb　　　　　　(D)Ascii

120. 下列哪些属于计算机的高级语言(　　　)。

(A)BASIC　　　　　(B)C 语言　　　　　(C)汇编语言　　　　(D)PASCAL

121. 下列四项内容中,属于 Internet(因特网)基本功能是(　　　)。

(A)电子邮件　　　　(B)文件传输　　　　(C)远程登录　　　　(D)实时监测控制

122. 下列关于计算机病毒的四条叙述中,正确的是(　　　)。

(A)计算机病毒是一个标记或一个命令

(B)计算机病毒是人为制造的一种程序

(C)计算机病毒是一种通过磁盘、网络等媒介传播、扩散,并能传染其他程序的程序

(D)计算机病毒是能够实现自身复制,并借助一定的媒体存的具有潜伏性、传染性和破坏性的程序

123. 在 Word 窗口中的"常用"工具栏和"格式"工具栏(　　　)。

(A)可以取消　　　　　　　　　　(B)不可取消

(C)可竖放在窗口的一侧　　　　　　　　(D)可以水平放在窗口底端

124. 在 Excel 中下列操作正确的是(　　)。
(A)选定一个单元格的操作是单击要选定的单元格即可
(B)选定整张工作表的操作是单击它的工作表标签
(C)选定整张工作表的操作是 Ctrl+A
(D)选定整行的操作是单行号位置即可

125. 具有储能功能的电子元件有(　　)。
(A)电阻　　　　　(B)电感　　　　　(C)三极管　　　　　(D)电容

126. 简单的直流电路主要由(　　)这几部分组成。
(A)电源　　　　　(B)负载　　　　　(C)连接导线　　　　　(D)开关

127. 导体的电阻与(　　)有关。
(A)电源　　　　　　　　　　　　(B)导体的长度
(C)导体的截面积　　　　　　　　(D)导体的材料性质

128. 正弦交流电的三要素是(　　)。
(A)最大值　　　　　(B)有效值　　　　　(C)角频率　　　　　(D)初相位

129. 能用于整流的半导体器件有(　　)。
(A)二极管　　　　　(B)三极管　　　　　(C)晶闸管　　　　　(D)场效应管

130. 可用于滤波的元器件有(　　)。
(A)二极管　　　　　(B)电阻　　　　　(C)电感　　　　　(D)电容

131. 在 R、L、C 串联电路中,下列情况正确的是(　　)。
(A)$\omega L>\omega C$,电路呈感性　　　　(B)$\omega L=\omega C$,电路呈阻性
(C)$\omega L>\omega C$,电路呈容性　　　　(D)$\omega C>\omega L$,电路呈容性

132. 功率因素与(　　)有关。
(A)有功功率　　　(B)视在功率　　　(C)电源的频率　　　(D)无功功率

133. 基尔霍夫定律的公式表现形式为(　　)。
(A)$\sum I=0$　　(B)$\sum U=IR$　　(C)$\sum E=IR$　　(D)$\sum E=0$

134. 电阻元件的参数可用(　　)来表达。
(A)电阻 R　　　(B)电感 L　　　(C)电容 C　　　(D)电导 G

135. 应用基尔霍夫定律的公式 KCL 时,要注意以下几点(　　)。
(A)KCL 是按照电流的参考方向来列写的
(B)KCL 与各支路中元件的性质有关
(C)KCL 也适用于包围部分电路的假想封闭面
(D)KCL 不是按照电流的参考方向来列写的

136. 当线圈中磁通增大时,感应电流的磁通方向与下列哪些情况无关(　　)。
(A)与原磁通方向　　　　　　　　(B)与线圈电压大小
(C)与线圈电流大小　　　　　　　(D)与线圈尺寸大小

137. 通电绕组在磁场中的受力不能用(　　)判断。
(A)安培定则　　(B)右手螺旋定则　　(C)右手定则　　(D)左手定则

138. 互感系数与(　　)无关。

(A)电流大小　　　　　　　　　　　　　(B)电压大小

(C)电流变化率　　　　　　　　　　　　(D)两互感绕组相对位置及其结构尺寸

139. 电磁感应过程中,回路中所产生的电动势是与(　　)无关的。

(A)通过回路的磁通量　　　　　　　　　(B)回路中磁通量变化率

(C)回路所包围的面积　　　　　　　　　(D)回路边长

140. 自感系数 L 与(　　)无关。

(A)电流大小　　　　　　　　　　　　　(B)电压高低

(C)电流变化率　　　　　　　　　　　　(D)线圈结构及材料性质

141. R、L、C 并联电路处于谐振状态时,电容 C 两端的电压不等于(　　)。

(A)电源电压与电路品质因数 Q 的乘积　　(B)电容器额定电压

(C)电源电压　　　　　　　　　　　　　(D)电源电压与电路品质因数 Q 的比值

142. 电感元件上电压相量和电流相量之间的关系不满足(　　)。

(A)同向　　　　　　　　　　　　　　　(B)电压超前电流 90°

(C)电流超前电压 90°　　　　　　　　　(D)反向

143. 全电路欧姆定律中回路电流 I 的大小与(　　)有关。

(A)回路中的电动势 E　　　　　　　　(B)回路中的电阻 R

(C)回路中电动势 E 的内电阻 r　　　　(D)回路中电功率

144. 实际的直流电压源与直流电流源之间可以变换,变换时应注意以下几点,正确的是(　　)。

(A)理想的电压源与电流源之间可以等效

(B)要保持端钮的极性不变

(C)两种模型中的电阻 R_0 是相同的,但连接关系不同

(D)两种模型的等效是对外电路而言

145. 应用叠加定理来分析计算电路时,应注意以下几点,正确的是(　　)。

(A)叠加定理只适用于线性电路　　　　　(B)各电源单独作用时,其他电源置零

(C)叠加时要注意各电流分量的参考方向　(D)叠加定理适用于电流、电压、功率

146. 多个电阻串联时,以下特性正确的是(　　)。

(A)总电阻为各分电阻之和　　　　　　　(B)总电压为各分电压之和

(C)总电流为各分电流之和　　　　　　　(D)总消耗功率为各分电阻的消耗功率之和

147. 多个电阻并联时,以下特性正确的是(　　)。

(A)总电阻为各分电阻的倒数之和　　　　(B)总电压与各分电压相等

(C)总电流为各分支电流之和　　　　　　(D)总消耗功率为各分电阻的消耗功率之和

148. 电桥平衡时,下列说法正确的有(　　)。

(A)检流计的指示值为零

(B)相邻桥臂电阻成比例,电桥才平衡

(C)对边桥臂电阻的乘积相等,电桥也平衡

(D)四个桥臂电阻值必须一样大小,电桥才平衡

149. 电位的计算实质上是电压的计算。下列说法正确的有(　　)。

(A)电阻两端的电位是固定值

(B)电压源两端的电位差由其自身确定

(C)电流源两端的电位差由电流源之外的电路决定

(D)电位是一个相对量

150. 求有源二端网络的开路电压的方法,正确的方法可采用(　　)。

(A)应用支路伏安方程　　　　　　　　(B)欧姆定律

(C)叠加法　　　　　　　　　　　　　(D)节点电压法

151. 三相电源连接方法可分为(　　)。

(A)星形连接　　　(B)串联连接　　　(C)三角形连接　　　(D)并联连接

152. 三相电源联连接三相负载,三相负载的连接方法分为(　　)。

(A)星形连接　　　(B)串联连接　　　(C)并联连接　　　(D)三角形连接

153. 电容器形成电容电流有多种工作状态,它们是(　　)。

(A)充电　　　　　(B)放电　　　　　(C)稳定状态　　　(D)以上都是

154. 电容器常见的故障有(　　)。

(A)断线　　　　　(B)短路　　　　　(C)漏电　　　　　(D)失效

155. 电容器的电容决定于(　　)三个因素。

(A)电压　　　　　　　　　　　　　　(B)极板的正对面积

(C)极间距离　　　　　　　　　　　　(D)电介质材料

156. 多个电容串联时,其特性满足(　　)。

(A)各电容极板上的电荷相等

(B)总电压等于各电容电压之和

(C)等效总电容的倒数等于各电容的倒数之和

(D)大电容分高电压,小电容分到低电压

157. 每个磁铁都有一对磁极,它们是(　　)。

(A)东极　　　　　(B)南极　　　　　(C)西极　　　　　(D)北极

158. 磁力线具有(　　)基本特性。

(A)磁力线是一个封闭的曲线

(B)对永磁体,在外部,磁力线由 N 极出发回到 S 极

(C)磁力线可以相交的

(D)对永磁体,在内部,磁力线由 S 极出发回到 N 极

159. 据楞次定律可知,线圈的电压与电流满足(　　)关系。

(A)$(di/dt)>0$ 时,$e_L<0$　　　　　(B)$(di/dt)>0$ 时,$e_L>0$

(C)$(di/dt)<0$ 时,$e_L<0$　　　　　(D)$(di/dt)<0$ 时,$e_L>0$

160. 电感元件具有(　　)特性。

(A)$(di/dt)>0$,$u_L>0$,电感元件储能

(B)$(di/dt)<0$,$u_L<0$,电感元件释放能量

(C)没有电压,其储能为零

(D)在直流电路中,电感元件处于短路状态

161. 正弦量的表达形式有(　　)。

(A)三角函数表示式　　(B)相量图　　　(C)复数　　　(D)向量

162. RLC 电路中,其电量单位为 Ω 的有(   )。

(A)电阻 R　　　　(B)感抗 X　　　　(C)容抗 X_c　　　　(D)阻抗 Z

163. 负载的功率因数低,会引起(   )问题。

(A)电源设备的容量过分利用　　　　(B)电源设备的容量不能充分利用

(C)送、配电线路的电能损耗增加　　　　(D)送、配电线路的电压损失增加

164. RLC 串联电路谐振时,其特点有(   )。

(A)电路的阻抗为一纯电阻,功率因数等于 1

(B)当电压一定时,谐振的电流为最大值

(C)谐振时的电感电压和电容电压的有效值相等,相位相反

(D)串联谐振又称电流谐振

165. 与直流电路不同,正弦电路的端电压和电流之间有相位差,因而就有(   )概念。

(A)瞬时功率只有正没有负　　　　(B)出现有功功率

(C)出现无功功率　　　　(D)出现视在功率和功率因数等

166. RLC 并联电路谐振时,其特点有(   )。

(A)电路的阻抗为一纯电阻,阻抗最大

(B)当电压一定时,谐振的电流为最小值

(C)谐振时的电感电流和电容电流近似相等,相位相反

(D)并联谐振又称电流谐振

167. 正弦电路中的一元件,u 和 i 的参考方向一致,当 $i=0$ 的瞬间,$u=-U_m$,则该元件不可能是(   )。

(A)电阻元件　　　　(B)电感元件　　　　(C)电容元件　　　　(D)光敏元件

168. 三相正弦交流电路中,对称三相正弦量具有(   )。

(A)三个频率相同　　　　(B)三个幅值相等

(C)三个相位互差 120°　　　　(D)它们的瞬时值或相量之和等于零

169. 三相正弦交流电路中,对称三角形连接电路具有(   )。

(A)线电压等于相电压　　　　(B)线电压等于相电压的 $\sqrt{3}$ 倍

(C)线电流等于相电流　　　　(D)线电流等于相电流的 $\sqrt{3}$ 倍

170. 三相正弦交流电路中,对称三相电路的结构形式有下列(   )种。

(A)Y$-\triangle$　　　　(B)Y$-$Y　　　　(C)$\triangle-\triangle$　　　　(D)$\triangle-$Y

171. 由 R、C 组成的一阶电路,其过渡过程时的电压和电流的表达式由三个要素决定,它们是(   )。

(A)初始值　　　　(B)稳态值　　　　(C)电阻 R 的值　　　　(D)时间常数

172. 点接触二极管,其结电容小,它适合于(   )电路。

(A)高频　　　　(B)低频　　　　(C)小功率整流　　　　(D)整流

173. 稳压管的主要参数有(   )等。

(A)稳定电压　　　　(B)稳定电流　　　　(C)最大耗散功率　　　　(D)动态电阻

174. 爱岗敬业的基本要求(   )。

(A)要按时下班　　　　(B)要勤业　　　　(C)要乐业　　　　(D)要精业

175. 职业道德的特点有(   )。

(A)行业性　　　(B)广泛性　　　(C)实用性　　　(D)时代性

176. 职业素质包括(　　)。

(A)心理素质　　　(B)自然生理素质　　　(C)受教育素质　　　(D)社会文化素质

177. 劳动合同解除的方式有(　　)。

(A)协商解除　　　　　　　　　(B)用人单位单方解除

(C)劳动者单方解除　　　　　　(D)工会解除

178. 中国北车股份有限公司人才强企战略是(　　)。

(A)坚持以人为本　　　　　　　(B)坚持"实力、活力、凝聚力"的团队建设

(C)坚持尊重知识、尊重人才　　(D)尊重人才成长规律

179. 中国北车核心价值观是(　　)。

(A)诚信为本　　　(B)创新为魂　　　(C)崇尚行动　　　(D)勇于进取

180. 下列不属于旅客列车的有(　　)。

(A)行李车　　　(B)平车　　　(C)棚车　　　(D)敞车

181. 常见的普通螺纹制式的种类有(　　)。

(A)公制　　　(B)英制　　　(C)细螺纹制　　　(D)粗螺纹制

182. 为了减少环境误差,精密测量应在(　　)条件下进行。

(A)密闭　　　(B)恒温　　　(C)恒湿　　　(D)无尘

183. 基本视图有(　　)。

(A)主视　　　(B)俯视　　　(C)左视　　　(D)右视

184. 剖视图分为(　　)。

(A)全剖　　　(B)半剖　　　(C)局部剖　　　(D)放大视图

185. 游标卡尺的用途有(　　)。

(A)测量孔槽的深度　　　　　　(B)测量工件的高度

(C)测量阶台的高度　　　　　　(D)测量直齿的固定弦齿厚

186. 执行工艺规程的作用是(　　)。

(A)执行工艺规程会增加生产成本

(B)执行工艺规程能使生产有条理地进行

(C)执行工艺规程能合理使用劳动力和工艺设备

(D)执行工艺规程会降低劳动成本

187. 下列用来描述位置公差的是(　　)。

(A)平行度　　　(B)垂直度　　　(C)直线度　　　(D)倾斜度

188. 以下说法正确的是(　　)。

(A)百分表一般用于检测形状和位置偏差

(B)风钻可用于攻较大孔径的螺纹

(C)游标卡尺的精度只有 0.10 mm、0.05 mm 两种

(D)零件图由必要的视图、断面图及其他画法来表达零件各部结构和内外形状

189. 游标卡尺的注意事项有(　　)。

(A)不能用游标卡尺去测量毛坯尺寸　　(B)使用前要对游标卡尺进行检查

(C)测量时游标卡尺要放平　　　　　　(D)不能在工件旋转时测量

190. 以下有关游标卡尺说法正确的是(　　)。
(A)游标卡尺应平放　　　　　　　　　(B)游标卡尺可用砂纸清理上面的锈迹
(C)游标卡尺不能用锤子进行修理　　　　(D)游标卡尺使用

191. 千分尺使用时应注意(　　)。
(A)千分尺的测量应保持干净,使用前应校准千分尺
(B)测量时千分尺要放正
(C)可以用千分尺测量毛坯件
(D)工件在转动时能用千分尺测量

192. 以下尺寸适合用卷尺测量的是(　　)。
(A)25 mm±1 mm　　(B)25 mm±2 mm　　(C)25 mm±1.5 mm　(D)25 mm±3 mm

193. 以下不属于形状公差的是(　　)。
(A)同轴度　　　　　　(B)垂直度　　　　　　(C)平面度　　　　　(D)圆跳动

194. 我国机车车辆检修制度主要有(　　)两种。
(A)日常维修　　　　　(B)定期修理　　　　　(C)定址修理　　　　(D)免修理

195. 为保障人身安全,在正常情况下,属于电气设备的安全电压的有(　　)。
(A)20 V　　　　　　　(B)30 V　　　　　　　(C)40 V　　　　　　(D)50 V

196. 我国《水污染防治法》规定,禁止向水体排放、倾倒(　　)。
(A)油类　　　　　　　　(B)含热废水　　　　　　(C)工业废渣
(D)城市垃圾　　　　　　(E)放射性固体废弃物

197. 下列选项中,属于有毒有害物质的是(　　)。
(A)农药　　　　　　　　(B)放射性物质　　　　　(C)含热废水
(D)电磁波辐射　　　　　(E)有机汞

四、判 断 题

1. 误差按出现的规律可分为系统误差、随机误差、疏忽误差。(　　)

2. 100.000 mmH₂O 的有效数字位数为 6 位。(　　)

3. 测量范围(−100~0)℃的量程是 100 ℃。(　　)

4. 1Pa 就是 1 千克的力垂直作用在 1 平方米面积上所产生的压力。(　　)

5. 热力学温标规定分子运动停止时的温度为绝对零度。(　　)

6. 正交干扰信号系指其相位与被测信号相差 90° 的干扰信号。(　　)

7. 热电阻是基于热阻效应来测温。(　　)

8. 热电偶测温时所产生的热电势与组成热电偶的材料和两端温度有关,与热电偶的粗细、长短无关。(　　)

9. 一般形式的动圈式显示仪表主要由模数转换、非线性补偿、标度变换和显示装置等组成。(　　)

10. 1块 3 位半的数字式万用表,它可显示的最大数值是 9 999。(　　)

11. 天平称的是物体的重量。(　　)

12. 用数字万用表的二极管测试档对二极管进行正向测试时,其表头显示的 500 左右的数值是二极管两端的电压降,单位是 mV。(　　)

13. 数字万用表一般由测量电路、转换开关、数模转换电路和液晶显示器四部分组成。（　　）

14. 扩大直流电流表的量程通常采用分流器,它和电流表是串联的。（　　）

15. 扩大交流电流表的量程通常采用电流互感器。（　　）

16. 直流单臂电桥又称为惠斯登电桥,它不适合测量 1 Ω 以下的小电阻,其原因是:被测电阻很小时,由于测量中连接导线电阻和接触电阻的影响而造成很大的测量误差。（　　）

17. 在 Excel 中对数据清单排序时,最多只能排序三个关键字。（　　）

18. 在计量术语中,"计量确认"、"校准"、"检定"是同一个概念。（　　）

19. 从事量值传递工作的人员必须持证上岗。（　　）

20. 允许误差就是基本误差。（　　）

21. 电功率是表示电能对时间的变化率,所以电功率不可能为负值。（　　）

22. 电压互感器的原理与变压器不尽相同,电压互感器的二次侧电压恒为 100 V。（　　）

23. 电能表常数越大,电能表累计数进位越快。（　　）

24. 三相四线感应式电能表不能测量三相三线回路电能。（　　）

25. 电工三表是指电流表、电压表、欧姆表。（　　）

26. 供用电设备的功率因数越高,就越节能。（　　）

27. 左手定则是用来判别导体运动方向的。（　　）

28. 数字显示仪表而言,因为模拟运算器件的运算速度快,故模拟显示仪表的测量速度快,信息处理方便。（　　）

29. 物体或系统温度的高低表征了该物体或系统的冷热程度和分子无规则热运动的激烈程度。（　　）

30. 误差是绝对误差与量程之比。（　　）

31. 线性调节系统的稳定取决于干扰作用的形成强弱。（　　）

32. 线性调节系统的稳定取决于系统本身的结构及参数。（　　）

33. 能用万用表检测 MOS 管的各电极。（　　）

34. 单列直插式封装的集成电路以正面朝向集成电路,引脚朝下,以缺口、凹槽或色点作为引脚参考标记,引脚编号顺序一般从左向右排列。（　　）

35. 在直流电动机工作过程中,换向器和电刷的组合能实现交流电到直流电的转换。（　　）

36. 排线时,屏蔽导线应尽量放在下面,然后按先短后长的顺序排完所有导线。（　　）

37. 导线编号标记位置应在离绝缘端 8～15 mm 处,色环标记记在 10～20 mm 处。（　　）

38. 为了防止导线周围的电场或磁场干扰电路正常工作而在导线外加上金属屏蔽层,这就构成了屏蔽导线。（　　）

39. 频率特性的测量方法一般有点频法和扫频法两种,在单元电路板的调试中一般采用扫频法,调试中应严格按工艺指导卡的要求进行频率特性的测试与调整。（　　）

40. LC 正弦波振荡电路,振荡幅度的稳定,是利用放大器件的非线性来实现的。（　　）

41. 调节占空比旋钮可以将正弦波形变为锯齿波。（　　）

42. 与 TTL 与非门一样,CMOS 与非门的输入端悬空时相当于输入为逻辑 1。（　　）

43. 负载作三角形联接时,不管是否对称,承受的是电源的线电压。(　　)

44. 三极管深度饱和时,易损坏三极管。(　　)

45. 晶闸管可用来实现可控整流,故不可用于可控交流电路中。(　　)

46. 耗尽型 NMOS 管的转移特性曲线横跨 I、II 两个象限。(　　)

47. 被测压力愈高,测压仪表的波纹管结构愈小。(　　)

48. 霍尔压力变送器输送给二次仪表的信号是电压信号。(　　)

49. 仪表的精度等级是根据相对误差划分的(　　)

50. 在自动控制系统中大多是采用负反馈。(　　)

51. 对于一数显仪表对双积分式转换,若其电压基准偏低则其显示值偏小。(　　)

52. 电阻应变片式称重传感器的输出电阻一般大于输入电阻。(　　)

53. A/D 转换器主要用将数字信号转换为模拟信号。(　　)

54. 采样用同期 1 ms 的高精度万用表,可精确测量,频率为 1 000 Hz 信号。(　　)

55. 一般说负载增加是指电路的输出功率增加,电源的负担增加。(　　)

56. 电路中某点的电位数值与所选择的参考点无关。(　　)

57. 用交流电流表测得交流电流 5 A,则该交流电流的最大值是 5 A。(　　)

58. 某交流元件两端的交流电压滞后于流过它的电流,则该元件为容性负载。(　　)

59. 三相负载越接近对称,中线电流就越小。(　　)

60. 晶体三极管由两个 PN 结构成,所以能用两个二极管反向连接起来做成晶体三极管使用。(　　)

61. 二极管加反向电压时,反向电流很小,所以晶体管的集电结加反向电压时,集电极电流必然很小。(　　)

62. 16 进制数 1A 等于十进制数 26。(　　)

63. 摩擦是产生静电的主要途径,材料的绝缘性越差,越容易使其摩擦生电。(　　)

64. 在电工仪表修理过程中,对电子元器件等材料的基本要求中提到:产品中的零部件、元器件品种和规格应尽可能多,以提高产品质量,降低成本,并便于生产管理。(　　)

65. 如果受到空气湿度的影响,会引起电介质的介电常数增加。(　　)

66. 发光二极管与普通二极管一样具有单向导电性,所以它的正向压降值和普通二极管一样。(　　)

67. 继电器的接点状态应按线圈通电时的初始状态画出。(　　)

68. 电磁系测量机构的抗干扰能力强、过载能力差。(　　)

69. 双踪示波器断续显示时,电子开关工作于自激振荡状态且频率比被测信号频率高得多。(　　)

70. 信号发生器的输出阻抗越低,带载能力越强,性能越好。(　　)

71. 双积分 A/D 转换器具有速度快、抗干扰能力强的优点。(　　)

72. 隐极罩极式单相异步电动机的罩极绕组匝数少、线径粗,与工作绕组相串联。(　　)

73. 闸门时间和时标信号是电子计数器提供的两个时基信号,其中闸门时间较短,时标信号较长。(　　)

74. 计数器测量周期中,被测信号频率越高,测量结果误差越小。(　　)

75. 三相异步电动机的反接制动电气控制电路和反转电气控制电路的主电路相同。(　　)

76. 在直流电动机工作过程中,换向器和电刷的组合能实现交流电到直流电的转换。( )

77. 三相交流电路功率一定要用三表法来测量。( )

78. 全数检验是指对所有产品 100% 进行逐个检验,根据检验结果对被检的单件产品做出合格与否的判定。( )

79. 产品从设计、研制、制造到销售过程中都应确保质量,而检验是确保产品质量的重要手段。( )

80. 通电调试一般包括通电观察和静态调试。( )

81. 调试检测场所应安装漏电保护开关和过载保护装置。测试场地内所有的电源线、插头、插座、保险丝、电源开关等都不允许有裸露的带电导体。( )

82. 对于集成电路空的引脚,我们可以随意接地。( )

83. 继电器的接点状态应按线圈通电时的初始状态画出。( )

84. 晶体二极管正向导通的条件是其正向电压值大于死区电压。( )

85. 杂质半导体的导电性能是通过掺杂而且大提高的。( )

86. PN 结内电场要随外加电压而变化。( )

87. 由 P 型半导体引出的电极是晶体二极管的正极。( )

88. 硅二极管的反向漏电流比锗二极管的反向漏电流大。( )

89. 晶体二极管的最高反向电压就是该管的反向击穿电压。( )

90. 用万用表不同的电阻量限测二极管正反向电阻,读数是不同的。( )

91. 晶体三极管的发射结处于正偏时,三极管就导通。( )

92. 工作在放大状态下的晶体管,其发射极电流比集电极电流大。( )

93. 硅稳压二极管应在反向击穿状态下工作。( )

94. 稳压电源输出的电压值是恒定不变的。( )

95. 晶体管放大电路通常都是采用双电源方式供电。( )

96. 晶体管放大电路中,集电极电阻 R_C 的主要作用是向三极管提供集电极电流。( )

97. 晶体三极管作开关应用时,是工作在饱和状态和截止状态的。( )

98. 晶体二极管可以完全等效为一个机械开关,而且性能还更好。( )

99. "与"门的逻辑功能可记为:输入全 1 出 1,输入全 0 出 0。( )

100. "或"门的逻辑功能可记为:输入全 0 出 0,输入有 1 出 1。( )

101. "与非"门的逻辑功能可记为:输入全 1 出 0,输入有 0 出 1。( )

102. 在逻辑运算中,能够把所有可能条件组合及其结果一一对应列出来的表格称为真值表。( )

103. "或"门电路的逻辑功能表达式为:P=A+B+C。( )

104. 逻辑电路中的"与门"和"或门"是相对的,即正"与"门就是负"或"门;正"或"门就是负"与"门。( )

105. 异或门电路是输入端相异时输出为 1。( )

106. 同或门电路是输入端相同时输出为 0。( )

107. 由二个开关串联起来控制一只电灯时,电灯的亮和二个开关的闭合之间的对应关系,属于"或"的逻辑关系。( )

108. 由二个开关并联起来控制一只电灯时,电灯的亮和二个开关的闭合之间的对应关系,属于"或"的逻辑关系。（　　）

109. 对于 TTL 数字集成电路来说,在使用中应注意:电源电压不得接反。（　　）

110. TTL 集成与非门电路在使用中如有多余的输入端,一般可把其接地。（　　）

111. 编码器、译码器都要由触发器组成。（　　）

112. 数字显示器件不同,但它的驱动电路是一样的。（　　）

113. D 触发器 Q 的状态总是跟着输入端 D 的状态变化,但 Q 的状态总比 D 的状态的变化晚一步。（　　）

114. 同步 RS 触发器只有在 CP 信号到来后,才依据 R、S 信号的变化来改变输出的状态。（　　）

115. 主从 J-K 触发器电路中,主触发器和从触发器输出状态的翻转是同时进行的。（　　）

116. 区分加法计数器和减法计数器的主要依据是计数过程中,计数器所代表数字的增减情况。（　　）

117. 加法计数器只能由下降沿触发的触发器构成。（　　）

118. 减法计数器只能由下降沿触发的触发器构成。（　　）

119. 异步计数器中各触发器的 CP 脉冲源是一样的。（　　）

120. 我国用电规程中规定:在电压低于 1 000 V 的中性点接地的三相四线制供电系统中,如 380/220 V 系统,不允许采用保护接地,只能采用保护接零。（　　）

121. 我国用电规程中规定:在电压低于 1 000 V 的中性点接地的三相四线制供电系统中,如 380/220 V 系统,不允许采用保护接零,只能采用保护接地。（　　）

122. 电源将其他形式的能转换成电能,电路中负载将电能转换成其他形式的能。（　　）

123. 串联电阻的等效电阻值大于串联中任一电阻的值。（　　）

124. 电路中的电压是一个相对值,它不随参考点的改变而改变。（　　）

125. 电阻串联时,电阻值小的电阻通过的电流大。（　　）

126. 电位是个相对值,参考点一旦选定后,电路中各点的电位还会发生变化。（　　）

127. 电源就是将其他形式的能量转换成电能的装置。（　　）

128. 电荷移动的方向就是电流方向。（　　）

129. 电阻中电流 I 的大小与加在电阻两端的电压 U 成反比,与其阻值成正比。（　　）

130. 在对称三相交流电路中,线电流为相电流的 1.732 倍。（　　）

131. 在三相三线制电路中,三个线电流的相量和一定为零。（　　）

132. 在对称三相交流电路中,线电压为相电压的 1.732 倍。（　　）

133. 三相负载作 Y 连接时,只要有了中性,就不会发生中性点位移现象。（　　）

134. 在三相四线制供电系统中,三根相线和一根中性线上都必须安装熔断器。（　　）

135. 对称三相负载无论作 Y 连接还是作 △ 连接,其三相有功功率的计算公式都是相同的。（　　）

136. 对称三相负载无论作 Y 连接还是作 △ 连接,其三相有功功率的值都相同。（　　）

137. 不同频率的电流流过导线时,导线所表现出来的电阻值大小是不一样的。（　　）

138. 精密测量一般都采用比较仪器。（　　）

139. 处在正弦交流电路中的负载,若电感占的比越大,其功率因数就越高。(   )

140. 从安全生产的角度看,电气事故要包括触电事故,电磁场伤害事故,雷电事故,静电事故和某些电路故障。(   )

141. 在 Excel 中,更改数据图表中的数据系列的数值会影响到工作表中的原始数据。(   )

142. 在触电事故中电流对人体有两种类型的伤害,即电击和电伤。(   )

143. 障碍:即设障碍防止无意触及或接近带电体。(   )

144. 人体电阻一般情况下,人体电阻值可按 1 000～2 000 Ω 考虑,但人体电阻受很多因素影响,有时还会降低人体电阻。(   )

145. 在 Windows 环境中的不同位置按鼠标右键弹出的快捷菜单都是一样的。(   )

146. 当电气设备采用了超过 24 V 的安全电压时,必须同时采取防止直接接触带电体的保护措施。(   )

147. 任何电器设备未经验电,一律视为有电,不准用手触及。(   )

148. 在配电总盘及母线上进行工作时,在验明无电后应挂临时接地线,装拆接地线都必须由值班电工进行。(   )

149. 计算机区别于其他计算工具的本质特点是能存储数据和程序。(   )

150. 由专门检修人员修理电气设备或其带动的机械部分时,值班电工要进行登记,并注明停电时间。完工后要作好交待并共同检查,然后才能送电,并登记送电时间。(   )

151. 计算机程序必须位于主存储器内,计算机才能够执行程序内的指令。(   )

152. 带电装卸熔断器时,要戴防护眼镜和绝缘手套,必要时使用绝缘夹钳,并站在绝缘垫上。(   )

153. 电器或线路拆除后,可能来电的线头,必须及时用绝缘胶布包扎好。(   )

154. 必须使用两线带地线或二线插座,或者将外壳接地线单独接到接地干线上,以防接地不良时引起外壳带电。(   )

155. 我国用电规程中规定:在电压低于 1 000 V 的中性点接地的三相四线制供电系统中,如 380/220 V 系统,不允许采用保护接零,只能采用保护接地。(   )

156. 使用电动工具时要戴绝缘手套并站在绝缘垫上工作。(   )

157. 绝不允许用一根零线来取代工作接零线和保护接零线。(   )

158. 良好的绝缘能保证设备正常运转,良好的绝缘还能保证人们不致接触带电部分。设备或线路的绝缘必须与所采用的电压相符合,必须与周围环境和运行条件相适应。(   )

159. 屏护和间距是防止人体触及或接近带电体所采取的安全措施。(   )

160. 高压电气设备和低压电器设备必须采用各自的接地方法。(   )

161. 可以用一根零线来取代工作接零线和保护接零线。(   )

162. 在图样中标注尺寸时,应按图形的大小来标注。(   )

163. 在机械图样中,螺纹的牙底只能用虚线表示。(   )

164. 绘制机械图样时,可以选用 3∶1 的比例来绘图。(   )

165. 绘制螺钉连接图时,其螺钉的长度由计算结果确定。(   )

166. M30×1.5 表示细牙螺纹。(   )

167. 在机械图样中,形体的轮廓线一律用粗实线来表示。(   )

168. 测绘一齿轮时,齿轮模数由测量尺寸计算结果而定。(　　)

169. 在 Word 的普通视图中看到的排版效果,就是打印输出时实际效果。(　　)

170. 显示器上显示的内容既有机器输出的结果又有用户通过键盘打入的内容,故显示器既是输入设备又是输出设备。(　　)

171. 在 Word 中,输入一个自然段后,都应该按一下回车键。(　　)

172. Excel 工作表不能出现在 Word 文档中。(　　)

173. Word 中的普通表格与 Excel 工作表是一样的,操作方法也是一样的。(　　)

174. 在 Excel 中,可以两个工作表之间插入一张新工作表。(　　)

175. 与 Word 中的表格不同,对 Excel 工作表中的单元格不能进行单格的合并操作。(　　)

176. 不能利用剪贴板在 Word、Excel 等不同的应用程序之间复制或移动信息。(　　)

177. 利用因特网向朋友发送电子邮件时,电子邮件是直接发送到了对方的计算机中。(　　)

178. 因特网上使用 TCP/IP 协议。(　　)

179. 纯电阻单相正弦交流电路中的电压与电流,其瞬间时值遵循欧姆定律。(　　)

180. 线圈右手螺旋定则是:四指表示电流方向,大拇指表示磁力线方向。(　　)

181. 短路电流大,产生的电动力就大。(　　)

182. 电位高低的含义,是指该点对参考点间的电流大小。(　　)

183. 直导线在磁场中运动一定会产生感应电动势。(　　)

184. 最大值是正弦交流电在变化过程中出现的最大瞬时值。(　　)

185. 电动势的实际方向规定为从正极指向负极。(　　)

186. 两个同频率正弦量相等的条件是最大值相等。(　　)

187. 在均匀磁场中,磁感应强度 B 与垂直于它的截面积 S 的乘积,叫做该截面的磁通密度(　　)

188. 自感电动势的方向总是与产生它的电流方向相反。(　　)

189. 一段电路的电压 $U_{ab}=-10\,V$,该电压实际上是 a 点电位高于 b 点电位。(　　)

190. 正弦量可以用相量表示,所以正弦量也等于相量。(　　)

191. 没有电流就没有电压。(　　)

192. 如果把一个 24 V 的电源正极接地,则负极的电位是-24 V。(　　)

193. 电路中两点的电位分别是 $V_1=10\,V$, $V_2=-5\,V$,这 1 点对 2 点的电压是 15 V。(　　)

194. 将一根条形磁铁截去一段仍为条形磁铁,它仍然具有两个磁极。(　　)

195. 磁场可用磁力线来描述,磁铁中的磁力线方向始终是从 N 极到 S 极。(　　)

196. 在电磁感应中,感应电流和感应电动势是同时存在的;没有感应电流,也就没有感应电动势。(　　)

197. 正弦交流电的周期与角频率的关系是互为倒数。(　　)

198. 有两个频率和初相位不同的正弦交流电压 u_1 和 u_2,若它们的有效值相同,则最大值也相同。(　　)

199. 电阻两端的交流电压与流过电阻的电流相位相同,在电阻一定时,电流与电压成正

比。（　　）

200. 正弦交流电中的角频率就是交流电的频率。（　　）

201. 使用绝缘耐压测试仪进行高压测试时，人体不可碰到被测物，以免造成伤害。（　　）

202. 接地电阻测试仪是用来测量电气设备内部的接地电阻，它所反映的是电气设备的各处外露可导电部分与电器设备的总接地端子之间的（接触）电阻。（　　）

203. 发生泄密事件的机关、单位不及时上报或隐匿不报的，视情节和造成的后果追究有关人员或领导人的责任。（　　）

204. 储存化学危险物品和建筑物区域内严禁吸烟和使用明火。（　　）

五、简 答 题

1. 在实施计量过程中应遵守的原则是什么？

2. 什么叫溯源性？

3. 什么叫国家计量检定系统表？

4. 什么叫计量器具的校准？

5. 我国计量立法的宗旨是什么？

6. 我国计量工作的基本方针是什么？

7. 计量检定人员的职责是什么？

8. 计量检定人员有哪些行为之一的，给予行政处分？

9. 何谓接线图，其主要作用是什么？

10. 什么叫数字电压表的显示位数？

11. 静电电压表在使用中，为什么仪表的一个端钮应与屏蔽线连接并接地？

12. 试写出图 7 电路中串联电容电桥，当电桥平衡时，其测量结果的定量关系式。

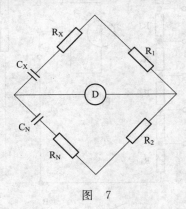

图　7

13. 何谓交流电流的有效值？

14. 何谓保护接地？其接地电阻是如何规定的？

15. 直流数字电压的主要结构是什么？

16. 简述外附分流器为什么要做成四端子式的原因。

17. 简述在检定直流电桥过程中，对通过其的电流是如何规定的。

18. 简述电桥整体检定法的工作原理并说明其适用范围。

19. 鉴定 2.0 级三相电能表时,对其三项电压、电流的对称条件要求是什么?

20. 检定规程规定,用比较法检定 2 级电能表时,要适当选择被检表转数和标准电流互感器量程,使读数盘的最小分格值为 0.01 转的标准电能表的转数 n_0 不少于 2 转,试简述其理由。

21. 检定规程规定,用"定圈测时"的瓦秒法检定电能表时,标定时间 t 对 2 级和 3 级表应不少于 50 s,试简述其理由。

22. 简述用手工磨修仪表轴尖的方法。

23. 简述仪表轴尖磨修后锥面抛光的方法。

24. 简述绝缘电阻表在线圈拆卸过程中应注意那些问题。

25. 简述电能表制动磁铁充磁后进行人工老化的方法。

26. 音频功率电源主要由是由哪些部分组成?

27. 直流电位差计的名牌或外壳上应有哪些标志和符号?

28. 直流电阻箱面板或机壳上应有哪些主有标志和符号?

29. 直流电桥的铭牌或外壳上应有哪些主有标志和符号?

30. 简述用万用表欧姆挡定性检查直流电位差计工作电源回路有无故障的方法。

31. 试找出图 8 电路、单臂电桥线路的节点位置,并说明按元件检定时应对哪些节点间的电阻进行检定?

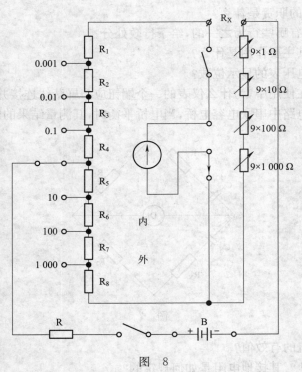

图 8

32. 简述直流电位差计内附检流计在测量回路的灵敏度测量条件是什么。

33. 试述直流电桥内附指零仪阻尼时间的试验方法。

34. 何为直流电桥的有效量程?

35. 何为直流电桥的总有效量程？

36. 简述直流电桥内附电子放大式指零仪零位漂移的测试方法。

37. 分别说明下列电能表型号的含义是什么？DT、DD、DX、DS。

38. 简述单相有功功率表额定功率因数 $\cos\phi=1$ 的调整方法。

39. 简述用"二表法"检定三相二元件有功功率表额定功率因数 $\cos\phi=1$ 的调整方法。

40. 简述用跨相 90°二表法检定三相二元无功功率表额定功率因数 $\sin\phi=1$ 的调整方法。

41. 为什么说三极管是有源元件？二极管是不是？

42. 用整体检定法检定直流电桥时，全检量程的确定原则是什么？

43. 对于 0.05 级及以下的不给出数据的直流电桥，在对其他量程检定时，应如何检定？

44. 简述用标准电桥检定 0.1 级以下电阻箱的方法和检定步骤。

45. 在用电桥法测量电阻时，往往将电源正反二次测量，取二次测量结果和平均值作为最后结果，为什么？

46. 什么是直流电位差计的增量线性度？

47. 简述电桥绝缘电阻对整体误差影响的试验方法。

48. 如发现电磁式 T24 型仪表的铁片脱胶松动位移时，应如何处理？

49. 如直流电位差计工作电流调节电位器接触不良，会造成在调节工作电流电位器时，检流计指针有跳动现象，如何排除此故障？

50. 如果直流电位差计温度补偿盘某示值对于参考值(1.018 60 V)的误差超过 1/10 时，应如何处理？

51. 如何计算直流电位差计的综合误差？

52. 试写出整体检定电桥时，最大综合误差的计算公式，并注明符号意义。

53. 在对整体检定电桥的数据进行综合误差计算时，怎样挑选被检电桥量程系数比中的最大正、负相对误差？

54. 试述直流电阻箱检定数据的化整原则是什么。

55. 简述直流数字电压表数据化整原则。

56. 写出直流数字电压表绝对误差和相对误差的表达式。

57. 试述电流、电压、功率表基本误差，升降变差的数据修约法则是什么。

58. 原始记录有哪两大类，其内容是什么？

59. 如何判断直流电位差计基本误差是否合格？

60. 有两个电阻，其中一个电阻的阻值比另一个大得多，在串联使用时，哪一个电阻的作用可以忽略不计？如果并联又怎样？

61. 正弦交流电的三要素是什么？有了交流电的三要素是否就可以画出唯一的交流电波形？

62. 什么叫频率？周期和频率有什么关系？

63. 变压器使用时应注意哪些事项？

64. 变压器的基本构造由哪几部分组成？

65. 什么叫感抗？它与哪些因素有关？

66. 怎样用万用表测量电流和电压？

67. 热电阻接线为何采用三线制？

68. 玻璃液体温度计的检定项目主要有哪些？

69. 什么是仪表的灵敏度？灵敏度过高对仪表有什么影响？

70. 简述测量误差的原因？

71. 为什么电子式绝缘电阻测试仪几节电池供电能产生较高的直流高压？

六、综 合 题

1. 为什么直流电桥应以综合误差是否合格作为判断电桥是否合格的依据？

2. 一块准确度为 0.2 级直流电压表，经检定后，其最大基本误差为 -0.205%，试问该表是否合格（假设其他项均合格）？为什么？

3. 一测量结果为 $Y=3.00+0.31\pm0.45(V)$，$(K=3)$，试说明其表达式的含义。

4. 简述修理后电工仪表轴尖的质量检查方法。

5. 电工仪表游丝更换后的质量检查要求是什么？

6. 如何检查修后电能表电流元件铁芯的装配位置是否正确？怎样解决？

7. 什么是门电路？最基本的门电路有哪些？

8. 三相四线制供电系统中，中性线的作用是什么？

9. 在三相四线制供电系统中，只要有了中性线就能保证各负载相电压对称吗？为什么？

10. 简述一张完整的零件图应具有的内容。

11. 简述一张完整的装配图应具有的内容。

12. 放大电路中的晶体三极管为什么要设置静态工作点？

13. 什么是共发射极放大电路的直流通路？有什么用途？怎样绘制？

14. 放大电路中由于静态工作点设置不当会对放大器的工作带来什么影响？

15. 在三相四线制供电系统中，中性线上能否安装熔断器？为什么？

16. 带电作业时的安全措施有哪些？

17. 如何进行电气灭火？

18. 压力表指针跳动的可能原因是什麽？

19. 用直接比较法检定直流数字电压表时，如果标准表不满足被检表的量程时，应如何检定其示值误差？画图说明。

20. 试述仪表游丝的焊接方法和基本要求。

21. 试述直流电位差计较高阻值电阻的焊接方法及注意事项。

22. 试述示波器的使用操作方法。

23. 绘图说明两表跨相 90°检定二元件三相无功功率表的线路及计算公式。

24. 画出用直接比较法检定具有内附标准电池和内附检流计的直流电位差计示值基本误差的线路图，并说明其检定步骤。

25. 画出用整体检定法检定直流单、双臂电桥的线路图，并简述其检定步骤。

26. 画出用替代法检定直流电阻箱的线路图，并写出其电阻箱实际值的计算公式。

27. 为什么用 0.02 级的电桥可以检定 0.01 级的标准电阻器？

28. 为使感应系交流电能表准确度和性能稳定，在表内设置了哪些调节装置，对这些装置有哪些要求？

29. 试述直流电阻箱接触电阻变差的测量方法。

30. 试画出绝缘电阻表通电调平衡线路图,并说明其调整步骤。

31. 准确度等级为 0.05 级的直流电位差计,量程为×10 挡,第 I 盘为 $16×1$ mV,第 II 盘为 $10×0.1$ mV,第 III 盘为 $10×0.01$ mV,经检定,第 I 盘第 1 点的修正值为 $+3.5$ μV,第 2 点的修正值为 $+5.5$ μV,第 II 盘第 10 点的修正值为 $+1.7$ μV,试计算其增量线性,并判断是否合格。

32. 已知某电位差计全检量程(×1)和(×0.1)量程第一盘检定数据见表 1。(为节省篇幅,共列出 4 个点的数据),求×0.1 量程的量程系数实际值。

表 1

示值(×mV)	0	10	15	20
×1 量程　更正值(μV)	−0.30	−0.65	−1.05	−1.60
×0.1 量程　更正值(μV)	−0.02	−0.08	−0.18	−0.20

33. 有一台 UJ31 型直流电位差计,准确度等级为 0.05 级,温度补偿盘步进值为 100 μV,温度补偿盘增加一个读数(100 μV),检流计偏转 50 格,当 UJ31 的温度补偿盘的各示值逐一与标准电位差计的温度补偿盘直接比较时,检流计的最大偏转格为 5 格,试问这台电位差计的温度补偿盘是否合格?

34. 已知整体检定 0.2 级双电桥的检定结果见表 2、表 3,(测量盘为全检量程×1 时数据),判断其是否合格。

表 2

标准电阻箱值(Ω)	0.01	0.02	0.03	0.04	0.05
电桥测量盘示值(Ω)	0.010 00	0.020 00	0.029 98	0.039 98	0.049 94
标准电阻箱值(Ω)	0.06	0.07	0.08	0.09	0.10
电桥测量盘示值(Ω)	0.059 94	0.069 98	0.800 4	0.090 10	0.100 1

表 3

量程系数	×100	×10	×0.1	×0.01
标准电阻(Ω)	10	1	0.01	0.001
电桥测量盘示值(Ω)	0.100 06	0.100 04	0.100 02	0.100 0

35. 一台由四个测量盘组成的直流电阻箱,准确度等级为 0.1,其接触电阻变差测量数据见表 4,最小步进值为 1 Ω,试计算其接触电阻变差,并判断是否合格。

表 4

M_0	1.008 6	1.008 6	1.008 7
M_1	1.008 9	1.009 0	1.008 9
M_2	1.009 0	1.008 8	1.008 8
M_3	1.009 0	1.008 9	1.008 9
M_4	1.008 9	1.008 7	1.009 0

电工仪器仪表修理工(高级工)答案

一、填 空 题

1. 溯源性	2. 连续多次	3. 测量结果之间	4. 协方差
5. 赋予	6. 所乘	7. A类评定	8. 统计分析
9. 准确可靠的	10. 自愿溯源	11. 示值误差	12. 法定计量检定机构
13. 最高准则	14. 与其主管部门同级	15. 计量检定证件	16. 注销
17. 检定结果通知书	18. 法令	19. SI	20. SI 词头
21. m	22. 弧度	23. 弧长与半径	24. 方法误差
25. 系统误差	26. 无限多次	27. 必要	28. 程序
29. 计量监督	30. 检定	31. 进行控制	32. 一组操作
33. $k=2$	34. 电路图	35. 操作和维修	36. 分解成为几部分
37. 长度	38. 逆时针	39. 发光二极管	40. $\curvearrowright$
41. 保护接地	42. 方向	43. 内阻	44. 高电压
45. 热电变换器	46. 相位平衡	47. 音频电源	48. 电信号的波形
49. 完全不对称	50. 电压与电流	51. 流比计	52. 120°
53. 电压变化率	54. 电流阻碍	55. 2、3、6	56. 负
57. 减小涡流	58. 截止状态	59. 共基极电路	60. 估算法
61. "非门"	62. 11111	63. 负载电流	64. 反向击穿
65. $\overline{\underline{\wedge}}$ vs	66. 系统软件	67. 应用软件	68. 工作质量
69. 方法	70. 原因	71. 端钮接触电阻	72. 指零仪
73. 多点刷形	74. 三元件三盘式	75. 铁芯	76. 模拟
77. 测量速度	78. 串并联补偿	79. 铜线	80. 磁滞
81. 改善频率特性	82. 相反	83. 并联补偿电容	84. 扭转变形
85. 磁电系比率表	86. 电介质	87. 交流正弦	88. 内阻
89. 总电阻	90. 0.001	91. 500 V±10%	92. 小于
93. 工作电流	94. 0.005	95. (20±3)℃	96. 对检
97. 直测对检法	98. 允许基本误差	99. 整体	100. 阶梯调节臂的比值
101. (20±5)℃	102. 1/10	103. 1/10	104. 整体检定
105. 替代法	106. 电压	107. $\frac{1}{3} \sim \frac{1}{5}$	108. 直接比较法
109. 串模和共模干扰	110. 平均值	111. 磨擦	112. 单方向
113. 刚玉	114. 硬木衬垫	115. 弹片形变	116. 银铜合金

117. 换位	118. 铆紧钢珠	119. 相对位置	120. 稳定性
121. 负载电流	122. 越好	123. 示波管	124. 特性曲线
125. 最高反向	126. 正反向电阻	127. 漏电电流	128. 软磁
129. 短接	130. 高阻	131. 标准	132. 电阻表
133. 1 mm	134. 1 mm	135. 总有效	136. 抖动
137. 通电	138. 加倍抽检	139. 代数和	140. "跨相90°二表法"
141. 偏转角最大	142. 电流互感器	143. 三相系统完全对称	
144. 相等	145. 差值法	146. 最后一个	147. 量程系数比
148. 被检电桥	149. 量程系数比	150. 3~5	151. ±1.0%
152. 后两盘	153. 零电势	154. 平均值	155. 500 V±10%
156. 接触电阻	157. 对称的三相	158. 最小量程	159. 基本
160. 降低	161. 上下宝石轴承孔	162. 固有频率	163. 通电不偏转
164. 接反	165. 示值误差变大	166. 无指示	167. 交流
168. B锤	169. D锤	170. 超出	171. 平衡不好
172. 调定电阻	173. 局部磨损	174. 前后对换	175. 清洗涂油
176. 接触不好	177. 铜短路环	178. $\frac{1}{3} \sim \frac{1}{2}$	
179. 有时正潜动存时反潜动		180. 满度值	181. 鉴别
182. 互换印刷板	183. 偶数法则	184. 2.06	185. 全检量限
186. 1.018 60	187. 第一	188. 第一、二	189. 第Ⅰ个测量盘
190. 少一位	191. $\frac{1}{5} \sim \frac{1}{3}$	192. ±0.06%	193. +0.015
194. 二位	195. 5 的整数	196. 0.01	197. 909.1
198. 384.9	199. 整数倍	200. 系统误差	

二、单项选择题

1. B	2. A	3. D	4. B	5. D	6. D	7. D	8. D	9. B
10. C	11. D	12. C	13. B	14. A	15. D	16. D	17. B	18. B
19. B	20. C	21. D	22. C	23. C	24. D	25. B	26. B	27. B
28. C	29. C	30. A	31. B	32. D	33. D	34. A	35. B	36. C
37. B	38. B	39. B	40. C	41. B	42. D	43. B	44. A	45. B
46. C	47. D	48. B	49. B	50. B	51. B	52. A	53. C	54. C
55. B	56. C	57. C	58. A	59. C	60. B	61. B	62. C	63. B
64. D	65. C	66. B	67. B	68. C	69. B	70. C	71. A	72. B
73. D	74. D	75. D	76. D	77. A	78. C	79. D	80. D	81. C
82. C	83. A	84. C	85. D	86. A	87. C	88. B	89. C	90. B
91. C	92. C	93. D	94. B	95. B	96. A	97. C	98. B	99. B
100. B	101. A	102. D	103. A	104. A	105. C	106. A	107. B	108. D
109. C	110. D	111. A	112. C	113. C	114. B	115. C	116. C	117. C

118. C　119. C　120. A　121. C　122. D　123. B　124. C　125. C　126. C
127. C　128. C　129. A　130. D　131. B　132. A　133. C　134. C　135. D
136. B　137. C　138. D　139. D　140. C　141. C　142. B　143. C　144. A
145. C　146. B　147. D　148. B　149. C　150. C　151. C　152. C　153. C
154. A　155. B　156. B　157. A　158. D　159. C　160. C　161. D　162. D
163. C　164. D　165. D　166. C　167. B　168. C　169. D　170. C　171. D
172. C　173. B　174. C　175. B　176. C　177. A　178. C　179. C　180. A
181. C　182. B　183. B　184. B　185. D　186. B　187. D　188. C　189. A
190. B　191. D　192. C　193. A　194. D　195. C　196. D　197. D　198. B
199. A　200. C

三、多项选择题

1. ABC　2. ABC　3. ABC　4. ABC　5. AB　6. ABC　7. ABD
8. ABCDE　9. BC　10. ABCDE　11. ABCD　12. ABCD　13. ABCDE　14. ABCDE
15. ABCD　16. ABC　17. ABCD　18. ABC　19. AB　20. ABD　21. ABC
22. ABC　23. ABC　24. ABC　25. ABCD　26. AB　27. ACD　28. ABCE
29. BDE　30. AB　31. ABC　32. ABCDE　33. ABC　34. ABCD　35. ABCD
36. BC　37. ABC　38. ABC　39. ABE　40. ABC　41. ABCD　42. ABC
43. ABDE　44. BC　45. AB　46. BCE　47. BE　48. BCDE　49. ACDE
50. BD　51. BCE　52. ABCDEF　53. BCDEFG　54. ABCE　55. ABC　56. ABCDE
57. ABCD　58. ABCD　59. ABCE　60. BE　61. BCDE　62. ADF　63. AD
64. CD　65. BDE　66. BD　67. ABCE　68. BD　69. AE　70. ACE
71. BCDE　72. DE　73. BCE　74. AB　75. CD　76. ABCDE　77. BCDE
78. ACDE　79. AE　80. BCD　81. ACD　82. ABC　83. ABC　84. ABC
85. ACE　86. ACD　87. ACDE　88. ABC　89. ABCDE　90. AE　91. AB
92. AD　93. BD　94. AD　95. AD　96. BDE　97. BCE　98. ABCE
99. CDE　100. ABCDE　101. BD　102. AD　103. CD　104. AD　105. BD
106. AD　107. BD　108. AD　109. ABCD　110. AC　111. ABD　112. ABC
113. ABC　114. BD　115. ACD　116. BD　117. ABCD　118. BCD　119. ABC
120. ABD　121. ABD　122. BCD　123. ACD　124. ACD　125. BD　126. ABCD
127. BCD　128. ACD　129. AC　130. CD　131. ABD　132. AB　133. AC
134. AD　135. AC　136. BCD　137. ABC　138. ABC　139. ACD　140. ABC
141. ABD　142. ACD　143. ABC　144. BCD　145. ABC　146. ABD　147. BCD
148. ABC　149. BCD　150. ACD　151. AC　152. AD　153. AB　154. ABCD
155. BCD　156. ABC　157. BD　158. ABD　159. AC　160. ABD　161. ABC
162. ABCD　163. BCD　164. ACD　165. BCD　166. ABCD　167. ABD　168. ABCD
169. AD　170. ABCD　171. ABD　172. AC　173. ABCD　174. BCD　175. ABCD
176. ABD　177. ABC　178. AB　179. ABCD　180. BCD　181. AB　182. BCD
183. ABC　184. ABC　185. ABCD　186. BCD　187. ABCD　188. ABD　189. ABC

190. ACD　191. BCD　192. AC　193. ABD　194. AB　195. AB　196. ACDE

197. ABDE

四、判 断 题

1. √　2. √　3. √　4. ×　5. √　6. √　7. √　8. √　9. ×

10. ×　11. ×　12. √　13. √　14. ×　15. √　16. √　17. √　18. ×

19. √　20. ×　21. ×　22. ×　23. ×　24. √　25. √　26. √　27. ×

28. ×　29. √　30. √　31. ×　32. √　33. ×　34. √　35. ×　36. √

37. √　38. √　39. √　40. ×　41. ×　42. √　43. √　44. √　45. ×

46. √　47. ×　48. √　49. √　50. √　51. √　52. √　53. √　54. ×

55. √　56. ×　57. √　58. √　59. √　60. √　61. √　62. √　63. √

64. ×　65. √　66. ×　67. √　68. √　69. √　70. ×　71. √　72. ×

73. ×　74. ×　75. √　76. √　77. √　78. √　79. √　80. √　81. √

82. ×　83. √　84. √　85. √　86. √　87. √　88. √　89. √　90. √

91. ×　92. √　93. √　94. ×　95. √　96. √　97. √　98. √　99. ×

100. √　101. √　102. √　103. √　104. √　105. √　106. ×　107. ×　108. √

109. √　110. ×　111. √　112. √　113. √　114. √　115. ×　116. √　117. ×

118. ×　119. √　120. √　121. ×　122. √　123. √　124. √　125. √　126. ×

127. √　128. √　129. √　130. √　131. √　132. √　133. √　134. √　135. √

136. ×　137. √　138. √　139. √　140. √　141. √　142. √　143. √　144. √

145. ×　146. √　147. √　148. √　149. √　150. √　151. √　152. √　153. √

154. √　155. √　156. √　157. √　158. √　159. √　160. √　161. √　162. √

163. ×　164. √　165. √　166. √　167. √　168. √　169. √　170. √　171. √

172. ×　173. √　174. √　175. √　176. √　177. √　178. √　179. √　180. √

181. ×　182. √　183. √　184. √　185. √　186. √　187. √　188. √　189. √

190. ×　191. √　192. √　193. √　194. √　195. ×　196. √　197. √　198. ×

199. √　200. ×　201. √　202. √　203. √　204. √

五、简 答 题

1. 答:(1)计量器具都必须经检定合格(1分);(2)计量器具必须放置得当,计量器具应处于良好的工作状态(1分);(3)熟悉使用说明书,及时排除故障(1分);(4)注意操作安全(1分);(5)保持清洁卫生(1分)。

2. 答:通过一条具有规定不确定度的不间断的比较链,使测量结果或测量标准的值能够与规定的参考标准,通常是与国家测量标准或国际测量标准联系起来的特性(5分)。

3. 答:国家对计量基准到各等级的计量标准直至工作计量器具的检定主从关系所作的技术规定(5分)。

4. 答:在规定条件下,为确定测量仪器或测量系统所指示的量值,或实物量具或参考物质所代表的量值,与对应的由标准所复现的量值之间关系的一组操作(5分)。

5. 答:我国计量立法的宗旨是为了加强计量监督管理,保障国家计量单位制的统一和量值的准确可靠,有利于生产、贸易和科学技术的发展,适应社会主义现代化建设的需要,维护国家、人民的利益(5分)。

6. 答:国家有计划地发展计量事业,用现代计量技术、装备各级计量检定机构,为社会主义现代化建设服务,为工农业生产、国防建设、科学实验、国内外贸易以及人民健康、安全提供计量保证(5分)。

7. 答:(1)正确使用计量基准或计量标准并负责维护、保养,使其保持良好的技术状况(2分)。(2)执行计量技术法规,进行计量检定工作(1分)。(3)保证计量检定的原始数据和有关技术资料的完整(1分)。(4)承办政府计量部门委托的有关任务(1分)。

8. 答:(1)伪造检定数据的(1分);(2)出具错误数据造成损失的(1分);(3)违反计量检定规程进行计量检定的(1分);(4)使用未经考核合格的计量标准的开展检定的(1分);(5)未取得计量检定证件执行检定的(1分)。

9. 答:用符号表示成套装置、设备或装置的内、外部各种连接关系的一种简图称为接线图(2.5分);其主要作用是用于安装接线、线路检查、线路维修和故障处理,实际应用中,接线图通常应和电路图、位置图对照使用(2.5分)。

10. 答:数字电压表的显示位数是以完整的显示数字,即能够显示0~9的十位数码的显示能力的多少来确定,能够显示"9"的数字位称为满位,否则称作半位或1/2位,显示数字的位置从左到右规定为第一位、第二位、…、末位(5分)。

11. 答:因为影响静电电压表误差的最主要因素是外电场的变化,所以这种仪表必须带有静电屏蔽,在某些固定式仪表中,金属外壳本身就起这个作用(5分)。

12. 答:$C_X = C_N R_2 / R_1$ $R_X = R_N R_1 / R_2$(5分)。

13. 答:交流电流通过某一电阻时,在一定的时间内所产生的热量,如果与某一直流电流通过该电阻,在相同时间内所产生的热量相等,则该直流电流的值被称为交流电流的有效值(5分)。

14. 答:将电气设备的金属外壳用导线同接地线可靠连接起来,称为保护接地。这种接地要求接地极的接地电阻<4 Ω(5分)。

15. 答:主要由(1)模拟部分(1分);(2)显示部分(1分);(3)主电源、风扇、恒温槽(1分);(4)控制部分(1分);(5)信息输出部分组成(1分)。

16. 答:外附分流器有二个电流端钮和二个电压端钮。电流端钮接入被测回路用,电压端钮接入仪表用,这样接线,外电路接触电阻的影响不会进入测量机构,可以消除分流器和外电路连接时的接触电阻对分流系数的影响(5分)。

17. 答:在检定电桥过程中,流过标准器及被检电桥的电流不应超过它们的允许值(2.5分)。如果对此没有规定时,则不应超过相当于0.05 W功率的电流,最大不得大于0.5 A(2.5分)。

18. 答:整体检定是用标准电阻箱接至被检电桥未知端,以标准电阻箱的实际值确定被检电桥的示值误差,只要具有足够准确度的标准电阻箱都可以采用整体检定(5分)。

19. 答:(1)检定2级三相有功电能表时,每一相(线)电压对三相(线)电压平均值相差不得超过±1.0%(2分);(2)每相电流对各相电流的平均值相差不超过±1.0%(2分);(3)任一相电流和相应电压间的相位差,与另一相电流和相应电压间的相位差相差不应超过3°(1分)。

20. 答:对于读数盘最小分格为0.01转的标准电能表,检定员最大的可能读数误差为1/4

分格,当满足 $n_0 \geq 2$ 转的要求时,则读数误差可以减少至 $r = 1/4 \times 0.01/2 \times 100\% = 0.125\%$,大约为 2 级表基本误差的 1/16,可忽略不计(5 分)。

21. 答:这是针对用"手动方法控制计时"检定电能表而规定的,目的是把检定人员手控制计时带来的测量误差减少到对 2 级表基本误差限的 1/10~1/20 之间,从而使该项误差可忽略不计(5 分)。

22. 答:手工磨修仪表轴尖时,应左手拿稳油石,右手握住钟表拿子,用拇指和食指旋转拿子,手臂同时摆动使轴尖在油石上作单方向摩擦转动,并且应注意轴尖锥面与油石平面全面接触。

23. 答:先用金相砂纸(细 03~04)研磨,再用氧化铬抛光膏(绿色、特级)涂在硬牛皮上进行抛光,如轴尖顶端曲率半径太小,可延长顶端抛光时间,也可磨损一部分顶端,增大曲率半径,抛光后的轴尖用汽油清洗干净(5 分)。

24. 答:当需用对绝缘电阻表线圈进行拆卸修理时,在未拆卸大小铝框前,应注意记下:(1)线框的相对位置与指针夹角(2 分)。(2)各线圈线头的连接点(2 分)。(3)原来线圈的线径、绕制方向、线圈匝数等,在线圈修好后应按照原来位置组装(1 分)。

25. 答:将电能表的磁铁放在烘箱内,在 (100 ± 5)℃温度下,加温 4~6 h,冷却后再自然老化一段时间,使金属内部结构稳定(5 分)。

26. 答:主要是由直流电源(1 分)、振荡器(1 分)、移相电路(1 分)、反馈闭环电路(1 分)、功率放大器组成(1 分)。

27. 答:(1)制造厂名称或商标(1 分)。(2)产品型号、出厂编号和准确度等级(1 分)。(3)有效量程及线路绝缘电压(1 分)。(4)所有端钮的极性和功能标识(1 分)。(5)封印位置(1 分)。

28. 答:(1)名称、型号、编号、制造厂名称或商标(1 分)。(2)测量范围、准确度等级(1 分)。(3)使用温度(1 分)。(4)额定功率(1 分)。(5)绝缘电压强度符号等(1 分)。

29. 答:(1)产品名称、型号、出厂编号、制造厂名称或商标(1 分)。(2)有效量程及总有效量程(1 分)。(3)各有效量程的准确度等级(1 分)。(4)试验电压(1 分)。(5)电桥上的端钮应有明显的使用标志及封印位置(1 分)。

30. 答:将万用表接在直流电位差计的"工作电源 B"的两端钮间(对高阻电位差计用×1 kΩ 挡,对低阻电位差计用×10 挡(2.5 分),依次操作极性开关,工作电流调节盘,温度补偿盘和测量盘及量限开关,观察有无明显的不正常现象(2.5 分)。

31. 答:应对 AB、BC、DA 之间的电阻进行检定如图 9 所示。

32. 答:(1)电源电压为额定工作电压(1.5 分)。(2)测量盘的示值处于上限(1.5 分)。(3)被测端钮的外接电阻等于电位差计测量回路的输出电阻(2 分)。

33. 答:在被检电桥总有效量程的电阻测量上、下限上,调节测量盘,使指零仪的指针偏转至满度,随后切断电桥供电电源,用秒表测量指针从满度回到零位线≤1 mm 时的时间(5 分)。

34. 答:对于一个给定的量程因数,电桥能以规定准确度进行测量的最低与最高电阻值之间的阻值范围称为直流电桥的有效量程(5 分)。

35. 答:使用所有量程因数都能以规定的准确度进行测量的总电阻范围称为直流电桥的总有效量程(5 分)。

36. 答:接通电桥指零仪电源进行预热,将指零仪指针调至零位,过 10 min 后,指针的偏转不应大于 1 mm(5 分)。

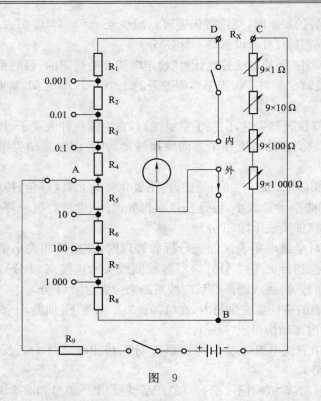

图 9

37. 答:第一个字母 D 表示电能表(1 分),第二个字母 D 表示单相(1 分);T 表示三相四线(1 分),X 表示无功(1 分),S 表示三相的(1 分)。

38. 答:将功率表在通以额定电压和额定电流的情况下,用移相装置调节电压和电流之间的电位差角,使仪表的指示器的偏转角最大,这时仪表就工作在 $\cos\phi=1$ 上(5 分)。

39. 答:在额定电压、额定电流和三相系统完全对称的条件下,向感性方向(滞后方向)调节移相器的相位,使两只标准单相有功功率表的指示值相等,并且是正值,则这时三相系统的功率因数 $\cos\phi=1$(5 分)。

40. 答:在额定电压、额定电流和三相系统完全对称的条件下,向感性方向(滞后方向)调节移相器的相位,使两只标准单相有功功率表的指示值为最大正值,并且相等,此时三相系统的功率因数 $\sin\phi=1$(5 分)。

41. 答:三极管能够进行能量转换(2.5 分),二极管不是(2.5 分)。

42. 答:应保证被检电桥第一个测量盘加入工作时,其示值由 1 至 10 时的各个电阻测量值均应在该电桥的总有效量程以内(5 分)。

43. 答:只要检定第一个测量盘在全检量程检定结果中具有最大正、负相对误差的两个点,看其是否超差,而不必求出其量程系数比(5 分)。

44. 答:用 0.02 级电桥做标准,整体检定,×100 Ω 以上电阻用单相桥测量,×10 Ω 以下电阻用双电桥测量,步骤为先进行外观检查和线路检查,然后测定其残余电阻和接触电阻变差,及示值基本误差,通过计算得出各示值点电阻的实际值(5 分)。

45. 答:为了消除在电桥回路中固定的热电势对测量结果带来的影响(5 分)。

46. 答:表示同一个值的任何两个不同的测量盘示值所产生的电压值的恒定性和表示任

一测量盘的两个相邻示值之间所产生的电压增量的恒定性的技术指标,称为直流电位差计的增量线性度(5分)。

47. 答:将被检电桥外壳接地,在电桥未知端接上阻值符合电桥测量上限要求的电阻,调节电桥测量盘,使电桥平衡,然后将电桥各接线端钮分别依次接地,观察指零仪有无偏转,指零仪偏转所引起的误差应小于被检电桥允许误差的1/10倍(5分)。

48. 答:用JSF-2或JSF-4胶重新粘牢,在(75 ± 5)℃条件下老化二小时,铁片之间的夹角约为$18°$(5分)。

49. 答:从电位器顶端取出多圈螺旋电阻,用砂纸轻轻打光,并清洗其接触面,适当调整弹性接触片,在调节过程中,用欧姆表检查,使之无跳动变化为合格(5分)。

50. 答:将标准和被检两台电位差计的温度补偿盘放在该示值上对标准,重新检定,被检电位差计测量盘示值误差中最大正误差和最大负误差的点(各选三点),若满足允许基本误差的要求,即为合格,反之为不合格(5分)。

51. 答:在电位差计各测量盘内挑选相对误差最大的点加起来,不应超过相加值的允许基本误差,但必须挑选同符号的相对误差相加(5分)。

52. 答:$\xi_{Rxmax}^{+}=\xi_{Mmax}^{+}+\xi_{Rmax}^{+}$

$\xi_{Rxmax}^{-}=-(|\xi_{M}^{-}|_{max}+|\xi_{R}^{-}|_{max})$

式中　ξ_{Rxmax}^{+},ξ_{Rxmax}^{-}——被检电桥最大正、负相对误差;

ξ_{Mmax}^{+},$-|\xi_{M}^{-}|_{max}$——被检电桥量程系数比中最大正、负相对误差;

ξ_{Rmax}^{+},$-|\xi_{R}^{-}|_{max}$——被检电桥全检量程内第一、第二个测量盘中最大综合正、负相对误差(5分)。

53. 答:在挑选被检电桥量程系数比中最大正、负相对误差时,若无正号相对误差,则选择最小的负号相对误差,若无负号相对误差,则选择最小的正号相对误差(5分)。

54. 答:(1)对十进电阻器的第一点,给出数据的末位应对应于允许基本误差的1/10(2.5分)。(2)十进盘电阻器的第2~第5点与第1点末位对齐,第6点以上少一位(2.5分)。

55. 答:(1)直流数字电压表的化整原则和有效数字保留的位数取决于被检表的误差和标准装置的误差。一般应使末位数与被检表的分辨力相一致。由于化整带来的误差一般不超过允许误差的1/5~1/3,最后一个"0"因与测量结果有关,不能随意省去(2.5分)。(2)化整后的末位数应是1的或2的或5的整数倍(2.5分)。

56. 答:$\Delta=\pm(a\%V_x+b\%V_m)$;$r=\pm\left(a\%+b\%\dfrac{V_m}{V_x}\right)$

式中　V_x——被检表的读数值(显示值);

V_m——被检表的满刻度值;

a——与读数值有关的误差系数;

b——与满刻度值有关的误差系数(5分)。

57. 答:其数据修约要采用四舍六入偶数法则,对等级指数小于或等于0.3的仪表,保留小数末位数两位,第三位数修约,等级指数大于和等于0.5的仪表保留小数位数一位,第二位修约,而等级指数为3.0以上的仪表可保留个位数,第一位小数修约(5分)。

58. 答:一类是有关计量检测设备(含计量标准)的制造型号、准确度、量程、序号的记录、用来证明每一台计量检测设备的测量能力(2.5分),另一类是检定(校准)结果的纪录(2.5分)。

59. 答:判断电位差计基本误差是否合格,应按各测量盘中最大误差(符号相同)综合计算是否符合允许基本误差公式,对多量限电位差计,还应将测得的量程系数比的实际值乘上全检量程各测量盘中示值误差最大的点,并综合计算是否符合该量程的允许基本误差公式(5分)。

60. 答:电阻串联时总电阻为各电阻之和,所以阻值小得多的那个电阻的作用可以忽略不计(5分);电阻并联时总电阻为并联电阻倒数和的倒数,因此阻值大得多的那个电阻的作用可以忽略不计(5分)。

61. 答:(1)正弦交流电的三要素是振幅频率初相(2.5分);(2)可以画出(2.5分)。

62. 答:(1)频率:交流电在单位时间内完成周期性变化的次数(2.5分);(2)周期和频率两者之间有倒数关系(2.5分)。

63. 答:(1)分离初次级线组按额定电压正确安装,防止损坏绝缘体或过载,防止变压器线组短路烧毁变压器(2.5分);(2)工作温度不能过高电力变压器要有良好的冷却设备(2.5分)。

64. 答:变压器由铁心和绕组组成(5分)。

65. 答:(1)感抗表示线圈对通过的交流电呈现的阻碍作用(2.5分);(2)感抗大小和电源频率成正比和线圈的电感成正比(2.5分)。

66. 答:测量电流时应将万用表串联在被测电路中(2.5分);测量电压时应将万用表并联在被测电路上(2.5分)。

67. 答:热电阻采用三线制的目的是防止回路电阻的干扰,通过采用三线制接法可以很好的消除回路电阻对热电阻阻值的影响(5分)。

68. 答:主要检定项目为:外观;示值稳定度;示值误差检定。(5分)

69. 答:(1)仪表的灵敏度:仪表在到达稳态后,输出增量与输入增量之比(2.5分);(2)仪表的灵敏度过高会增大仪表的重复性误差(2.5分)。

70. 答:造成测量误差的原因有:(1)测量方法引起的误差(1分);(2)测量工具、仪器引起的误差(1分);(3)环境条件变化所引起的误差(1分);(4)测量人员水平与观察能力引起的误差(1分);(5)被测对象本身变化所引起的误差(1分)。

71. 答:这是根据直流变换原理,经过升压电路处理使较低的供电电压提升到较高的输出直流电压,产生的高压虽然较高但输出功率较小(5分)。

六、综 合 题

1. 答:电桥检定后,最终是判断其误差是否超出允许值,有些电桥规定了各桥臂电阻的允许误差值,只要各桥臂电阻检定值的误差不超过允许值,电桥必定合格(5分)。但是,当桥臂中某些电阻的误差大于允许值时,电桥不一定不合格,因电桥由各桥臂组合而成,从电桥计算公式可以看出,桥臂误差有时可以抵消,因此,必须在电桥总有效量程内求出最大可能出现的综合误差,并以此作为判断电桥是否合格的依据(5分)。

2. 答:根据检定规程规定,判断仪表是否合格应以化整后的数据为依据(5分),对0.2级仪表的最大基本误差应保留小数末位数两位,第三位按"四舍六入"偶数法则修约,则 -0.0205% 修约后为 -0.20%,所以该表最大基本误差合格(5分)。

3. 答:表达式说明,被检仪表示值为3V时,若按修正后的实际值3.31V使用,则其对应的扩展不确定度为0.45V(5分);若不修正,用3V时,则其扩展不确定度为0.76V(5分)。

4. 答:(1)用40~60倍的双目显微镜检查圆锥面光洁度,应看不出加工纹路、划痕、表面应为雾状镜面光泽(5分)。(2)用投影放大仪放大100倍时,检查圆锥角和顶端的曲率半径,通常轴承的曲率半径与轴尖的曲率半径之比为2~4倍(5分)。

5. 答:(1)游丝螺旋平面应平,并与转轴相垂直(2分)。(2)游丝内外圈距应相等,和轴心近似同心圆(3分)。(3)游丝表面应清洁光亮(3分)。(4)游丝不应有因过热而产生的弹性疲劳(2分)。

6. 答:电能表电流元件的铁芯装配倾斜不正或导磁体与转盘不对称,均会产生潜动力矩,检查时,可断开电压,给电流线圈通以额定电流,若转盘转动,则说明铁芯装的不正,应松开固定螺钉,移动铁芯位置直至转盘不动为止(10分)。

7. 答:门电路是一种具有多个输入端和一个输出端的开关电路(3分)。当输入信号之间满足一定关系时,门电路才有信号输出,否则就没有信号输出,门电路能控制信号的通过和通不过,就好象是在满足一定条件才会自动打开的门一样,故称为门电路(4分)。最基本的门电路有与门、或门和非门三种(3分)。

8. 答:中性线的作用就在于使星形连接的三相不对称负载的相电压保持对称(3分)。因为中性线为三相不对称负载的电流提供了一条通路,使电源中性点与负载中性点用中性线连通,减少中性点位移,使各负载电压都比较稳定(4分)。如果中性线断开,将产生较严重的中性点位移,使各相负载电压改变,不能正常工作(3分)。

9. 答:在三相四线制不对称星形负载中,有了中性线也不能确保中性点不位移,仍会存在三相负载电压不对称的情况。因为此时中性点位移电压就等于中性线电流与中性线阻抗的乘积。如果中性线电流大,中性线阻抗大,仍会造成较严重的中性点位移(10分)。

10. 答:一张完整的零件图应包括以内容:一组正确的图形(2分);完整的尺寸(2分);必要的表面粗糙度(2分);必要的尺寸公差,必要的形位公差,必要的文字说明(2分);完整的标题栏(2分)。

11. 答:一张完整的装配图应包括以内容:一组正确的图形(2分);必要的尺寸(2分);必要的技术要求(2分);零件序号和明细栏(2分);完整的标题栏(2分)。

12. 答:放大电路中设置静态工作点的目的是为了抽高放大电路中输入、输出电流和电压,使放大电路在放大交流信号的全过程中始终工作在线性放大状态,避免信号过零及负半周期产生失真(6分)。因此放大电路必须具有直流偏置电路来保证放大电路有合适的静态工作点(4分)。

13. 答:直流通路就是放大电路的直流等效电路,即在静态时,放大器的输入回路和输出回路的直流电流通路(4分)。主要是用来计算放大电路的静态工作点(如IBQ、ICQ、UCEQ等)(3分)。在画直流通路时,只需把所有的电容器作断路处理,其余都不变就行了(3分)。

14. 答:放大器中如果静态工作点设置不当,可能使放大器的输出信号失真(3分)。如果静态工作点设置过高,将使输出电流的正半周水电顶,输出电压的负半周削顶,产生饱和失真(4分)。如果静态工作点设置过低,将使输出电流的负半周削顶,输出电压的正半周削顶,产生截止失真(3分)。

15. 答:不能安装熔断器(2分)。因为在三相四线制不对称星形负载中,中性线电流乘以中性线阻抗就等于中性点位移电压。若中性线上安装了熔断器,一旦发生断路,会使中性线阻抗变为无穷大,产生严重的中性点位移,使三相电压严重不对称。因此在实际工作中,除了要求中性线不准断开(如中性线上不准装开关、熔断器等)外,还规定中性线截面不得低于相线截面的三分之一;同时要力求三相负载平衡,以减小中性线电流,让中性点位移减小到允许程度,保证各相电压基本对称(8分)。

16. 答:一般不允许带电作业(2分),但因特殊情况需要带电维修时,应在天气良好的条件下,指定有实践经验的作业负责人,并派专人监护,监护应由有带电作业实践经验的人员担任,另外,还要做好周密计划,准备工作充分,注意带电作业的安全和效率,在作业时,还应使用电工安全用具(8分)。

17. 答:发现起火后,首先要设法切断电源(2分),如来不及断电或不能断电,则需要带电灭火,必须注意根据灭火剂种类选择适当的灭火器。如二氧化碳、四氯化碳等灭火剂都是不导电的,可用于带电灭火(3分)。如用水枪灭火时宜采用喷雾水枪(因为其泄漏电流较小)(3分),另外,不宜选用泡沫灭火器等导电性灭火剂(5分)。

18. 答:表头内机械传动间隙有异物(2.5分);齿轮和轴变形(2.5分);油丝外圈与零件相碰(2.5分);连杆与扇形齿轮间的活动螺丝不灵活(2.5分)。

19. 答:(1)当可调稳压源输出一电压,标准表的指示读数为 V_N,被检表的指示数为 V_X,则被检表的相对误差 $\gamma = \dfrac{V_X - KV_N}{V_X}$($K$ 为分压系数)(5分)。

(2)如图10所示(5分)。

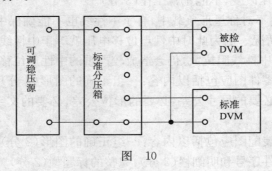

图 10

20. 答:(1)选好备用游丝及仪表指示零位时的游丝位置,确定新游丝内外端点的位置,剪去两端多余的部分(2.5分)。

(2)焊接前,用镊子夹住游丝的端点,露出少许(1~2 mm),用尖口上粘有细砂纸的镊子磨去游丝表面的氧化层,涂上松香焊剂,用细尖头的电烙铁在游丝端上挂锡(2.5分)。

(3)左手用镊子夹住游丝的内端,贴近焊片的外侧,右手用烙铁尖头在焊片内侧加热,使锡熔化焊牢,焊接时间要短,以防游丝过热,产生弹性疲劳(2.5分)。

(4)焊好的游丝,其螺旋平面要平,应与转轴相互垂直,内外圈圈距要均匀且与轴心近似同心圆,游丝表面应清洁光亮(2.5分)。

21. 答:(1)选择合适配方的锡焊料和无腐蚀性的中性焊剂(1分)。(2)电烙铁的功率要选择合适的,烙铁头部温度要适中,应保证焊锡充分熔化而又不致烧坏发脆(1分)。(3)焊接前焊头应刮干净并进行清洁处理(2分)。(4)焊接时焊头不允许动,必须一烙铁就焊牢(2分)。(5)焊完后马上用酒精清洗,然后在焊点处涂上一层环氧树脂漆或指甲油(2分)。(6)如果一烙铁焊不牢不允许反复几烙铁,这样会因端部氧化及锰分子扩散易假焊,且不稳定,所以一烙铁焊不上应重新刮干净端部后再重焊(2分)。

22. 答:(1)打开电源开关,经规定的预热时间,在荧光屏上出现一个亮点或水平亮线,调节辉度旋钮和聚焦旋钮,使亮点或亮线显示适当(3分)。(2)利用探头接入被测信号,分别调节 X、Y 轴衰减及微调使荧光屏稳定显示若干个完整波形(4分)。(3)观察波形分别得出被测信号的幅值(V)及时间(s),被测信号的实际幅值等于被测信号的幅值乘以探头的衰减倍数(3分)。

23. 答:(1)被检二元件无功功率表的实际值 P:

$$P=\frac{\sqrt{3}}{2}(P_1+P_2)=\frac{\sqrt{3}}{2}\left[C_{W1}(A_1+C_1)+C_{W2}(A_2+C_2)\right](W)$$

式中　　P_1、P_2——标准功率表实际值(W);

　　　　C_{W1}、C_{W2}——标准功率表分度值(W/格);

　　　　A_1、A_2——标准功率表指示值(格);

　　　　C_1、C_2——标准功率指示处的修正值(格)(4分)。

(2)线路图如图 11 所示(6分)。

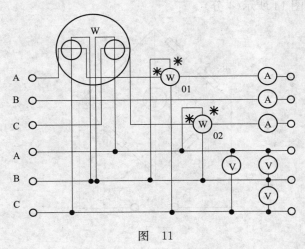

图　11

24. 答:(1)检定步骤:先在被检电位差计中利用内附标准电池和检流计调好工作电流(2分),然后在标准电位差计内利用标准电池调好工作电流(2分),最后用标准电位差计从被检电位差计测量盘的最后一个盘开始,倒进上去,逐一测定被检电位差计各示值的实际值(2分)。

(2)线路图如图 12 所示(4分)。

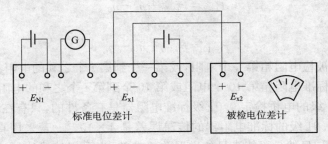

图　12

25. 答:线路图如图 13 所示(4分)。

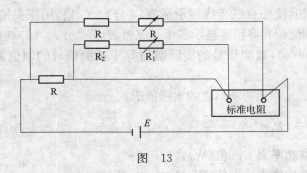

图 13

检定步骤:先将标准电阻箱各十进盘及被检电桥各测量盘从头至尾来回转动数次,使其接触良好,再将标准电阻箱接于被检电桥的测量端,调节标准电阻十进盘,使电桥平衡,用标准电阻箱的示值与被检电桥测量盘全部示值进行比较,得出其实际值(6分)。

26. 答:线路图如图 14 所示(4分)。

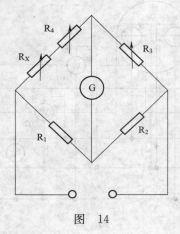

图 14

借助标准电阻箱测量被检电阻箱的电阻,如图 14 所示,将一标准电阻箱 Ms 与被检电阻箱 Mx 串联,(它们的步进值相同),用标准电桥去测量,当 Mx 放 0,Ms 放 10,电桥测得一阻值 n_0,Mx 当放 1,Ms 放 9,电桥测得第 2 次阻值 n_1,当 Mx 放 2,Ms 放 8,电桥测得第三次阻值 n_2,依次类推,则被检电阻箱各阻值按下式计算:

$$r_1^x = r_{10}^s + n_1 - n_0$$
$$r_{1\sim2}^x = r_{9\sim10}^s + n_2 - n_0$$
$$\cdots\cdots$$
$$r_{1\sim10}^x = r_{1\sim10}^s + n_{10} - n_0$$

式中 r_1^x、$X_{1\sim i}^x$——被检电阻箱第一个电阻,或第一个到第 i 个之和的电阻值。

r_{10}^s、$r_{10\sim i}^s$——标准电阻箱第 10 个电阻或第 10 个到第 i 个之和的电阻值(6分)。

27. 答:用 0.02 级的电桥检定 0.01 级标准电阻器是有条件的,只有在采用替代比较法才可以(2分)。因为 0.01 级的标准电阻器的传递误差是 4×10^{-5}。若采用直接测量法,电桥的误差将全部测量结果,显然是不能满足传递误差要求的,当采用替代比较法时,电桥比例臂误差是作系统误差考虑在替代过程中被替代掉,而比较臂引入的只是标准的电阻器和被检的电阻器差值的误差,故在测量时只会用到比较臂的后几个盘,而前几盘仍作为系统误差考虑,因而有时可以用比被检等级低的电桥来进行检定(8分)。

28. 答:感应系电路表内设有:满载调整装置、轻载调整装置、相位角调整装置、平衡调整装置和防潜装置(5分),对这些装置的要求是:要有足够的调节范围和调节细度,各装置调整时相互影响要小,且结构和装设位置要保证调节简便,固定要牢靠,性能要稳定(5分)。

29. 答:(1)试验前将每只开关在最大范围间转动数次,(不少于3次)后,使末只开关示值置于1,即最小步进值 ΔR,其他各只开关均置零,测量并记取此时电阻值 M(5分)。(2)测第一只变差时,将第一只开关在最大范围间再转动数次后,使示值重置零位,测量并记录此时电阻值 M_1,则第一只开关电阻变差(以百分数表示) $\xi_1=\left(\dfrac{M_0-M_1}{\Delta R}\right)\times100$。(3)依次对每只开关按上述方法进行测量得 M_i,则第 i 只电阻变差为 $\xi_i=\left(\dfrac{M_{i-1}-M_i}{\Delta R}\right)\times100$,以上测量应重复了3次,取以上多只开关的最大的变差值作为该电阻器开关的接触电阻变差值(5分)。

30. 答:线路图如图15如所示(4分)。

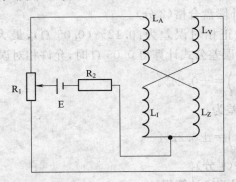

图　15

L_A—电流线圈;L_V—电压线圈;L_1—无穷大平衡线圈;L_Z—零点平衡线圈;E—甲电池;R_1—可变电阻;R_2—固定电阻

调整步骤:(1)将兆欧表"E"、"L"端钮开路,摇动发电机,使指针指"∞"位置,进行平衡调整(2分)。(2)在电流及电压线圈回路内接入一定电流,使指针指示中间刻度,进行平衡调整(2分)。(3)通入电压线圈回路电流约1 mA,使指针指示"∞"位置,进行平衡调整(2分)。

31. 答:(1) $\left|(\Delta V_{I1}+\Delta V_{II10})-\Delta V_{I2}\right|\leqslant\dfrac{1}{2}\left|E_{I2}\right|$

$\left|(+3.5+1.7)-5.5\right|=0.3(\mu V)$

$E_{I2}=\pm0.05/100\left(\dfrac{100}{10}+20\right)=\pm15(\mu V)$

$0.3\ \mu V<\dfrac{1}{2}\times15=7.5\ \mu V$(4分)

(2) $\left|\Delta V_{I2}-\Delta V_{II1}\right|\leqslant\dfrac{1}{2}\cdot\dfrac{\left|E_{I2}\right|+\left|E_{I1}\right|}{2}$

$\left|5.5-3.5\right|=2(\mu V)$,$E_{I1}=0.05/100\left(\dfrac{100}{10}+10\right)=10\ \mu V$

$\dfrac{1}{2}\times\dfrac{15+10}{2}=6.25(\mu V)$(4分)

结论:合格(2分)。

32. 答:(1)根据×1量程检定结果,求出各点示值的实际值为:$V_{10}=9.999\ 65$ mV,$V_{15}=14.999\ 25$ mV,$V_{20}=19.998\ 7$ mV(3分)。

(2)求出×0.1量程各点的实际值为:$V'_1=0.999\ 4$ mV,$V'_{15}=1.499\ 84$ mV,$V'_{20}=1.999\ 82$ mV(3分)。

(3)求出量程系数的实际值 $M_{0.1}$。

$$M_{0.1}=\frac{1}{3}\left(\frac{V'_{10}}{V_{10}}+\frac{V'_{15}}{V_{15}}+\frac{V'_{20}}{V_{20}}\right)=\frac{1}{3}(0.099\ 997\ 5+0.099\ 994\ 3+0.099\ 997\ 5)=$$
$0.099\ 996$(4分)

33. 答:(1)UJ31电位差计的温度补偿盘允许差为 $\frac{1}{10}a\%=5\times10^{-5}$,化为相对1.018 60 V 的相对值为 $5\times10^{-5}\times1.018\ 60=5.093\times10^{-5}$(V)(4分)。

(2)检流计分度值为 $100\ \mu V/50$ 格$=2\ \mu V/$格。

最大实际偏差$=5$ 格$\times2\ \mu V=10\ \mu V=1\times10^{-5}$ V$<5.093\times10^{-5}$ V(4分)。

所以该电位差计温度补偿盘合格(2分)。

34. 答:全检量程最大正相对误差为:0.12%(0.05 Ω),最大负相对误差为:-0.11% (0.09 Ω),按电桥允许相对误差公式计算得 0.05 Ω 时,允许相对误差为:

$$\pm0.2\%\left(1+\frac{0.1}{10\times0.05}\right)=\pm0.24\%$$

0.09 Ω 时允许相对误差为:

$$\pm0.2\%\left(1+\frac{0.1}{10\times0.09}\right)=\pm0.22\%$$

即全检×1量程时合格(4分)。

其他量程系数的相对误差经计算得:

×100:-0.04%

×10:-0.06%

×0.1:-0.08%

×0.01:0

最大综合误差为$-0.08\%+(-0.11\%)=-0.019\%$,化整为$-0.02\%$(4分)。

结论:电桥合格(2分)。

35. 答:$\xi_i=\frac{M_0-M_i}{\Delta R}\times100\%$,$\xi_{max}=0.04\%<\frac{1}{2}\times0.1\%$(8分)。

该电阻箱接触电阻变差合格(2分)。

电工仪器仪表修理工(初级工)技能操作考核框架

一、框架说明

1. 依据《国家职业标准》^注，以及中国北车确定的"岗位个性服从于职业共性"的原则，提出电工仪器仪表修理工(初级工)技能操作考核框架(以下简称：技能考核框架)。

2. 本职业等级技能操作考核评分采用百分制。即：满分为 100 分，60 分为及格，低于 60 分为不及格。

3. 实施"技能考核框架"时，考核制件(活动)命题可以选用本企业加工件(活动项目)，也可以结合实际另外组织命题。

4. 实施"技能考核框架"时，考核的时间和场地条件等应依据《国家职业标准》，并结合企业实际确定。

5. 实施"技能考核框架"时，其"职业功能"的分类按以下要求确定：

(1)"故障诊断"、"修理组装"和"整机调试"属于本职业等级技能操作的核心职业活动，其"项目代码"为"E"。

(2)"准备工作"、"客户服务"属于本职业等级技能操作的辅助性活动，其"项目代码"分别为"D"和"F"。

6. 实施"技能考核框架"时，其"鉴定项目"和"选考数量"按以下要求确定：

(1)按照《北车职业标准》有关技能操作鉴定比重的要求，本职业等级技能操作考核活动的"鉴定项目"应按"D"+"E"+"F"组合，其考核配分比例相应为："D"占 20 分，"E"占 75 分(其中：故障诊断 25 分，修理组装 25 分，整机调试 25 分)，"F"占 5 分。

(2)依据中国北车确定的"核心职业活动选取 2/3，并向上取整"的规定结合本职业特点，在"E"类鉴定项目必选项。

(3)依据中国北车确定的"其余'鉴定项目'的数量可以任选"的规定结合本职业特点，"D"和"F"类鉴定项目为必选。

(4)依据中国北车确定的"确定'选考数量'时，所涉及'鉴定要素'的数量占比，应不低于对应'鉴定项目'范围内'鉴定要素'总数的 60%，并向上取整"的规定，考核活动的鉴定要素"选考数量"应按以下要求确定：

①在"D"类"鉴定项目"中，在已选定的全部鉴定项目中，至少选取已选鉴定项目所对应的全部鉴定要素的 60%项，并向上保留整数。

②在"E"类"鉴定项目"中，在已选的鉴定项目所包含的全部鉴定要素中，至少选取总数的 60%项，并向上保留整数。

③在"F"类"鉴定项目"中，选取全部 2 个鉴定要素。

7. 本职业等级技能操作需要两人及以上共同作业的，可由鉴定组织机构根据"必要、辅助"的原则，结合实际情况确定协助人员的数量。在整个操作过程中，协助人员只能起必要、简单的辅助作用。否则,每违反一次,至少扣减应考者的技能考核总成绩 10 分,直至取消其考试资格。

8. 实施"技能考核框架"时,应同时对应考者在质量、安全、工艺纪律、文明生产等方面行为进行考核。对于在技能操作考核过程中出现的违章作业现象,每违反一项(次)至少扣减技能考核总成绩 10 分,直至取消其考试资格。

注:按照中国北车规定,各《职业技能操作考核框架》的编制依据现行的《国家职业标准》或现行的《行业职业标准》或现行的《中国北车职业标准》的顺序执行。

二、轨道车辆电工仪器仪表修理工(初级工)**技能操作鉴定要素细目表**

职业功能	鉴定项目				鉴定要素		
	项目代码	名　　称	鉴定比重(%)	选考方式	要素代码	名　　称	重要程度
准备工作	D	了解故障内容	2	必选	001	故障现象的描述	X
					002	故障原因分析	X
		学习领会相关技术资料	5		001	使用说明书的理解	X
					002	维修手册的理解	X
					003	技术指标的理解	X
					004	原理的掌握	X
					005	结构的掌握	X
					006	相关检测标准的理解	X
		调试、修理用的工具、量具、仪器仪表的准备工作	10		001	维修工具的选择、使用	X
					002	量具的选择使用	X
					003	量具的维护保养	X
					004	维修用仪器、仪表的选择使用	X
					005	维修用仪器、仪表的维护保养	X
		选择修理所用的材料、辅料	3		001	维修用元器件的选择	X
					002	维修用主材的选择	X
					003	维修用辅料的选择	X
故障诊断	E	故障检测分析	25	必选	001	维修仪表的接线	X
					002	检测用仪器仪表的使用	X
					003	维修仪表的拆卸	X
		制定修理方案			004	故障点的分析判断	X
					005	故障点的确定	X
					006	明确排除方法	X
					007	制定排出方案	X
修理组装		部分或全部拆机,修复或更换损坏的零部件	15		001	仪表组件的正确拆卸	X
					002	非更换零部件故障的修复	X
					003	损坏零部件的更换	X

续上表

职业功能	鉴定项目				鉴定要素		
	项目代码	名　称	鉴定比重（%）	选考方式	要素代码	名　称	重要程度
修理组装	E	复原装配、恢复功能	10	必选	001	仪表机械部分组装、复原	X
					002	仪表电路部分组装、复原	X
					003	仪表的清洁、润滑、密封	X
					004	仪表的整体组装	X
					005	仪表常用功能试验	X
整机调试		修复后仪表的调试、校准	25		001	调试、校准用标准设备的选择	X
					002	调试、校准用标准设备的使用	X
					003	调试、校准过程	X
					004	调试、校准结果	X
					005	文明施工、现场整理	X
客户服务	F	技术服务	5	必选	001	现场安装、调试的指导	X
					002	现场使用的指导	X

注：重要程度中 X 表示核心要素，Y 表示一般要素，Z 表示辅助要求。下同。

电工仪器仪表修理工(初级工)
技能操作考核样题与分析

职 业 名 称：＿＿＿＿＿＿＿＿＿＿＿＿＿＿

考 核 等 级：＿＿＿＿＿＿＿＿＿＿＿＿＿＿

存 档 编 号：＿＿＿＿＿＿＿＿＿＿＿＿＿＿

考核站名称：＿＿＿＿＿＿＿＿＿＿＿＿＿＿

鉴定责任人：＿＿＿＿＿＿＿＿＿＿＿＿＿＿

命题责任人：＿＿＿＿＿＿＿＿＿＿＿＿＿＿

主管负责人：＿＿＿＿＿＿＿＿＿＿＿＿＿＿

中国北车股份有限公司劳动工资部制

职业技能鉴定技能操作考核制件图示或内容

存在故障的磁电系指针直流电压表

准备型号 44C2-V,(0~75)V,1.5 级磁电系直流电压表 1 块。

提前设置好故障点,要求不少于 3 点,至少包括一点元件更换。

仪表接线、根据故障现象判断故障原因,并正确拆卸仪表,修理好故障。对修好的仪表完成调试合格后,正确组装,并正确检测确定合格。

职业名称	轨道车辆电工仪器仪表修理工
考核等级	初级工
试题名称	磁电系指针直流电压表的调修
材质等信息:存在故障磁电系直流电压表	

职业技能鉴定技能操作考核准备单

职业名称	轨道车辆电工仪器仪表修理工
考核等级	初级工
试题名称	磁电系直流电压表的调修

一、材料准备

1. 材料规格：型号 44C2-V,(0～75)V,1.5 级磁电系直流电压表 1 块。
2. 故障点：不少于 3 点,至少包括一点元件更换。

二、设备、工、量、卡具准备清单

序号	名　称	规　格	数量	备　注
1	标准直流电压源	(0～100)DCV,0.5 级	1 台	
2	数字万用表	—	1 块	
3	电源插座	多路	1 块	
4	螺丝刀	十字、一字	1 套	
5	仪表调修起子	—	1 套	
6	电烙铁(焊锡)	外热式	1 把	
7	镊子	包括游丝镊子	1 套	
8	绝缘胶布	—	1 卷	

三、考场准备

1. AC220V 交流电源。
2. 温湿度可调节的仪表检修室,仪表检修工作台。
3. 照明条件良好,无振动。

四、考核内容及要求

1. 考核内容：仪表接线、根据故障现象判断故障原因,并正确拆卸仪表,修理好故障。对修好的仪表完成调试合格后,正确组装,并正确检测确定合格。
2. 考核时限：240 分钟。
3. 考核标准：满分 100 分,60 分及格。
4. 考核评分(表)。

项　目	项目配分	序号	技术要求及评分标准	得分	扣分说明	备注
故障分析	2 分	1	1. 仪表接线,故现象描述准确 1 分； 2. 故障可能原因分析全面准确 1 分			D
技术资料领会	5 分	2	1. 使用说明书的理解正确 1 分； 2. 仪表技术指标的理解正确 1 分； 3. 仪表的原理理解正确 1 分； 4. 仪表的结构掌握准确 1 分； 5. 检测标准的选用正确 1 分			D

项　目	项目配分	序号	技术要求及评分标准	得分	扣分说明	备注
调试、修理用仪器、工具的准备	10分	3	1. 维修工具的选择正确2分； 2. 维修用仪器、仪表的选择正确6分； 3. 维修用仪器、仪表的维护保养正确2分			D
选择修理所用的配件、辅料	3分	4	1. 维修用元器件的选择正确2分； 2. 维修用辅料的选择正确1分			D
故障检测分析和修理方案制定	25分	5	1. 维修仪表的接线正确2分； 2. 检测用仪器仪表的使用正确3分； 3. 故障点的分析判断正确4分； 4. 维修仪表的拆卸正确4分； 5. 故障点的确定准确4分； 6. 明确排除方法正确4分； 7. 制定排出方案完善4分			E
仪表组件的拆卸、修复	15分	6	1. 仪表组件正确拆卸5分； 2. 非更换零部件的修复正确5分； 3. 损坏零部件的修理(更换正确)5分			E
复原装配恢复功能	10分	7	1. 仪表机械部分组装、复原正确2分； 2. 仪表电路部分组装、复原正确2分； 3. 仪表的清洁、润滑、密封正确2分； 4. 仪表的整体组装正确2分； 5. 仪表常用功能试验全面、正确2分			E
修复后仪表调试、校准	25分	8	1. 调试、校准用标准设备的选择正确5分； 2. 调试、校准用标准设备的使用正确5分； 3. 调试、校准过程正确5分； 4. 调试、校准结果合格5分； 5. 文明施工、现场整理正确5分			E
技术服务	5分	9	1. 仪表现场安装调试的指导全面、正确2分； 2. 现场使用的指导全面、正确3分			F
考核时限	不限	10	每超时5分钟,扣10分			
工艺纪律	不限	11	依据企业有关工艺纪律规定执行,每违反一次扣10分			
劳动保护	不限	12	依据企业有关劳动保护管理规定执行,每违反一次扣10分			
文明生产	不限	13	依据企业有关文明生产管理定执行,每违反一次扣10分			
安全生产	不限	14	依据企业有关安全生产管理规定执行,每违反一次扣10分			

职业技能鉴定技能考核制件(内容)分析

职业名称	轨道车辆电工仪器仪表修理工
考核等级	初级工
试题名称	磁电系直流电压表的调修
职业标准依据	国家职业标准

试题中鉴定项目及鉴定要素的分析与确定

鉴定项目分类 分析事项	基本技能"D"	专业技能"E"	相关技能"F"	合计	数量与占比说明
鉴定项目总数	4	4	1	9	
选取的鉴定项目数量	4	4	1	9	专业技能满足 2/3,鉴定要素满足 60% 的要求
选取的鉴定项目数量占比	100%	100%	100%	100%	
对应选取鉴定项目所包含的鉴定要素总数	16	20	2	38	
选取的鉴定要素数量	12	20	2	34	
选取的鉴定要素数量占比	75%	100%	100%	94%	

所选取鉴定项目及相应鉴定要素分解与说明

鉴定项目类别	鉴定项目名称	北车职业标准规定比重(%)	《框架》中鉴定要素名称	本命题中具体鉴定要素分解	配分	评分标准	考核难点说明
"D"	了解故障内容	2	故障现象的描述	仪表接线,故现象描述正确	1分	接线,鼓障现象描述正确	正确接线
			故障原因分析	故障可能原因分析	1分	原因分析全面,准确	分析要全面、准确
	学习领会相关技术资料	5	使用说明书的理解	使用说明书的理解	1分	说明书理解正确	使用要点
			技术指标的理解	仪表技术指标的理解	1分	技术指标理解正确	准确度等级理解
			原理掌握	仪表的原理理解	1分	原理理解正确	磁电系电工仪表原理
			结构的掌握	仪表的结构掌握	1分	结构掌握准确	测量机构
			检测标准的理解	检测标准的选用	1分	检测标准选用准确	标准理解
	调试、修理用的工具、量具、仪器仪表的准备工作	10	维修工具的选用	维修工具的选择	2分	选择正确	工具的针对性
			维修用仪器、仪表的选择	维修用仪器、仪表的选择	6分	选择正确	标准器选择
			维修用仪器、仪表的维护保养	维修用仪器、仪表的维护保养	2分	维护榜样正确	标准器的维护保养
	选择修理所用的材料、辅料	3	维修用元器件的选择	维修用元器件的选择	2分	选择正确	元件的规格型号
			维修用辅料的选择	维修用辅料的选择	1分	选择正确	清洗剂选择
"E"	故障检测分析	25	维修仪表的接线	维修仪表的接线	2分	接线正确	仪表极性
			检测用仪器仪表的使用	检测用仪器仪表的使用	3分	使用正确	标准器的使用

续上表

鉴定项目类别	鉴定项目名称	北车职业标准规定比重(%)	《框架》中鉴定要素名称	本命题中具体鉴定要素分解	配分	评分标准	考核难点说明
"E"	故障检测分析	25	故障点的分析判断	故障点的分析判断	4分	分析判断正确	故障点检查
	制定修理方案		维修仪表的拆卸	维修仪表的拆卸	4分	拆卸正确	不损坏仪表
			故障点的确定	故障点的确定	4分	确定准确	故障点检查
			明确排除方法	明确排除方法	4分	排除方法正确	方法选择
			制定排出方案	制定排出方案	4分	方案完善	不漏点
	部分或全部拆机,修复或更换损坏的零部件	15	仪表组件正确拆卸	仪表组件正确拆卸	5分	拆卸正确	不损坏仪表
			非更换零部件故障的修复	非更换零部件的修复	5分	正确修复	仪表调节
			损坏零部件的更换	损坏零部件的修理、更换	5分	正确更换	不损坏仪表
	复原装配、恢复功能	10	仪表机械部分组装、复原	仪表机械部分组装、复原	2分	组装、复原正确	不损坏仪表
			仪表电路部分组装、复原	仪表电路部分组装、复原	2分	组装、复原正确	不损坏仪表
			仪表的清洁、润滑、密封	仪表的清洁、润滑、密封	2分	正确	不漏项
			仪表的整体组装	仪表的整体组装	2分	正确	不损坏仪表
			仪表常用功能试验	仪表常用功能试验	2分	全面、正确	仪器使用
	修复后仪表的调试、校准	25	调试、校准用标准设备的选择	调试、校准用标准设备的选择	5分	选择正确	量程、准确度
			调试、校准用标准设备的使用	调试、校准用标准设备的使用	5分	使用正确	校准点调节
			调试、校准过程	调试、校准过程	5分	操作正确	误差计算
			调试、校准结果	调试、校准结果	5分	结果合格	不超差
			文明施工、现场整理	文明施工、现场整理	5分	全面、正确	标准器复原
"F"	技术服务	5	场安装调试的指导	仪表现场安装调试的指导	2分	全面、正确	使用环境
			现场使用的指导	现场使用的指导	3分	全面、正正确	使用环境
质量、安全、工艺纪律、文明生产等综合考核项目				考核时限	不限	每超时5分钟,扣10分	
				工艺纪律	不限	依据企业有关工艺纪律规定执行,每违反一次扣10分	

续上表

鉴定项目类别	鉴定项目名称	北车职业标准规定比重（%）	《框架》中鉴定要素名称	本命题中具体鉴定要素分解	配分	评分标准	考核难点说明
	质量、安全、工艺纪律、文明生产等综合考核项目			劳动保护	不限	依据企业有关劳动保护管理规定执行，每违反一次扣10分	
				文明生产	不限	依据企业有关文明生产管理定执行，每违反一次扣10分	
				安全生产	不限	依据企业有关安全生产管理规定执行，每违反一次扣10分	

电工仪器仪表修理工(中级工)技能操作考核框架

一、框架说明

1. 依据《北车职业标准》^注，以及中国北车确定的"岗位个性服从于职业共性"的原则，提出电工仪器仪表修理工(中级工)技能操作考核框架(以下简称:技能考核框架)。

2. 本职业等级技能操作考核评分采用百分制。即:满分为 100 分,60 分为及格,低于 60 分为不及格。

3. 实施"技能考核框架"时,考核制件(活动)命题可以选用本企业的加工件(活动项目),也可以结合实际另外组织命题。

4. 实施"技能考核框架"时,考核的时间和场地条件等应依据《国家职业标准》,并结合企业实际确定。

5. 实施"技能考核框架"时,其"职业功能"的分类按以下要求确定:

(1)"故障诊断"、"修理组装"和"整机调试"属于本职业等级技能操作的核心职业活动,其"项目代码"为"E"。

(2)"准备工作"、"客户服务"属于本职业等级技能操作的辅助性活动,其"项目代码"分别为"D"和"F"。

6. 实施"技能考核框架"时,其"鉴定项目"和"选考数量"按以下要求确定:

(1)按照《北车职业标准》有关技能操作鉴定比重的要求,本职业等级技能操作考核活动的"鉴定项目"应按"D"+"E"+"F"组合,其考核配分比例相应为:"D"占 20 分,"E"占 75 分(其中:故障诊断 25 分,修理组装 25 分,整机调试 25 分),"F"占 5 分。

(2)依据中国北车确定的"核心职业活动选取 2/3,并向上取整"的规定结合本职业特点,在"E"类鉴定项目必选项。

(3)依据中国北车确定的"其余'鉴定项目'的数量可以任选"的规定结合本职业特点,"D"和"F"类鉴定项目为必选。

(4)依据中国北车确定的"确定'选考数量'时,所涉及'鉴定要素'的数量占比,应不低于对应'鉴定项目'范围内'鉴定要素'总数的 60%,并向上取整"的规定,考核活动的鉴定要素"选考数量"应按以下要求确定:

①在"D"类"鉴定项目"中,在已选定的全部鉴定项目中,至少选取已选鉴定项目所对应的全部鉴定要素的 60%项,并向上保留整数。

②在"E"类"鉴定项目"中,在已选的鉴定项目所包含的全部鉴定要素中,至少选取总数的 60%项,并向上保留整数。

③在"F"类"鉴定项目"中,选取全部 2 个鉴定要素。

7. 本职业等级技能操作需要两人及以上共同作业的,可由鉴定组织机构根据"必要、辅助"的原则,结合实际情况确定协助人员的数量。在整个操作过程中,协助人员只能起必要、简单的辅助作用。否则,每违反一次,至少扣减应考者的技能考核总成绩 10 分,直至取消其考试资格。

8. 实施"技能考核框架"时,应同时对应考者在质量、安全、工艺纪律、文明生产等方面行为进行考核。对于在技能操作考核过程中出现的违章作业现象,每违反一项(次)至少扣减技能考核总成绩 10 分,直至取消其考试资格。

注:按照中国北车规定,各《职业技能操作考核框架》的编制依据现行的《国家职业标准》或现行的《行业职业标准》或现行的《中国北车职业标准》的顺序执行。

二、轨道车辆电工仪器仪表修理工(中级工)技能操作鉴定要素细目表

职业功能	鉴定项目			选考方式	鉴定要素		重要程度
	项目代码	名　称	鉴定比重(%)		要素代码	名　称	
准备工作	D	了解故障内容	2	必选	001	故障现象的描述	X
					002	故障原因分析	X
		学习领会相关技术资料	8		001	使用说明书的理解	X
					002	维修手册的理解	X
					003	技术指标的理解	X
					004	原理的掌握	X
					005	结构的掌握	X
					006	相关检测标准的理解	X
		调试、修理用的工具、量具、仪器仪表的准备工作	10		001	维修工具的选择、使用	X
					002	量具的选择使用	X
					003	量具的维护保养	X
					004	维修用仪器、仪表的选择	X
					005	维修用仪器、仪表的维护保养	X
故障诊断	E	故障检测分析制定修理方案	25	必选	001	维修仪表的接线	X
					002	检测用仪器仪表的使用	X
					003	维修仪表的拆卸	X
					004	故障点的分析判断	X
					005	故障点的确定	X
					006	明确排除方法	X
					007	制定排出方案	X
修理组装		部分或全部拆机,修复或更换损坏的零部件	15		001	仪表的正确拆卸	X
					002	非更换零部件故障的修复	X
					003	损坏零部件的更换	X
		复原装配、恢复功能	10		001	仪表电路部分组装、复原	X
					002	仪表整体组装、复原	X
					003	仪表的清洁、润滑、密封	X
					004	仪表的整体组装	X
					005	仪表常用功能试验	X

职业功能	鉴定项目				鉴定要素		
	项目代码	名　称	鉴定比重（%）	选考方式	要素代码	名　称	重要程度
整机调试	E	修复后仪表的调试、校准	25	必选	001	调试、校准用标准设备的选择	X
					002	调试、校准用标准设备的使用	X
					003	调试、校准过程	X
					004	调试、校准结果	X
					005	文明施工、现场整理	X
客户服务	F	技术服务	5	必选	001	现场安装、调试的指导	X
					002	现场使用的指导	X

电工仪器仪表修理工(中级工)
技能操作考核样题与分析

职业名称:＿＿＿＿＿＿＿＿＿＿＿＿＿＿

考核等级:＿＿＿＿＿＿＿＿＿＿＿＿＿＿

存档编号:＿＿＿＿＿＿＿＿＿＿＿＿＿＿

考核站名称:＿＿＿＿＿＿＿＿＿＿＿＿

鉴定责任人:＿＿＿＿＿＿＿＿＿＿＿＿

命题责任人:＿＿＿＿＿＿＿＿＿＿＿＿

主管负责人:＿＿＿＿＿＿＿＿＿＿＿＿

中国北车股份有限公司劳动工资部制

职业技能鉴定技能操作考核制件图示或内容

存在故障的普通数字直流电流表

准备型号 FTD-B406-G,(0～200)DCA,0.5 级普通数字直流电流表 1 块。

设置故障点:不少于 3 点,至少包括一点元件更换。

仪表接线、根据故障现象判断故障原因,并正确拆卸仪表,修理好故障。对修好的仪表完成调试合格后,正确组装,并正确检测确定合格。

职 业 名 称	轨道车辆电工仪器仪表修理工
考核等级	中级工
试题名称	普通数字直流电流表的调修
材质等信息:存在故障普通数字直流电流表	

职业技能鉴定技能操作考核准备单

职业名称	轨道车辆电工仪器仪表修理工
考核等级	中级工
试题名称	普通数字直流电流表的调修

一、材料准备

1. 材料规格：型号 FTD-B406-G，(0～200)DCA，0.5 级普通数字直流电流表 1 块。

2. 故障点：不少于 3 点，至少包括一点元件更换。

二、设备、工、量、卡具准备清单

序号	名　称	规　格	数量	备　注
1	标准交流电压源	(0～100)DC mV，0.1 级	1 台	
2	数字万用表	—	1 块	
3	电源插座	多路	1 块	
4	螺丝刀	十字、一字	1 套	
5	仪表调修起子	—	1 套	
6	电烙铁（焊锡）	外热式	1 把	
7	镊子	包括游丝镊子	1 套	
8	绝缘胶布	—	1 卷	

三、考场准备

1. AC220V 交流电源。

2. 温湿度可调节的仪表检修室，仪表检修工作台。

3. 照明条件良好，无振动。

四、考核内容及要求

1. 考核内容：仪表接线、根据故障现象判断故障原因，并正确拆卸仪表，修理好故障。对修好的仪表完成调试合格后，正确组装，并正确检测确定合格。

2. 考核时限：240 分钟。

3. 考核标准：满分 100 分，60 分及格。

4. 考核评分（表）。

项　目	项目配分	序号	技术要求及评分标准	得分	扣分说明	备注
故障分析	2 分	1	1. 仪表接线，故现象描述准确 1 分； 2. 故障可能原因分析全面准确 1 分			D
技术资料领会	8 分	2	1. 使用说明书的理解正确 2 分； 2. 仪表技术指标的理解正确 2 分； 3. 仪表的原理理解正确 2 分； 4. 仪表的结构掌握准确 2 分			D

续上表

项　目	项目配分	序号	技术要求及评分标准	得分	扣分说明	备注
调试、修理用仪器、工具的准备	10分	3	1. 维修工具的选择正确2分； 2. 维修用仪器、仪表的选择正确6分； 3. 维修用仪器、仪表的维护保养正确2分			D
故障检测分析和修理方案制定	25分	4	1. 维修仪表的接线正确2分； 2. 检测用仪器仪表的使用正确3分； 3. 故障点的分析判断正确4分； 4. 维修仪表的拆卸正确4分； 5. 故障点的确定准确4分； 6. 明确排除方法正确4分； 7. 制定排出方案完善4分			E
仪表组件的拆卸、修复	15分	5	1. 仪表组件正确拆卸5分； 2. 非更换零部件的修复正确5分； 3. 损坏零部件的修理(更换正确5分			E
复原装配恢复功能	10分	6	1. 仪表电路分组装、复原正确2分； 2. 仪表整体组装、复原正确2分； 3. 仪表的清洁、润滑、密封正确2分； 4. 仪表的整体组装正确2分； 5. 仪表常用功能试验全面、正确2分			E
修复后仪表调试、校准	25分	7	1. 调试、校准用标准设备的选择正确5分； 2. 调试、校准用标准设备的使用正确5分； 3. 调试、校准过程正确5分； 4. 调试、校准结果合格5分； 5. 文明施工、现场整理正确5分			E
技术服务	5分	8	1. 仪表现场安装调试的指导全面、正确2分； 2. 现场使用的指导全面、正确3分			F
考核时限	不限	9	每超时5分钟,扣10分			
工艺纪律	不限	10	依据企业有关工艺纪律规定执行,每违反一次扣10分			
劳动保护	不限	11	依据企业有关劳动保护管理规定执行,每违反一次扣10分			
文明生产	不限	12	依据企业有关文明生产管理定执行,每违反一次扣10分			
安全生产	不限	13	依据企业有关安全生产管理规定执行,每违反一次扣10分			

职业技能鉴定技能考核制件(内容)分析

职业名称	轨道车辆电工仪器仪表修理工				
考核等级	中级工				
试题名称	普通数字交流电压表的调修				
职业标准依据	国家职业标准				

试题中鉴定项目及鉴定要素的分析与确定					
分析事项＼鉴定项目分类	基本技能"D"	专业技能"E"	相关技能"F"	合计	数量与占比说明
鉴定项目总数	3	4	1	8	专业技能满足 2/3，鉴定要素满足 60%的要求
选取的鉴定项目数量	3	4	1	8	
选取的鉴定项目数量占比	100%	100%	100%	100%	
对应选取鉴定项目所包含的鉴定要素总数	13	20	2	35	
选取的鉴定要素数量	9	20	2	31	
选取的鉴定要素数量占比	69%	100%	100%	89%	

所选取鉴定项目及相应鉴定要素分解与说明						
鉴定项目类别	鉴定项目名称	北车职业标准规定比重(%)	《框架》中鉴定要素名称	本命题中具体鉴定要素分解	配分	评分标准	考核难点说明
"D"	了解故障内容	2	故障现象的描述	仪表接线，故现象描述正确	1分	接线，鼓障现象描述正确	正确接线
			故障原因分析	故障可能原因分析	1分	原因分析全面，准确	分析要全面、准确
	学习领会相关技术资料	8	使用说明书的理解	使用说明书的理解	2分	说明书理解正确	使用要点
			技术指标的理解	仪表技术指标的理解	2分	技术指标理解正确	准确度等级理解
			原理掌握	仪表的原理理解	2分	原理理解正确	磁电系电工仪表原理
			结构的掌握	仪表的结构掌握	2分	结构掌握准确	测量机构
	调试、修理用的工具、量具、仪器仪表的准备工作	10	维修工具的选用	维修工具的选择	2分	选择正确	工具的针对性
			维修用仪器、仪表的选择	维修用仪器、仪表的选择	6分	选择正确	标准器选择
			维修用仪器、仪表的维护保养	维修用仪器、仪表的维护保养	2分	维护榜样正确	标准器的维护保养
"E"	故障检测分析	25	维修仪表的接线	维修仪表的接线	2分	接线正确	仪表极性
			检测用仪器仪表的使用	检测用仪器仪表的使用	3分	使用正确	标准器的使用
			故障点的分析判断	故障点的分析判断	4分	分析判断正确	故障点检查
	制定修理方案		维修仪表的拆卸	维修仪表的拆卸	4分	拆卸正确	不损坏仪表

续上表

鉴定项目类别	鉴定项目名称	北车职业标准规定比重(%)	《框架》中鉴定要素名称	本命题中具体鉴定要素分解	配分	评分标准	考核难点说明
"E"	制定修理方案	25	故障点的确定	故障点的确定	4分	确定准确	故障点检查
			明确排除方法	明确排除方法	4分	排除方法正确	方法选择
			制定排出方案	制定排出方案	4分	方案完善	不漏点
	部分或全部拆机,修复或更换损坏的零部件	15	仪表组件正确拆卸	仪表组件正确拆卸	5分	拆卸正确	不损坏仪表
			非更换零部件故障的修复	非更换零部件的修复	5分	正确修复	仪表调节
			损坏零部件的更换	损坏零部件的修理、更换	5分	正确更换	不损坏仪表
	复原装配、恢复功能	10	仪表机械部分组装、复原	仪表机械部分组装、复原	2分	组装、复原正确	不损坏仪表
			仪表电路部分组装、复原	仪表电路部分组装、复原	2分	组装、复原正确	不损坏仪表
			仪表的清洁、润滑、密封	仪表的清洁、润滑、密封	2分	正确	不漏项
			仪表的整体组装	仪表的整体组装	2分	正确	不损坏仪表
			仪表常用功能试验	仪表常用功能试验	2分	全面、正确	仪器使用
	修复后仪表的调试、校准	25	调试、校准用标准设备的选择	调试、校准用标准设备的选择	5分	选择正确	量程、准确度
			调试、校准用标准设备的使用	调试、校准用标准设备的使用	5分	使用正确	校准点调节
			调试、校准过程	调试、校准过程	5分	操作正确	误差计算
			调试、校准结果	调试、校准结果	5分	结果合格	不超差
			文明施工、现场整理	文明施工、现场整理	5分	全面、正确	标准器复原
"F"	技术服务	5	场安装调试的指导	仪表现场安装调试的指导	2分	全面、正确	使用环境
			现场使用的指导	现场使用的指导	3分	全面、正正确	使用环境
质量、安全、工艺纪律、文明生产等综合考核项目				考核时限	不限	每超时5分钟,扣10分	
				工艺纪律	不限	依据企业有关工艺纪律规定执行,每违反一次扣10分	
				劳动保护	不限	依据企业有关劳动保护管理规定执行,每违反一次扣10分	

鉴定项目类别	鉴定项目名称	北车职业标准规定比重(%)	《框架》中鉴定要素名称	本命题中具体鉴定要素分解	配分	评分标准	考核难点说明
	质量、安全、工艺纪律、文明生产等综合考核项目			文明生产	不限	依据企业有关文明生产管理定执行,每违反一次扣10分	
				安全生产	不限	依据企业有关安全生产管理规定执行,每违反一次扣10分	

电工仪器仪表修理工(高级工)技能操作考核框架

一、框架说明

1. 依据《北车职业标准》^注,以及中国北车确定的"岗位个性服从于职业共性"的原则,提出电工仪器仪表修理工(高级工)技能操作考核框架(以下简称:技能考核框架)。

2. 本职业等级技能操作考核评分采用百分制。即:满分为 100 分,60 分为及格,低于 60 分为不及格。

3. 实施"技能考核框架"时,考核制件(活动)命题可以选用本企业的加工件(活动项目),也可以结合实际另外组织命题。

4. 实施"技能考核框架"时,考核的时间和场地条件等应依据《国家职业标准》,并结合企业实际确定。

5. 实施"技能考核框架"时,其"职业功能"的分类按以下要求确定:

(1)"故障诊断"、"修理组装"和"整机调试"属于本职业等级技能操作的核心职业活动,其"项目代码"为"E"。

(2)"准备工作"、"客户服务"属于本职业等级技能操作的辅助性活动,其"项目代码"分别为"D"和"F"。

6. 实施"技能考核框架"时,其"鉴定项目"和"选考数量"按以下要求确定:

(1)按照《北车职业标准》有关技能操作鉴定比重的要求,本职业等级技能操作考核活动的"鉴定项目"应按"D"+"E"+"F"组合,其考核配分比例相应为:"D"占 16 分,"E"占 80 分(其中:故障诊断 30 分,修理组装 30 分,整机调试 20 分),"F"占 4 分。

(2)依据中国北车确定的"核心职业活动选取 2/3,并向上取整"的规定结合本职业特点,在"E"类鉴定项目必选项。

(3)依据中国北车确定的"其余'鉴定项目'的数量可以任选"的规定结合本职业特点,"D"和"F"类鉴定项目为必选。

(4)依据中国北车确定的"确定'选考数量'时,所涉及'鉴定要素'的数量占比,应不低于对应'鉴定项目'范围内'鉴定要素'总数的 60%,并向上取整"的规定,考核活动的鉴定要素"选考数量"应按以下要求确定:

①在"D"类"鉴定项目"中,在已选定的全部鉴定项目中,至少选取已选鉴定项目所对应的全部鉴定要素的 60%项,并向上保留整数。

②在"E"类"鉴定项目"中,在已选的鉴定项目所包含的全部鉴定要素中,至少选取总数的 60%项,并向上保留整数。

7. 本职业等级技能操作需要两人及以上共同作业的,可由鉴定组织机构根据"必要、辅助"的原则,结合实际情况确定协助人员的数量。在整个操作过程中,协助人员只能起必要、简单的辅助作用。否则,每违反一次,至少扣减应考者的技能考核总成绩 10 分,直至取消其考试资格。

8. 实施"技能考核框架"时,应同时对应考者在质量、安全、工艺纪律、文明生产等方面行为进行考核。对于在技能操作考核过程中出现的违章作业现象,每违反一项(次)至少扣减技能考核总成绩 10 分,直至取消其考试资格。

注:按照中国北车规定,各《职业技能操作考核框架》的编制依据现行的《国家职业标准》或现行的《行业职业标准》或现行的《中国北车职业标准》的顺序执行。

二、轨道车辆电工仪器仪表修理工(高级工)技能操作鉴定要素细目表

职业功能	鉴定项目				鉴定要素		
	项目代码	名　称	鉴定比重(%)	选考方式	要素代码	名　称	重要程度
准备工作	D	调试修理前的技术准备工作	6	必选	001	使用说明书的理解	X
					002	维修手册的理解	X
					003	技术指标的理解	X
					004	原理的掌握	X
					005	结构的掌握	X
					006	相关检测标准的理解	X
		解决检测工具设备	10		001	量具的选择使用	X
					002	量具的维护保养	X
					003	维修用仪器、仪表的选择	X
					004	维修用仪器、仪表的维护保养	X
故障诊断	E	故障检测分析	30	必选	001	维修仪器的接线	X
					002	检测用仪器仪表的使用	X
					003	维修仪器的拆卸	X
					004	故障点的分析判断	X
					005	故障点的确定	X
		制定修理方案			006	明确排除方法	X
					007	制定排除方案	X
修理组装		部分或全部拆机,修复或更换损坏的零部件	18		001	仪器的正确拆卸	X
					002	常用损坏零部件的修理	X
					003	复杂损坏零部件的更换	X
		复原装配、恢复功能	12		001	仪器电路部分的组装、复原	X
					002	仪器的清洁、密封	X
					003	仪器的整体组装	X
					004	仪器常用功能试验	X
整机调试		修复后仪器的调试、校准	20		001	调试、校准用标准设备的选择	X
					002	调试、校准用标准设备的使用	X

职业功能	鉴定项目				鉴定要素		
	项目代码	名　称	鉴定比重（%）	选考方式	要素代码	名　　称	重要程度
整机调试	E	修复后仪器的调试、校准	20	必选	003	调试、校准过程	X
					004	调试、校准结果	X
					005	文明施工、现场整理	X
培训	F	课件编制	4	必选	001	将维修过程编制成培训课件	X

CNR 中国北车

电工仪器仪表修理工（高级工）
技能操作考核样题与分析

职 业 名 称：＿＿＿＿＿＿＿＿＿＿＿＿＿

考 核 等 级：＿＿＿＿＿＿＿＿＿＿＿＿＿

存 档 编 号：＿＿＿＿＿＿＿＿＿＿＿＿＿

考核站名称：＿＿＿＿＿＿＿＿＿＿＿＿＿

鉴定责任人：＿＿＿＿＿＿＿＿＿＿＿＿＿

命题责任人：＿＿＿＿＿＿＿＿＿＿＿＿＿

主管负责人：＿＿＿＿＿＿＿＿＿＿＿＿＿

中国北车股份有限公司劳动工资部制

职业技能鉴定技能操作考核制件图示或内容

存在故障的智能数字交流电压表

准备型号 XMA-JV-5,(0~10.00)kV,0.5 级普通数字交流电压表 1 块。

故障点:不少于 3 点,至少包括一点元件更换。

仪表接线、根据故障现象判断故障原因,并正确拆卸仪表,修理好故障。对修好的仪表完成调试合格后,正确组装,并正确检测确定合格。

职业名称	轨道车辆电工仪器仪表修理工
考核等级	高级工
试题名称	智能数字交流电压表的调修
材质等信息:存在故障智能数字交流电压表	

职业技能鉴定技能操作考核准备单

职业名称	轨道车辆电工仪器仪表修理工
考核等级	高级工
试题名称	智能数字交流电压表的调修

一、材料准备

1. 材料规格：型号 XMA-JV-5,(0~10.00)kV,0.5 级普通数字交流电压表 1 块。
2. 故障点：不少于 3 点，至少包括一点元件更换。

二、设备、工、量、卡具准备清单

序号	名　　称	规　　格	数量	备　注
1	标准交流电压源	(0~100)ACV,0.1 级	1 台	
2	数字万用表	—	1 块	
3	电源插座	多路	1 块	
4	螺丝刀	十字、一字	1 套	
5	仪表调修起子	—	1 套	
6	电烙铁(焊锡)	外热式	1 把	
7	镊子	包括游丝镊子	1 套	
8	绝缘胶布	—	1 卷	

三、考场准备

1. AC220V 交流电源。
2. 温湿度可调节的仪表检修室，仪表检修工作台。
3. 照明条件良好，无振动。

四、考核内容及要求

1. 考核内容：仪表接线、根据故障现象判断故障原因，并正确拆卸仪表，修理好故障。对修好的仪表完成调试合格后，正确组装，并正确检测确定合格。
2. 考核时限：240 分钟。
3. 考核标准：满分 100 分，60 分及格。
4. 考核评分(表)。

项　　目	项目配分	序号	技术要求及评分标准	得分	扣分说明	备注
调试修理前的技术准备工作	6 分	1	1. 使用说明书的理解正确 1 分； 2. 仪表技术指标的理解正确 1 分； 3. 仪表的原理理解正确 2 分； 4. 仪表的结构掌握准确 2 分			D
解决检测工具设备	10 分	2	1. 检测工具的选择正确 2 分； 2. 维修用仪器、仪表的选择正确 6 分； 3. 维修用仪器、仪表的维护保养正确 2 分			D

续上表

项目	项目配分	序号	技术要求及评分标准	得分	扣分说明	备注
故障检测分析和修理方案制定	30分	3	1. 维修仪表的接线正确2分; 2. 检测用仪器仪表的使用正确5分; 3. 故障点的分析判断正确6分; 4. 维修仪表的拆卸正确4分; 5. 故障点的确定准确5分; 6. 明确排除方法正确4分; 7. 制定排出方案完善4分			E
仪表组件的拆卸、修复	18分	4	1. 仪表组件正确拆卸4分; 2. 非更换零部件的修复正确7分; 3. 损坏零部件的修理(更换正确)7分			E
复原装配恢复功能	12分	5	1. 仪表电路分组装、复原正确3分; 2. 仪表的清洁、密封正确3分; 3. 仪表的整体组装正确3分; 4. 仪表常用功能试验全面、正确3分			E
修复后仪表调试、校准	20分	6	1. 调试、校准用标准设备的选择正确4分; 2. 调试、校准用标准设备的使用正确4分; 3. 调试、校准过程正确4分; 4. 调试、校准结果合格4分; 5. 文明施工、现场整理正确4分			E
技术服务	4分	7	培训课件编写完整、条理清楚4分			F
考核时限	不限	8	每超时5分钟,扣10分			
工艺纪律	不限	9	依据企业有关工艺纪律规定执行,每违反一次扣10分			
劳动保护	不限	10	依据企业有关劳动保护管理规定执行,每违反一次扣10分			
文明生产	不限	11	依据企业有关文明生产管理定执行,每违反一次扣10分			
安全生产	不限	12	依据企业有关安全生产管理规定执行,每违反一次扣10分			

职业技能鉴定技能考核制件(内容)分析

职业名称	轨道车辆电工仪器仪表修理工
考核等级	高级工
试题名称	普通数字交流电压表的调修
职业标准依据	国家职业标准

试题中鉴定项目及鉴定要素的分析与确定

鉴定项目分类 分析事项	基本技能"D"	专业技能"E"	相关技能"F"	合计	数量与占比说明
鉴定项目总数	2	4	1	7	
选取的鉴定项目数量	2	4	1	7	
选取的鉴定项目数量占比	100%	100%	100%	100%	专业技能满足 2/3, 鉴定要素满足 60%的 要求
对应选取鉴定项目所包含的鉴定要素总数	10	19	1	30	
选取的鉴定要素数量	7	19	1	27	
选取的鉴定要素数量占比	70%	100%	100%	90%	

所选取鉴定项目及相应鉴定要素分解与说明

鉴定项目类别	鉴定项目名称	北车职业标准规定比重(%)	《框架》中鉴定要素名称	本命题中具体鉴定要素分解	配分	评分标准	考核难点说明
"D"	调试修理前的技术准备工作	6	使用说明书的理解	使用说明书的理解	1分	理解正确	使用要点
			技术指标的理解	仪表技术指标的理解	1分	理解正确	准确度
			原理的掌握	仪表原理的掌握	2分	掌握正确	显示、控制
			结构的掌握	仪表结构的掌握	2分	掌握准确	测量机构
	解决检测工具设备	10	检测工具的选用	检测工具的选择	2分	选择正确	工具的针对性
			维修用仪器、仪表的选择	维修用仪器、仪表的选择	6分	选择正确	标准器选择
			维修用仪器、仪表的维护保养	维修用仪器、仪表的维护保养	2分	维护榜样正确	标准器的维护保养
"E"	故障检测分析	30	维修仪表的接线	维修仪表的接线	2分	接线正确	仪表极性
			检测用仪器仪表的使用	检测用仪器仪表的使用	5分	使用正确	标准器的使用
			故障点的分析判断	故障点的分析判断	6分	分析判断正确	故障点检查
			维修仪表的拆卸	维修仪表的拆卸	4分	拆卸正确	不损坏仪表
	制定修理方案		故障点的确定	故障点的确定	5分	确定准确	故障点检查
			明确排除方法	明确排除方法	4分	排除方法正确	方法选择
			制定排出方案	制定排出方案	4分	方案完善	不漏点

续上表

鉴定项目类别	鉴定项目名称	北车职业标准规定比重(%)	《框架》中鉴定要素名称	本命题中具体鉴定要素分解	配分	评分标准	考核难点说明
"E"	部分或全部拆机,修复或更换损坏的零部件	18	仪表组件正确拆卸	仪表组件正确拆卸	5分	拆卸正确	不损坏仪表
			非更换零部件故障的修复	非更换零部件的修复	5分	正确修复	仪表调节
			损坏零部件的更换	损坏零部件的修理、更换	5分	正确更换	不损坏仪表
	复原装配、恢复功能	12	仪表电路部分组装、复原	仪表电路部分组装、复原	3分	组装、复原正确	不损坏仪表
			仪表的清洁密封	仪表的清洁、密封	3分	正确	不漏项
			仪表的整体组装	仪表的整体组装	3分	正确	不损坏仪表
			仪表常用功能试验	仪表常用功能试验	3分	全面、正确	仪器使用
	修复后仪表的调试、校准	20	调试、校准用标准设备的选择	调试、校准用标准设备的选择	4分	选择正确	量程、准确度
			调试、校准用标准设备的使用	调试、校准用标准设备的使用	4分	使用正确	校准点调节
			调试、校准过程	调试、校准过程	4分	操作正确	误差校准
			调试、校准结果	调试、校准结果	4分	结果合格	不超差
			文明施工、现场整理	文明施工、现场整理	4分	全面、正确	标准器复原
"F"	课件编制	4	将维修过程编制成培训课件	培训课件编写	4分	完整、条理清楚	编写能力
质量、安全、工艺纪律、文明生产等综合考核项目				考核时限	不限	每超时5分钟,扣10分	
				工艺纪律	不限	依据企业有关工艺纪律规定执行,每违反一次扣10分	
				劳动保护	不限	依据企业有关劳动保护管理规定执行,每违反一次扣10分	
				文明生产	不限	依据企业有关文明生产管理定执行,每违反一次扣10分	
				安全生产	不限	依据企业有关安全生产管理规定执行,每违反一次扣10分	